职业教育·道路运输类专业教材

结构设计原理

（第2版）

王　巍　赵建峰　主编

张征文　主审

人民交通出版社股份有限公司

北京

内 容 提 要

本书为职业教育·道路运输类专业教材。本书以教育部《职业院校教材管理办法》为指导，根据应用型本科高等院校土木工程专业、高等职业院校道路桥梁工程技术专业技术技能人才培养需求，主动适应创新人才培养模式和优化课程体系的需要，以中华人民共和国国家标准和交通运输部颁发的现行交通行业标准与设计规范为基础，对公路钢筋混凝土及预应力混凝土桥涵结构的材料、设计原则进行了介绍，重点对公路钢筋混凝土及预应力混凝土桥涵结构受弯构件及受压构件的受力特性、设计原理、计算方法和构造设计作了详尽编排，内容完全符合国家现行相关技术质量标准和规范。

本书可作为应用型本科高等院校土木工程专业、高等职业院校道路与桥梁工程技术及相关专业教材，也可作为公路桥涵工程设计、施工、管理的专业技术人员学习参考书。

图书在版编目(CIP)数据

结构设计原理／王巍，赵建峰主编. — 2 版. — 北京：人民交通出版社股份有限公司，2021.8
ISBN 978-7-114-17296-0

Ⅰ.①结…　Ⅱ.①王…　②赵…　Ⅲ.①结构设计—高等学校—教材　Ⅳ.①TU318

中国版本图书馆 CIP 数据核字(2021)第 090424 号

职业教育·道路运输类专业教材
Jiegou Sheji Yuanli(Di 2 Ban)

书　　名	结构设计原理(第2版)
著 作 者	王　巍　赵建峰
责任编辑	卢俊丽
责任校对	刘　芹
责任印制	刘高彤
出版发行	人民交通出版社股份有限公司
地　　址	(100011)北京市朝阳区安定门外外馆斜街 3 号
网　　址	http://www.ccpcl.com.cn
销售电话	(010)59757973
总 经 销	人民交通出版社股份有限公司发行部
经　　销	各地新华书店
印　　刷	北京虎彩文化传播有限公司
开　　本	787×1092　1/16
印　　张	16.75
字　　数	397 千
版　　次	2014 年 6 月　第 1 版 2021 年 8 月　第 2 版
印　　次	2022 年 6 月　第 2 版　第 2 次印刷　总第 5 次印刷
书　　号	ISBN 978-7-114-17296-0
定　　价	49.00 元

PREFACE | 前 言

为了适应应用型本科高等院校土木工程专业、高等职业教育道路与桥梁工程技术专业技术技能人才培养需求,全面贯彻党的教育方针,落实立德树人的根本任务,弘扬精益求精的专业精神、职业精神、工匠精神和劳模精神,结合《公路桥涵设计通用规范》(JTG D60—2015)、《公路钢筋混凝土及预应力混凝土桥涵设计规范》(JTG 3362—2018)等最新标准规范,对《结构设计原理》教材进行了修订。

"结构设计原理"作为应用型本科高等院校土木工程专业、高等职业教育道路与桥梁工程技术专业的专业基础课,以突出工程实际应用为导向,内容紧密结合我国公路桥涵工程实际和最新研究成果,充分反映行业最新进展。本书在内容上主要对公路钢筋混凝土及预应力混凝土结构构件的受力特征、基本概念、材料以及受弯构件、受压构件设计计算方法进行了系统性介绍,并融《公路桥涵设计通用规范》(JTG D60—2015)、《公路钢筋混凝土及预应力混凝土桥涵设计规范》(JTG 3362—2018)等最新国家标准、行业标准规范关键条款与构造要求于一体,突出理论和实践相统一。

本书中计量单位与符号的表示方法与《公路桥涵设计通用规范》(JTG D60—2015)、《公路钢筋混凝土及预应力混凝土桥涵设计规范》(JTG 3362—2018)一致。

本书由浙江交通职业技术学院王巍、赵建峰担任主编,由浙江省交通运输科学研究院张征文教授担任主审。

本书具体编写分工如下:第1、2、3、4、7、10、13章由王巍负责编写,第6、9、11章由赵建峰负责编写,第5章由汪芳芳负责编写,第8、12章由潘骁宇负责编写,王巍负责全书统稿。

本书在编写过程中,得到了浙江交通职业技术学院徐方圆博士、陆森强老师等的帮助,得到了全国交通运输行业教育教学指导委员会和人民交通出版社股份有限公司的大力支持,在此深表谢意。

限于编者的水平,书中难免有不妥之处,欢迎读者提出宝贵意见,以便及时修正,联系方式:544263283@qq.com。

编　者

2020 年 3 月

CONTNTES | 目 录

导　　语

工业与民用建筑、桥涵工程、隧道与地下工程、给水与排水工程、水利工程、港口工程、机场工程等都是基础设施工程中不同类型和功能的建筑物,根据其所使用的建筑材料种类不同,这些常用的建筑结构一般可分为圬工结构、钢筋混凝土结构、预应力混凝土结构、钢结构和钢混组合结构等。

本书针对公路桥涵混凝土结构,主要学习工程结构分类及构件受力特征、工程结构可靠性设计方法、配筋混凝土结构用材料、钢筋混凝土及预应力混凝土受弯构件、钢筋混凝土受压构件等基本受力构件的受力性能、设计计算方法、构造措施以及耐久性设计要求与规定。通过学习,培养学生具备工程结构的基本知识,掌握各种混凝土受弯构件、受压构件等基本构件的受力性能及其变形规律,并能根据国家、行业有关标准规范和资料进行公路钢筋混凝土及预应力混凝土桥涵结构构件的设计、计算、施工技术管理。

结合本书中知识的学习,学会应用国家、行业有关标准规范并理论联系实际。标准规范是国家及行业颁布的有关材料、设计计算和技术要求以及限制条件等的技术规定和标准,是具有一定约束性和技术法规性的文件。在公路桥涵结构设计施工过程中,其主要结构或构件均需要按照当前的设计理论及现行相关标准规范进行计算和设计,即使是桥梁建设过程中的临时结构或构件也需要进行承载能力、安全性等方面的计算,以确保实施过程中的安全性与可靠性。目前,我国交通运输部颁布使用的现行公路桥涵设计规范主要有《公路工程结构可靠性设计统一标准》(JTG 2120—2020)、《公路桥涵设计通用规范》(JTG D60—2015)、《公路钢筋混凝土及预应力混凝土桥涵设计规范》(JTG 3362—2018)、《公路桥涵地基与基础设计规范》(JTG 3363—2019)、《公路圬工桥涵设计规范》(JTG D61—2005)、《公路斜拉桥设计规范》(JTG/T 3365-01—2020)、《公路钢结构桥梁设计规范》(JTG D64—2015)等。为便于学习,在本书中,《公路桥涵设计通用规范》(JTG D60—2015)简化表示为《通用规范》(JTG D60—2015);《公路钢筋混凝土及预应力混凝土桥涵设计规范》(JTG 3362—2018)简化表示为《设计规范》(JTG 3362—2018)。

对于圬工结构、钢结构、木结构、钢-混凝土组合结构等内容,本书不作介绍,读者有需要时可自行查阅相关书籍或资料学习。

第1章
CHAPTER 1
工程结构分类及构件受力特征

1.1 各类结构的特点及使用范围

工业与民用建筑、桥涵工程、隧道与地下工程、给水与排水工程、水利工程、港口工程、机场工程等作为单项工程实体,必须由其承重骨架来承受各种荷载的作用。

一般把建筑物能承受作用并具有适当刚度的、由各连接部件有机组合而成的系统称为结构。例如,一般建筑工程中的梁、柱、基础组成了建筑结构的承重体系,桥梁的桥跨、桥墩(台)及基础组成了桥梁结构的承重体系,它们均被称为结构。

结构在物理上可以区分出的部件称为结构构件。建筑物的结构都是由若干基本构件连接而成的。这些结构构件的形式多种多样,按其主要受力特点可分为受弯构件(梁和板)、受压构件、受拉构件和受扭构件等典型的基本构件。

由于各种工程结构采用的建筑材料的性质不同,形成了不同的特点,从而决定了它们在实际工程中的使用范围。

1.圬工结构

圬工结构是指用胶结材料将砖、天然石料、素混凝土等块材按一定规则砌筑成整体的结构。圬工结构的特点是,材料易于取材,具有良好的耐久性,但是自重一般较大,施工中机械化程度较低,结构的整体性不佳。

在公路与城市道路工程和桥梁工程中,圬工结构多用于中小跨径拱桥、桥墩(台)、挡土墙、涵洞及道路护坡等工程中。

2.钢筋混凝土结构

钢筋混凝土结构是指由钢筋和混凝土两种材料组成的结构。钢筋是一种抗拉性能很好的材料,混凝土材料具有较高的抗压强度,而抗拉强度很低。根据构件的受力情况,合理地配置受力钢筋可形成承载能力较强、刚度较大的结构构件。

钢筋混凝土结构的优点:混凝土材料中占比较大的是砂(或机制砂)、碎石,便于就地取材;混凝土可模性较好,结构造型灵活,可以根据需要浇筑成各种形状的构件;钢筋混凝土合理地利用了钢筋和混凝土这两种材料的受力性能特点,形成的结构整体性和耐久性较好。因此,钢筋混凝土结构被广泛用于工业与民用建筑、桥涵工程、隧道与地下工程、给水与排水工程、水利工程、港口工程、机场工程等工程中。钢筋混凝土结构的缺点是自重较大、抗裂性较差、修补困难等。

在公路与城市道路工程、桥梁工程中,钢筋混凝土结构主要用于中小跨径桥梁、涵洞、挡土墙以及形状复杂的中、小型构件等。

3.预应力混凝土结构

预应力混凝土结构是指为解决钢筋混凝土结构在使用阶段容易开裂问题而发展起来的一种结构。它采用的是高强度钢筋和高强度混凝土材料,并采用相应钢筋张拉施工工艺在结构构件中建立预加应力。

由于预应力混凝土结构采用了高强度材料和预应力工艺,可节省材料,减小构件截面尺寸,减轻构件自重,因此预应力混凝土构件比钢筋混凝土构件轻巧,特别适用于建造由结构自重控制设计的大跨度结构,如大跨径桥梁。

若预应力混凝土结构构件控制截面在使用阶段不出现拉应力,则在腐蚀性环境下可保护钢筋免受侵蚀,因此可用于海洋工程结构和有防渗透要求的结构。

预应力技术可作为装配混凝土结构构件的一种可靠手段,能很好地将部件装配成整体结构,形成悬臂浇筑和悬臂拼装等不采用支架、不影响桥下通航的施工方法,在大跨径桥梁施工中获得了广泛应用。

预应力混凝土结构与钢筋混凝土结构相比具有很多优点,但其施工工艺复杂,采用的高强材料单价高,施工过程控制要求高。

在公路与城市道路工程、桥梁工程中,预应力混凝土结构主要用于中大跨径桥梁的桥跨结构、桥墩盖梁等,也常用于边坡防护工程中。

4.钢结构

钢结构一般是指由钢厂轧制的型钢或钢板通过焊接或栓接等连接组成的结构。钢结构由于钢材的强度很高,构件所需的截面面积很小,故钢结构与其他结构相比,尽管其重度很大,却是自重较轻的结构。钢材的组织均匀,最接近于各向同性体;弹性模量高,是理想的弹塑性材料,所以钢结构工作的可靠性高。钢结构的基本构件可以在工厂中加工制作,机械化程度高,同时已预制的构件可以在施工现场较快地装配连接,施工效率较高。

钢结构的应用范围很广,如大跨径的钢桥、城市人行天桥、高层建筑、大跨度结构、体育馆、车站、机场航站楼、海洋钻井采油平台、钢屋架等。同时,钢结构还常用于钢支架、钢模板、钢围堰、钢挂篮等临时结构中。由此可见,钢结构在现代建筑中应用越来越广泛。

5.钢-混凝土组合结构

钢-混凝土组合结构是指用型钢或钢板焊(或冷压)成钢截面,再通过外包混凝土,或者内填混凝土,或者通过连接件连接,使型钢与混凝土形成整体,共同受力。

国内外常用的组合结构有压型钢板与混凝土组合楼板、钢与混凝土组合梁、型钢混凝土结构(也叫作钢骨混凝土结构或劲性混凝土结构)、钢管混凝土结构、外包钢混凝土结构五大类。钢管混凝土结构在轴向压力下,混凝土受到周围钢管的约束,形成三向受压,抗压强度得到较大提高,故钢管混凝土被广泛地应用到高轴压力的构件中。由于组合结构有节约钢材、提高材料利用率、降低造价、抗震性能好、施工方便等优点,在工程建设中得到广泛应用。

在公路与城市道路工程和桥梁工程中,钢-混凝土组合结构可用于中等跨径组合梁桥、城市高架桥、钢管混凝土拱桥等工程中。

此外,随着科学研究和生产的发展,新材料不断地被研制应用,新技术、新结构不断涌现。一些工程结构技术的相互渗透,也产生了新的结构构件。例如,将预应力技术引入钢结构,产生了预应力钢结构,在大跨度钢屋架上获得成功应用。同时,有些工程结构也在不断深入发展,如预应力混凝土结构已由最初的全预应力混凝土,发展出现了部分预应力混凝土结构及无黏结预应力混凝土结构、体外预应力混凝土结构等;预应力混凝土结构中施加预应力的材料也出现了碳纤维等新兴材料。

1.2 常见桥梁结构分类及构件受力特点

在公路、铁路、城市和乡村道路以及水利建设中,为了跨越各种障碍,必须修建各种类型的桥梁与涵洞。桥涵工程不仅是交通线路中的重要组成部分,而且往往是交通基础设施建设中的控制性工程。桥梁工程在交通基础设施中有着重要的地位,建立四通八达的现代化交通网络,对于发展国民经济、加强全国各族人民的团结、促进文化交流和巩固国防等方面都具有非常重要的作用。

我国山川河流众多,自然条件错综复杂,古代桥梁不但数量惊人,而且类型也多种多样,几乎包含了所有近代桥梁中的主要形式。中华人民共和国成立70年来,我国交通基础设施得到飞速发展,如杭州湾跨海大桥、港珠澳大桥等一大批不同结构形式的超级桥梁工程不断涌现,我国已成为世界上桥梁建设能力强国之一;正在规划或建设的深中通道、渤海湾跨海通道、琼州海峡跨海通道、台湾海峡通道工程等超级工程,必将带动着我国桥梁建设能力再上新台阶。

1.2.1 常见桥梁结构分类

桥梁结构除按照建筑材料分类外,还可根据受力体系、桥梁总长和跨径、使用功能等进行分类。

1.按受力体系分类

桥梁结构按照受力体系分类,可分为梁式桥、拱式桥、刚架桥、悬索桥和组合体系桥。下面分别阐述各种桥梁体系的主要特点。

1)梁式桥

梁式桥是指其主要承重结构在竖向荷载作用下无水平反力的结构,如图1-1所示。梁式桥可分为简支梁桥、悬臂梁桥、连续梁桥和连续刚构桥等结构。对于中小跨径桥梁,一般采用等截面形式;对于很大跨径的大桥和特大桥,可采用变截面形式。

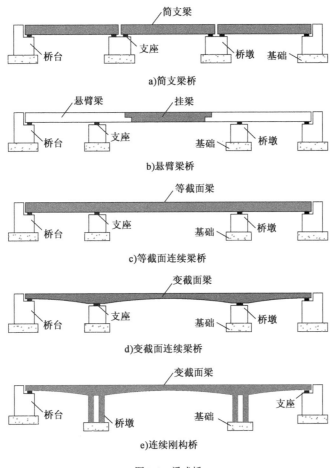

图 1-1　梁式桥

2)拱式桥

拱式桥的主要承重结构是拱圈或拱肋(拱圈横截面设计成分离形式时称为拱肋),如图1-2所示。拱式结构在竖向荷载作用下,桥墩和桥台将承受水平推力。同时,根据作用力和反作用力原理,墩台向拱圈(或拱肋)提供一对水平反力,这种水平反力将大大抵消在拱圈(或拱肋)内由荷载作用所引起的弯矩。因此,与同跨径的梁相比,拱的弯矩、剪力和变形都要小得多。

拱式桥根据拱圈或拱肋是否设置铰又可分为无铰拱[图1-2a)]、两铰拱[图1-2b)]和三铰拱[图1-2c)]。近年来,建设了较多的系杆拱,系杆拱内部属于超静定结构,外部简支于桥梁墩台之上[图1-2d)]。

拱式桥根据桥面位置又可分为上承式[图1-2a)、b)]、中承式[图1-2c)]和下承式[图1-2d)]。

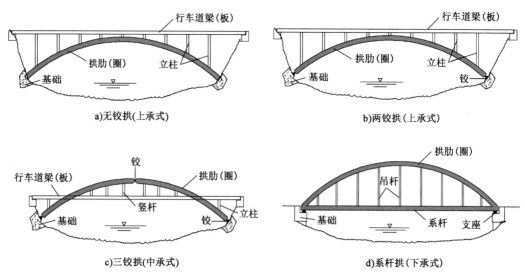

图1-2 拱式桥

3)刚架桥

刚架桥的主要承重结构是由梁(或板)与立柱(或竖墙)整体结合在一起的刚架结构,梁和柱的连接处具有很大的刚性,以承担负弯矩的作用。常见的刚架桥有门式刚架桥、斜腿刚架桥和V形腿刚架桥,如图1-3所示。

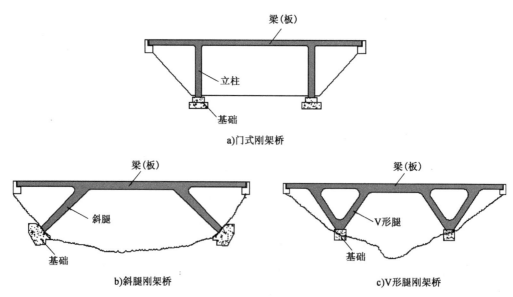

图1-3 刚架桥

4)悬索桥

悬索桥是指用悬挂在两边塔架上的强大缆索作为其主要承重结构,如图 1-4 所示。

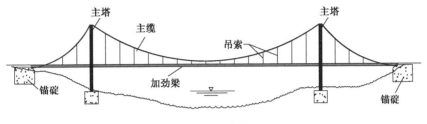

图 1-4　悬索桥

5)组合体系桥

由拉、压、弯等几个基本受力体系的结构组合而成的桥梁称为组合体系桥。常见的有梁、拱组合体系(梁、拱均为主要承重构件)(图 1-5)、斜拉桥(图 1-6)等结构。

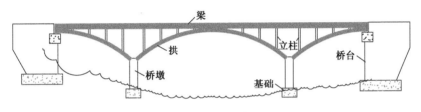

图 1-5　梁、拱组合体系

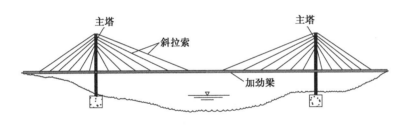

图 1-6　斜拉桥

梁、拱组合体系中有系杆拱、桁架拱等。它们利用梁的受弯与拱的承压、吊杆或拉杆受拉的特点组成联合结构。在预应力混凝土结构中,因梁体内可以储备巨大的压力来承受拱的水平推力,使得这类结构既具有拱的特点,又没有水平推力,所以对地基要求不高,但这种结构施工复杂。

斜拉桥是由承压的塔、受拉的索与承弯压的梁体组合形成的一种结构体系。其主要承重的主梁,由于斜拉索将主梁吊住,使主梁变成类似于多点弹性支承的连续梁,由此减小主梁截面弯矩和梁高,增加桥跨跨径。

2.按桥梁总长和跨径分类

《通用规范》(JTG D60—2015)按单孔跨径或多孔跨径总长将桥梁分为特大桥、大桥、中桥、小桥和涵洞,具体见表 1-1。

桥梁涵洞分类

表 1-1

桥 涵 分 类	多孔跨径总长 $L(\mathrm{m})$	单孔跨径 $L_k(\mathrm{m})$
特大桥	$L>1000$	$L_k>150$
大桥	$100 \leqslant L \leqslant 1000$	$40 \leqslant L_k \leqslant 150$
中桥	$30 < L < 100$	$20 \leqslant L_k < 40$
小桥	$8 \leqslant L \leqslant 30$	$5 \leqslant L_k < 20$
涵洞	—	$L_k < 5$

3.桥梁的其他分类方法

除了上述按受力特点分成不同的结构体系外，人们还习惯地按桥梁的用途、规模大小和建桥材料等方面将桥梁进行分类。

（1）按用途划分，桥梁可分为公路桥、铁路桥、公铁两用桥、农桥（机耕道桥）、人行桥，水运桥（渡槽）和管线桥等。

（2）按照主要承重结构所用的材料划分，桥梁可分为圬工桥（包括石料、混凝土桥）、钢筋混凝土桥、预应力混凝土桥、钢桥、钢混组合桥和木桥等。由于木材易腐，且资源有限，一般不用于永久性桥梁。

（3）按跨越障碍物的性质划分，桥梁可分为跨河桥、立交桥、高架桥和栈桥。其中，高架桥一般指跨越深沟峡谷以替代高路堤的桥梁，以及在城市桥梁中跨越道路的桥梁。

1.2.2　常见桥梁构件的受力特点

各种桥梁结构都是由桥面板、主梁、桥墩（台）、拱、索等基本构件组成。桥梁按传递荷载功能划分可分为上部结构、下部结构、支座和附属设施四个基本组成部分。

上部结构（或称桥跨结构），是在线路中断时跨越障碍物的主要承重结构，是桥梁支座以上（无铰拱起拱线或刚架主梁底线以上）跨越桥孔的总称。

下部结构（桥墩、桥台和基础的统称），是支承桥跨结构并将其永久荷载作用和车辆荷载作用传至地基的建筑物。

桥墩和桥台是支承上部结构并将其传来的永久荷载作用和车辆荷载作用等传至基础的结构物。桥台设在桥梁两端，桥墩则设在两桥台之间。桥墩的作用是支承桥跨结构；而桥台除了起支承桥跨结构的作用外，还要与路堤衔接，并防止路堤滑塌。

桥墩和桥台底部的部分称为基础。基础承担了从桥墩和桥台传来的全部荷载，并将荷载传至地基。这些荷载包括竖向荷载以及地震、船舶撞击墩身等引起的水平荷载。由于基础往往深埋于地下或水下地基中，对于深水基础，其在桥梁施工中既是难度较大的一个部分，也是确保桥梁安全的关键之一。

支座是设在墩（台）顶、用于支承上部结构的传力装置，以确保结构的受力明确。故支座不仅要传递很大的荷载，而且要保证上部结构按设计要求能产生一定的变位。

桥梁的基本附属设施包括桥面系、伸缩缝、桥梁与路堤衔接处的桥头搭板、锥形护坡和调治构造物等。

桥梁结构同样都是由若干基本构件连接而成的。这些构件的形式虽然多种多样,但按其主要受力特点可分为受弯构件(梁和板)、受压构件、受拉构件和受扭构件等典型的基本构件。桥梁结构在结构自重、车辆荷载、人群荷载等的作用下,组成桥梁结构的各个构件承受着作用力并相互传递。根据力学知识分析可知,在外力作用下结构中所产生的内力有轴向力、弯矩、剪力、扭矩等基本内力,根据构件的受力特点,同样可将组成桥梁结构的构件归纳为受压构件、受拉构件、受弯构件和受扭构件等基本受力构件。在于实际工程结构中,有些构件的受力和变形比较简单,有些构件的受力和变形则比较复杂,常有可能是几种受力状态的组合。

由力学知识可知,普通受力构件一般有受弯构件、受压构件、受拉构件、受扭构件等基本受力构件,下面分别对不同桥型中的构件受力状况说明如下。

1)梁式桥(图1-7)

梁式桥的上部结构在结构自重及使用荷载等作用下主要产生较大的弯矩和一定的剪力,因此其上部结构是承受弯矩为主兼有剪力的受弯构件。

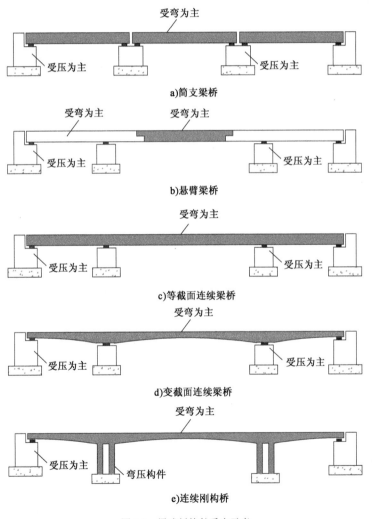

图 1-7　梁式桥构件受力示意

梁式桥的下部结构承受着通过支座传递下来的上部结构自重及使用荷载等作用，其墩台主要产生的是压力和较小的弯矩，因此其是受压为主的受压构件。

2）拱式桥（图1-8、图1-9）

对于拱式桥的拱圈或拱肋，在自重及使用荷载等作用下主要产生较大的轴向压力和较小的弯矩、剪力，因此拱圈或拱肋是以承受压力为主兼有弯矩和剪力的受压构件。

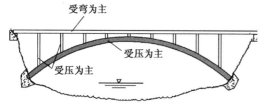

图1-8　空腹式拱桥结构或构件受力示意　　　　图1-9　系杆拱桥结构或构件受力示意

对于空腹式拱桥的拱上立柱，在自重及使用荷载等作用下主要产生较大的轴向压力和较小的弯矩，因此拱上立柱是受压构件。

对于空腹式拱桥的辅孔，根据其采用的结构形式分析其受力构件类型。

常见的系杆拱桥，其拱肋受力基本同常规拱桥的拱圈或拱肋，为承受压力为主兼有弯矩和剪力的受压构件。系杆拱桥的吊杆（竖杆）在自重及使用荷载等作用下主要产生较大的轴向拉力，因此其为受拉为主的受拉构件。系杆有柔性系杆与刚性系杆。其中，柔性系杆主要平衡拱肋产生的水平推力，因此其为受拉为主的受拉构件；刚性系杆不仅要平衡拱肋产生的水平推力，还要承担桥面自重及使用荷载等作用产生的弯矩，因此其为拉弯组合构件。

3）悬索桥（图1-10）

悬索桥的主缆在自重及使用荷载等作用下主要产生较大拉力，因此其为受拉构件。

悬索桥吊索是连接主缆与加劲梁的传力构件，其为典型的受拉构件。

悬索桥塔柱主要起支承结构自重及使用荷载等作用，其主要承受轴向压力和一定的弯矩，因此悬索桥的塔柱为以受压为主兼有弯矩和剪力的受压构件。

加劲梁的主要作用是形成桥梁的行车道，其在自重及使用荷载等作用下将产生一定的弯矩和剪力等内力。从结构角度分析，加劲梁为受弯为主兼有剪力等内力的受弯构件。

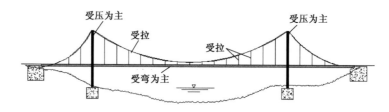

图1-10　悬索桥结构或构件受力示意

4）斜拉桥（图1-11）

斜拉桥的斜拉索在自重及使用荷载等作用下主要产生较大拉力，因此其为受拉构件。

斜拉桥的塔柱主要起支承结构自重及使用荷载等作用，其主要承受轴向压力和一定的弯矩。因此，斜拉桥的塔柱为以受压为主兼有弯矩和剪力的受压构件。

　　加劲梁的主要作用是形成桥梁的行车道,其在自重及使用荷载等作用下将产生一定的弯矩、轴向力和剪力等内力,从结构角度分析其为受弯为主兼有轴力和剪力等内力的受弯构件。

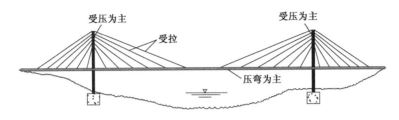

图 1-11　斜拉桥结构或构件受力示意

　　5)桁架结构

　　在梁式桥的上部结构、拱式桥的主拱圈或拱肋、悬索桥和斜拉桥的加劲梁中,也常采用桁架结构作为整体,桁架结构具有梁式结构和拱式结构的受力特征。但因其桁架均由钢杆件通过节点铆接、焊接或栓接而成,桁架结构中的各杆件主要承受拉力或压力,其杆件可简化为受拉构件或受压构件。

　　6)其他结构

　　在桥梁建造过程中还要用到很多临时结构,如栈桥、临时墩、导梁等,组成这些结构的构件可根据其受力特点对构件进行分类。

　　在其他建筑中,同样可根据受力特征将构件分为受弯构件、受压构件、受拉构件和受扭构件等,其基本设计原理与桥梁构件设计原理类似,只是参照的规范不同,个别参数取值不同而已。

　　本章小结:结构按照材料组成可分为圬工结构、钢筋混凝土结构、预应力混凝土结构、钢结构及钢-混凝土组合结构。桥梁按照受力体系可分为梁式桥、拱式桥、刚架桥、悬索桥和组合体系桥,按照桥梁单孔最大跨径和桥梁总长可分为特大桥、大桥、中桥、小桥和涵洞(涵洞有时也归为路基工程)。组成桥梁结构的受力构件根据受力特征可分为受弯构件、受压构件、受拉构件和受扭构件等基本受力构件。

? 思考题

　　1.结构和构件有何区别? 试举例说明。

　　2.典型受力构件有哪几种? 其受力特征分别是什么?

　　3.桥梁的上部结构和下部结构各由哪些部分组成? 它们的作用分别是什么?

　　4.阐述梁桥、拱桥、斜拉桥和悬索桥的主要受力特点。

　　5.试说明常见的房屋结构、车站站台结构中各构件的受力状况,分别属于哪类受力构件?

第2章
CHAPTER 2
工程结构可靠性设计方法

　　结构的可靠性与经济性在很大程度上取决于设计方法。自19世纪末钢筋混凝土结构在土木建筑工程中出现以来,随着生产实践的经验积累和科学研究的不断深入,钢筋混凝土结构的设计理论在不断地发展和完善。

　　我国自20世纪70年代中期开始在建筑结构领域开展结构可靠性理论和应用研究工作,并取得成效。1984年国家计委批准《建筑结构设计统一标准》(GBJ 68—84),该标准提出了以可靠性为基础的概率极限状态设计统一原则,而后,用于国内土木工程结构设计的《工程结构可靠度设计统一标准》(GB 50153—1992)于1992年颁布。基于《工程结构可靠度设计统一标准》(GB 50153—1992)的基本原则,适用于我国公路桥梁整体结构及结构构件设计的《公路工程结构可靠度设计统一标准》(GB/T 50283—1999)于1999年颁布,指导公路工程各类结构按技术先进、安全可靠、适用耐久和经济合理的要求进行设计。《公路工程结构可靠度设计统一标准》(GB/T 50283—1999)全面引入了结构可靠性理论,明确提出了以结构可靠性理论为基础的概率极限状态设计法作为公路工程结构设计的基本原则。《公路工程结构可靠性设计统一标准》(JTG 2120—2020)从公路行业出发,在《公路工程结构可靠度设计统一标准》(GB/T 50283—1999)的基础上,完善了公路工程结构、构件设计宜采用以概率理论为基础、以分项系数表达的极限状态设计方法,并补充了在不具备条件时,可根据可靠的工程经验或必要的试验研究,也可采用容许应力或安全系数等方法。

　　随着结构可靠性理论不断地发展和完善,在总结了1992年国家标准《工程结构可靠度设计统一标准》(GB 50153—1992)的使用和我国大规模工程实践经验的基础上,进行了全面修订后的《工程结构可靠性设计统一标准》(GB 50153—2008)于2008年颁布。该标准采用以概率理论为基础的极限状态设计方法作为工程结构设计的总原则,并提出以设计使用年限作为工程结构设计的总体依据;该标准对建筑工程、铁路工程、公路工程、港口工程、水利水电工程等土木工程各领域工程结构设计的共性问题(工程结构设计的基本原则、基本要求和基本方法等)进行了统一规定,以使我国土木工程各领域之间在处理结构可靠性问题上具有统一性和协调性,并与国际接轨。《公路工程结构可靠性设计统一标准》(JTG 2120—2020)从公路行业出发,充分吸纳了《公路工程结构可靠度设计统一标准》(GB/T 50283—1999)的有关内容,总结吸取了近年来大规模公路工程实践的经验;参考并借鉴了国内外相关的标准规范,形成了适用于公路桥涵结构及构件、公路隧道结构及构件、公路路面结构、地基基础的设计的最新行业标准。

对于与公路工程相配套的建筑工程,为统一各种材料的建筑结构可靠性设计的基本原则、基本要求和基本方法,使结构符合可持续发展的要求,并符合安全可靠、经济合理、技术先进、确保质量的要求,依据现行国家标准《工程结构可靠性设计统一标准》(GB 50153—2008)发布了最新的《建筑结构可靠性设计统一标准》(GB 50068—2018)。该标准明确了建筑结构设计宜采用以概率理论为基础、以分项系数表达的极限状态设计方法等。

2.1 结构的可靠性与极限状态的概念

2.1.1 结构的功能要求与可靠性

1.结构的功能要求

工程结构设计的基本目标是在一定的经济条件下,使设计的工程结构在预定的使用年限内能够可靠地完成各项规定的功能要求,做到安全可靠、适用耐久和经济合理。一般来讲,工程结构在规定的设计使用年限内应满足以下功能要求。

1)安全性

工程结构的安全性是指结构在正常施工和正常使用条件下,承受可能出现的各种作用的能力,以及在偶然作用发生时和发生后,仍保持必要的整体稳定性的能力。

2)适用性

工程结构的适用性是指结构在正常使用条件下,保持良好使用性能的能力。例如,不发生影响正常使用的过大变形、振动或局部损坏。

3)耐久性

工程结构的耐久性是指在设计确定的环境作用和养护、使用条件下,结构及其构件在设计使用年限内保持其安全性和适用性的能力。

2.结构的可靠性与可靠度

结构的可靠性是指结构在规定时间内,在规定的条件下,完成预定功能的能力。

结构的可靠度是指结构在规定时间内,在规定的条件下,完成预定功能的概率。其中,"规定时间"是指对结构进行可靠度分析时,结合结构使用期,考虑各种基本变量与时间的关系所取用的基准时间参数,即规定的设计使用年限;"规定的条件"是指结构正常设计、正常施工和正常使用及维护；"预定功能"是指结构安全性、适用性和耐久性的完整功能。因此，结构可靠度是结构可完成预定功能的概率度量，它是建立在统计数学的基础上经计算分析确定，从而给结构的可靠性一个定量的描述。

3.结构的设计使用年限与设计基准期

设计使用年限是指在正常设计、正常施工、正常使用和正常养护条件下，桥涵结构或结构构件不需要进行大修或更换，即可按其预定目的使用的年限。

在这一规定时期内，结构或结构构件只需进行正常的维护（包括必要的检测、维护和维修），而不需要进行大修就能按预定目的使用并完成预定的结构功能。换句话说，在设计使用年限之内，结构和结构构件在正常维护下应能保持其使用功能，而不需要进行大修加固。

设计使用年限是设计规定的一个时间段，而结构可靠度与结构使用年限长短有关，因此，结构或结构构件的设计使用年限并不是群体概念上的均值使用年限，而是与结构适用性失效、可修复性的极限状态相联系的时间段。

设计基准期是为确定可变作用等的取值而选用的时间参数。设计基准期与设计使用年限是不同的概念。设计基准期的选择不考虑环境作用下与材料性能老化等相联系的结构耐久性，仅考虑可变作用随时间变化的设计变量取值大小，而设计使用年限是与结构适用性失效的极限状态相联系。

2.1.2 结构的极限状态

结构在使用期间的工作情况，称为结构的工作状态。

结构能够满足各项功能要求而良好地工作称为结构可靠；反之则称为结构失效。结构的工作状态是处于可靠还是失效的标志用极限状态来衡量。

当整个结构或结构的一部分超过某一特定状态而不能满足设计规定的某一功能要求时，此特定状态称为该功能的极限状态。

结构的极限状态通常可分为承载能力极限状态和正常使用极限状态。

1.承载能力极限状态

承载能力极限状态是指对应于结构或结构构件达到最大承载力或不适于继续承载的变形的状态。

当结构或结构构件出现下列状态之一时，即认为超过了承载能力极限状态：

（1）结构构件或连接处因超过材料强度而破坏，或因过度的变形而不适于继续承载。

（2）整个结构或结构的一部分作为刚体失去平衡。

（3）结构转变成机动体系。

（4）结构或结构构件丧失稳定。

（5）结构因局部破坏而发生连续倒塌。

（6）地基丧失承载力而破坏。

（7）结构或结构构件的疲劳破坏。

2.正常使用极限状态

正常使用极限状态是指对应于结构或结构构件达到正常使用或耐久性能的某项规定限值的状态。

当结构或结构构件出现下列状态之一时,即认为超过了正常使用极限状态:

(1)影响正常使用或外观的变形。

(2)影响正常使用或耐久性能的局部损坏。

(3)影响正常使用的振动。

(4)影响正常使用的其他特定状态。

2.2 我国公路桥涵结构采用的设计原则

《公路工程结构可靠性设计统一标准》(JTG 2120—2020)中规定:公路工程结构、构件设计宜采用以概率理论为基础、以分项系数表达的极限状态设计方法;在不具备条件时,可根据可靠的工程经验或必要的试验研究进行,也可采用容许应力或安全系数等方法。

1.公路工程结构功能要求

《公路工程结构可靠性设计统一标准》(JTG 2120—2020)中规定,公路工程结构在正常设计、正常施工和正常使用条件下,应符合下列功能要求:

(1)能承受在施工和使用期间规定的各种作用。

(2)保持良好的使用性能。

(3)具有足够的耐久性能。

(4)当设计考虑的偶然事件发生时,结构能保持必需的整体稳固性,不出现与起因不相称的破坏后果,防止出现结构或结构构件的垮塌、倾覆等。

2.公路工程结构设计要求

《公路工程结构可靠性设计统一标准》(JTG 2120—2020)中规定,公路工程结构设计时,应符合下列要求:

(1)避免、消除或减少结构可能受到的危害。

(2)采用对可能受到的危害反应不敏感的结构形式。

(3)采用当结构出现可接受的局部损坏时,结构的其他部分仍能保存下来的结构形式。

(4)应采用有破坏预兆的结构体系。

(5)采用适当的材料、合理的设计和构造。

(6)对结构的设计、制作、施工和使用等制定相应的管理及控制措施。

2.2.1　基本要求

1.公路桥涵结构的安全等级

安全等级是指为使结构具有合理的安全性，根据工程结构破坏所产生后果的严重程度而划分的设计等级。进行结构设计时，应根据结构破坏可能产生后果(危及人的生命、造成经济损失、对社会或环境产生影响等)的严重性，采用不同的安全等级。

《公路工程结构可靠性设计统一标准》(JTG 2120—2020)中规定：公路桥涵结构的安全等级，应根据结构破坏可能产生后果的严重性按表2-1划分。对于持久设计状况和短暂设计状况，结构重要性系数不应小于表2-1中的规定；对于偶然设计状况和地震设计状况，结构重要性系数应取1.0。在计算上，不同安全等级是用结构重要性系数 γ_0(对不同安全等级的结构，为使其具有规定的可靠度而采用的作用效应附加的分项系数)来体现的，取值见表2-1。

公路桥涵结构的安全等级及结构重要性系数 表2-1

安全等级	破坏后果	适 用 对 象	结构重要性系数 γ_0
一级	很严重	(1)各等级公路上的特大桥、大桥、中桥； (2)高速公路、一级公路、二级公路、国防公路及城市附近交通繁忙公路上的小桥	1.1
二级	严重	(1)三、四级公路上的小桥； (2)高速公路、一级公路、二级公路、国防公路及城市附近交通繁忙公路上的涵洞	1.0
三级	不严重	三、四级公路上的涵洞	0.9

表2-1中所列特大桥、大桥、中桥等系按《通用规范》(JTG D60—2015)的单孔跨径确定，对于多孔不等跨桥梁，则以其中最大跨径为准。

在一般情况下，同一座桥梁只宜取一个设计安全等级，但对于个别构件，也允许在必要时做安全等级的调整，但调整后的级差不应超过一个等级。

2.结构的目标可靠指标

结构的可靠度水平的设置应根据结构构件的安全等级、失效模式和经济因素等确定。对结构的安全性、适用性和耐久性可采用不同的可靠度水平。根据《公路工程结构可靠性设计统一标准》(JTG 2120—2020)的规定，按持久状况进行承载能力极限状态设计时，公路桥涵结构构件的目标可靠指标应符合表2-2的规定。

公路桥涵结构构件的目标可靠指标 表2-2

构件破坏类型	结构安全等级		
	一级	二级	三级
延性破坏	4.7	4.2	3.7
脆性破坏	5.2	4.7	4.2

注：1.公路桥涵结构的整体倾覆破坏模式应具有不低于脆性破坏的目标可靠指标。

　　2.结构的目标可靠指标可参考《公路工程结构可靠性设计统一标准》(JTG 2120—2020)附录C计算。

在表2-2中,延性破坏是指结构或结构构件在破坏前有预兆的破坏;脆性破坏是指结构或结构构件在破坏前无预兆的破坏。

当进行偶然状况或地震状况承载能力极限状态设计时,公路工程结构的目标可靠指标可根据研究确定;当按正常使用极限状态设计时,公路工程结构的目标可靠指标可根据不同类型结构特点并结合工程经验确定。

3.设计使用年限与设计基准期

《公路工程结构可靠性设计统一标准》(JTG 2120—2020)、《公路工程技术标准》(JTG B01—2014)、《通用规范》(JTG D60—2015)规定了公路桥涵主体结构和可更换部件的设计使用年限不应低于表2-3。

公路桥涵结构设计使用年限(年)　　　　表2-3

公路等级	主体结构			可更换部件	
	特大桥、大桥	中桥	小桥、涵洞	斜拉索、吊索、系杆等	栏杆、伸缩装置、支座等
高速公路、一级公路	100	100	50	20	15
二级公路、三级公路	100	50	30		
四级公路	100	50	30		

注:对有特殊要求的结构或结构构件的设计使用年限,可在上述规定基础上经技术经济论证后予以调整。

公路工程结构设计时应对环境影响进行评估,当结构所处的环境对其耐久性有较大影响时,应根据不同的环境类别采用相应的结构材料、设计构造、防护措施和施工质量要求等,并应制定结构在使用期间的定期检修和维护制度,使结构在设计使用年限内不至于因材料的劣化而影响其安全或正常使用。

环境对公路工程结构耐久性的影响,可通过工程经验、试验研究、计算分析或综合分析等方法进行评估。

《通用规范》(JTG D60—2015)中规定:公路桥涵结构的设计基准期为100年。

2.2.2　公路桥涵结构的设计状况

设计状况是指一定时段内实际情况的一组设计条件,设计时应做到在该组条件下结构不超越有关的极限状态。也就是说,结构从形成过程到使用全过程,代表一定时段内相应条件下所受影响的一组设定的设计条件;作为结构不超越有关极限状态的依据。

《公路工程结构可靠性设计统一标准》(JTG 2120—2020)、《通用规范》(JTG D60—2015)中规定:公路桥涵结构根据不同种类的作用及其对桥涵的影响、桥涵所处的环境条件,考虑以下四种设计状况并按照相应的承载能力极限状态和正常使用极限状态进行设计。

1.持久状况

持久状况是指考虑在结构使用过程中一定出现且持续期很长的设计状况。这个阶段持续的时间很长,结构可能承受的作用(或荷载)在设计时均需考虑,需接受结构是否能完成其预定功能的考验。持久状况适用于公路工程结构使用时的正常情况;持久状况应进行承载能力极限状态和正常使用极限状态的设计。

2.短暂状况

短暂状况是考虑在结构施工或使用过程中出现概率较大，而与设计使用年限相比，其持续期很短的设计状况。短暂状况主要发生在桥涵的施工阶段和维修阶段。这个阶段持续的时间相对于使用阶段是短暂的，结构体系、结构所承受的荷载与使用阶段也不同，设计时应根据具体情况而定。短暂状况适用于公路工程结构出现的临时情况；短暂状况应进行承载能力极限状态设计，根据需要进行正常使用极限状态设计。

3.偶然状况

偶然状况是考虑在结构使用过程中出现概率极小且持续时间极短的异常情况时的设计状况。偶然状况对应的是桥梁可能遇到的撞击（如船舶撞击、汽车撞击、落石、火灾、爆炸等）状况，这种状况出现的概率极小且持续的时间极短。偶然状况适用于公路工程结构出现的异常情况；偶然状况只需进行承载能力极限状态设计。

4.地震状况

地震状况是考虑结构遭受地震时的设计状况。地震作用是一种特殊的偶然作用，与撞击等偶然作用相比，地震作用能够统计并有统计资料，可以确定其标准值。而其他偶然作用无法通过概率的方法确定其标准值，因此，两者的设计表达式是不同的。地震状况适用于公路工程结构遭受地震时的情况，在抗震设防地区必须考虑地震设计状况；地震状况仅作承载能力极限状态设计。

在进行工程结构设计时，应按各自情况确定设计状况，并据此选定极限状态和相应的结构体系、计算模式、可靠度水平、基本变量和作用组合等。

此外，公路桥涵还应按照设计使用年限和环境条件进行耐久性设计，对于钢结构还应进行抗疲劳设计。

2.2.3 公路桥涵结构极限状态法设计原则

1.承载能力极限状态

当工程结构或结构构件按承载能力极限状态设计时，应考虑下列状态：

（1）结构或结构构件（包括基础等）破坏或过度变形，此时结构的材料强度起控制作用。

（2）整个结构或其一部分作为刚体失去静力平衡，此时结构材料或地基的强度一般不起控制作用。

（3）地基的破坏或过度变形，此时岩土的强度起控制作用。

（4）结构或结构构件的疲劳破坏，此时结构的材料疲劳强度起控制作用。

公路桥涵的持久状态设计按承载能力极限状态的要求，对结构或结构构件进行承载力及稳定计算，必要时还应对结构或结构构件的倾覆和滑移进行验算。结构或结构构件（包括基础等）的破坏或过度变形的承载能力极限状态设计，应符合式(2-1)的要求：

$$\gamma_0 S_\mathrm{d} \leqslant R_\mathrm{d} \tag{2-1}$$

$$R_d = R\left(\frac{f_k}{\gamma_M}, a_d\right) \tag{2-2}$$

式中：γ_0——结构重要性系数；按表2-1取用；

S_d——作用组合的效应设计值；

R_d——结构或结构构件的抗力设计值；

f_k——材料性能的标准值；

γ_M——材料性能的分项系数；

a_d——几何参量的设计值，当无可靠数据时，可采用几何参数标准值a_k，即设计文件规定值。

整个结构或其一部分作为刚体失去静力平衡的承载能力极限状态设计，应符合式(2-3)的要求或根据不同结构按各有关设计规范规定计算：

$$\gamma_0 S_{d,dst} \leq S_{d,stb} \tag{2-3}$$

式中：$S_{d,dst}$——不平衡作用效应的设计值；

$S_{d,stb}$——平衡作用效应的设计值。

2.正常使用极限状态

《公路工程结构可靠性设计统一标准》(JTG 2120—2020)中规定：工程结构或构件按正常使用极限状态设计时应符合式(2-4)的规定。

$$S_d \leq C \tag{2-4}$$

式中：S_d——作用组合的效应(如变形、裂缝等)设计值；

C——设计对变形、裂缝等规定的相应限值，应按有关的公路工程结构设计规范的规定采用，如《设计规范》(JTG 3362—2018)。

2.3 公路桥涵作用与作用效应组合

作用是指施加在结构上的集中力或分布力(如车辆、人群、结构自重等)和引起结构外加变形或约束变形的原因(如基础变位、混凝土收缩徐变、温度变化等)，前者为直接作用(也称荷载)，后者称为间接作用。

2.3.1 公路桥涵结构上的作用分类

按其随时间的变化和出现的可能性，公路桥涵结构上的作用可分为以下四类：

(1)永久作用。在设计基准期内始终存在，且其量值变化与平均值相比可忽略不计的作用，或者其变化是单调的并趋于某个限值的作用，如结构自重等。

(2)可变作用。在设计基准期内其量值随时间而变化，且其变化值与平均值相比不可忽略不计的作用，如汽车荷载、人群荷载等。

（3）偶然作用。在设计基准期内不一定出现,一旦出现其值很大且持续时间很短的作用,如船舶撞击、汽车撞击等。

（4）地震作用。地震对结构所产生的作用。

《通用规范》(JTG D60—2015)对公路桥涵采用的永久作用、可变作用、偶然作用和地震作用四类作用的规定见表2-4。

作 用 分 类   表2-4

编　号	作用分类	作用名称
1	永久作用	结构重力(包括结构附加重力)
2		预加力
3		土的重力
4		土侧压力
5		混凝土收缩、徐变作用
6		水浮力
7		基础变位作用
8	可变作用	汽车荷载
9		汽车冲击力
10		汽车离心力
11		汽车引起的土侧压力
12		汽车制动力
13		人群荷载
14		疲劳荷载
15		风荷载
16		流水压力
17		冰压力
18		波浪力
19		温度(均匀温度和梯度温度)作用
20		支座摩阻力
21	偶然作用	船舶的撞击作用
22		漂流物的撞击作用
23		汽车的撞击作用
24	地震作用	地震作用

2.3.2 作用的代表值

作用的代表值是极限状态设计所采用的作用值;可取作用的标准值或可变作用的伴随值。

公路桥涵工程中的作用具有变异性,但在进行结构设计时,不可能直接引用作用随机变量或随机过程的各类统计参数通过复杂的计算而进行设计,作用代表值就是为结构设计而给定的量值。为更确切、合理地反映作用对结构在不同设计要求下的特点,针对不同的设计要求,采用不同的作用代表值。《通用规范》(JTG D60—2015)中规定:作用代表值根据用途不同可分为作用标准值、组合值、频遇值和准永久值。

1.作用标准值

作用标准值是指在进行结构或构件设计时,采用的各种作用的基本代表值。作用标准值反映了作用在设计基准期内随时间的变化,其量值应取结构设计规定期限内可能出现的最不利值,一般按作用在设计基准期内最大值概率分布的某一分位值确定,或者根据作用的自然界限确定,或者根据工程经验确定。

作用标准值是结构设计的主要计算参数,是作用的基本代表值,作用的其他代表值都是以它为基础再乘以相应的系数后得到。

永久作用被近似地认为在设计基准期内是不变的。永久作用的标准值就是其代表值。

2.可变作用的组合值

可变作用的组合值是指组合后的作用效应的超越概率与该作用单独出现时其标准值作用效应的超越概率趋于一致的作用值,或者组合后使结构具有规定可靠指标的作用值。可变作用的组合值可通过组合值系数对作用标准值的折减来表示。

3.可变作用的频遇值

可变作用的频遇值是指在设计基准期内被超越的总时间占设计基准期的比率较小的作用值,或者被超越的频率限制在规定频率内的作用值。它可通过频遇值系数对作用标准值的折减来表示。

4.可变作用的准永久值

可变作用的准永久值是指在设计基准期内被超越的总时间占设计基准期的比率较大的作用值。它可通过准永久值系数对作用标准值的折减来表示。

5.作用的设计值

作用的设计值是指作用的代表值与作用分项系数的乘积。

6.作用效应

作用效应是指由作用引起的结构或构件的反应,如弯矩、轴力、剪力、扭矩、位移、应力等。

2.3.3 作用(荷载)组合

作用(荷载)组合是指在不同作用的同时影响下,为验证某一极限状态的结构可靠度而采用的一组作用设计值。作用的设计值等于作用的标准值或组合值乘以相应的作用分项系数。

公路桥涵结构设计应考虑结构上可能出现的多种作用的情况,如桥涵结构除构件永久作用(如自重等)外,可能同时出现汽车荷载、人群荷载等多种可变作用。《通用规范》(JTG D60—2015)规定中要求应按承载能力极限状态和正常使用极限状态结合相应的设计状况进行作用组合,并取其最不利作用组合的设计值进行设计计算。

因公路桥涵结构上作用同时出现在桥涵结构上的概率不同,故在进行结构设计时,应根据结构的特性,考虑作用同时出现的可能性,选择对应的作用(荷载)组合。

当进行承载能力极限状态设计时,应根据不同的设计状况采用下列作用组合:

(1)基本组合。基本组合是永久作用设计值与可变作用设计值的组合;用于持久设计状况或短暂设计状况。

(2)偶然组合。偶然组合是永久作用标准值与可变作用某种代表值、一种偶然作用设计值的组合;用于偶然设计状况。

(3)地震组合。地震组合用于地震设计状况。

当进行正常使用极限状态设计时,可采用下列作用组合:

(1)标准组合。标准组合用于不可逆正常使用极限状态设计。

(2)频遇组合。频遇组合是永久作用标准值与主导可变作用频遇值、伴随可变作用的准永久值的组合;用于可逆正常使用极限状态设计。

(3)准永久组合。准永久组合是永久作用标准值与可变作用准永久值的组合;用于长期效应是决定性因素的正常使用极限状态设计。

1.承载能力极限状态计算时作用(荷载)组合

《通用规范》(JTG D60—2015)规定:按承载能力极限状态设计时,对持久状况和短暂设计状况应采用作用(荷载)的基本组合,对偶然设计状况应采用作用(荷载)的偶然组合,对地震设计状况应采用作用(荷载)的地震组合。

下文介绍作用基本组合的效应设计值的计算表达式。

1)基本组合

基本组合是指永久作用设计值与可变作用设计值相组合,可按下式计算:

$$S_{ud} = \gamma_0 S(\sum_{i=1}^{m} \gamma_{Gi} G_{ik}, \gamma_L \gamma_{Q1} Q_{1k}, \psi_c \sum_{j=2}^{n} \gamma_{Lj} \gamma_{Qj} Q_{jk}) \tag{2-5}$$

或

$$S_{ud} = \gamma_0 S(\sum_{i=1}^{m} G_{id}, Q_{1d}, \sum_{j=2}^{n} Q_{jd}) \tag{2-6}$$

式中:S_{ud}——承载能力极限状态下作用基本组合的效应设计值;

γ_0——结构的重要性系数,按结构设计安全等级采用,见表2-1;

$S(\cdot)$——作用组合的效应函数;

γ_{Gi}——第 i 个永久作用的分项系数,应按表2-5的规定采用;

G_{ik}、G_{id}——第 i 个永久作用的标准值和设计值;

γ_{Q1}——汽车荷载(含汽车冲击力、离心力)的分项系数,采用车道荷载计算时取 $\gamma_{Q1} = 1.4$,采用车辆荷载计算时,其分项系数取 $\gamma_{Q1} = 1.8$;当某个可变作用在效应组合中其效应值超过汽车荷载效应时,则该作用取代汽车荷载,其分项系数取 $\gamma_{Q1} = 1.4$;对专为承受某作用而设置的结构或装置,设计时该作用的分项系数取 $\gamma_{Q1} = 1.4$;计算人行道板和人行道栏杆的局部荷载,其分项系数也取 $\gamma_{Q1} = 1.4$;

Q_{1k}、Q_{1d}——汽车荷载(含汽车冲击力、离心力)的标准值和设计值;

γ_{Qj}——在作用组合中除汽车荷载(含汽车冲击力、离心力)、风荷载外的其他第j个可变作用的分项系数,取$\gamma_{Qj}=1.4$,但风荷载的分项系数取$\gamma_{Qj}=1.1$;

Q_{jk}、Q_{jd}——在作用组合中除汽车荷载(含汽车冲击力、离心力)外的其他第j个可变作用的标准值和设计值;

ψ_c——在作用组合中除汽车荷载(含汽车冲击力、离心力)外的其他可变作用的组合值的系数,取$\psi_c=0.75$;

$\psi_c Q_{jk}$——在作用组合中除汽车荷载(含汽车冲击力、离心力)外的其他第j个可变作用的组合值;

γ_L、γ_{Lj}——分别为汽车荷载和第j个可变作用的结构设计使用年限荷载调整系数,$\gamma_L=1.0$;当公路桥涵结构的设计使用年限按表2-3取值时,可变作用的设计使用年限荷载调整系数取$\gamma_{Lj}=1.0$;否则,γ_{Lj}取值应按专题研究确定。

永久作用的分项系数 表2-5

序 号	作 用 类 别		永久作用分项系数	
			对结构的承载能力不利时	对结构的承载能力有利时
1	混凝土和圬工结构重力(包括结构附加重力)		1.2	1.0
	钢结构重力(包括结构附加重力)		1.1 或 1.2	
2	预加力		1.2	1.0
3	土的重力		1.2	1.0
4	混凝土的收缩及徐变作用		1.0	1.0
5	土侧压力		1.4	1.0
6	水的浮力		1.0	1.0
7	基础变位作用	混凝土和圬工结构	0.5	0.5
		钢结构	1.0	1.0

当作用与作用效应可按线性关系考虑时,作用基本组合的效应设计值S_{ud}可通过作用效应代数相加计算。

2)偶然组合

偶然组合是指永久作用标准值与可变作用某种代表值、一种偶然作用设计值相组合。与偶然作用同时出现的可变作用,可根据观测资料和工程经验取用频遇值或准永久值。

偶然组合可按下式计算:

$$S_{ad} = S\left[\sum_{i=1}^{m} G_{ik}, A_d, (\psi_{f1} \text{ 或 } \psi_{q1})Q_{1k}, \sum_{j=2}^{n} \psi_{qj}Q_{jk}\right] \tag{2-7}$$

式中: S_{ad}——承载能力极限状态下作用偶然组合的效应设计值;

A_d——偶然作用的设计值;

ψ_{f1}——汽车荷载(含汽车冲击力、离心力)的频遇值系数,取$\psi_{f1}=0.7$;当某个可变作用在组合中其效应值超过汽车荷载效应时,则该作用取代汽车荷载,人群荷载$\psi_{f1}=1.0$，风荷载$\psi_{f1}=0.75$，温度梯度作用$\psi_{f1}=0.8$，其他作用$\psi_{f1}=1.0$；

$\psi_{f1}Q_{1k}$——汽车荷载的频遇值；

ψ_{q1}、ψ_{qj}——第1个和第j个可变作用的准永久值系数，汽车荷载（含汽车冲击力、离心力）$\psi_q=0.4$，人群荷载$\psi_q=0.4$，风荷载$\psi_q=0.75$，温度梯度作用$\psi_q=0.8$，其他作用$\psi_q=1.0$；

$\psi_{q1}Q_{1k}$、$\psi_{qj}Q_{jk}$——第1个和第j个可变作用的准永久值。

3）地震组合

地震组合按《公路工程抗震规范》（JTG B02—2013）的有关规定计算。

2．正常使用极限状态计算时作用效应组合

《通用规范》（JTG D60—2015）中规定：按正常使用极限状态设计时，应根据不同的设计要求，采用作用效应的频遇组合或准永久组合。

1）频遇组合

频遇组合是指永久作用标准值与汽车荷载频遇值、其他可变作用准永久值相组合，可按下式计算：

$$S_{fd} = S(\sum_{i=1}^{m} G_{ik}, \psi_{f1}Q_{1k}, \sum_{j=2}^{n} \psi_{qj}Q_{jk}) \qquad (2\text{-}8)$$

式中：S_{fd}——作用频遇组合的效应设计值；

ψ_{f1}——汽车荷载（不计汽车冲击力）频遇值系数，取$\psi_{f1}=0.7$；当某个可变作用组合中其效应值超过汽车荷载效应时，则该作用取代汽车荷载，人群荷载$\psi_f=1.0$，风荷载$\psi_f=0.75$，温度梯度作用$\psi_f=0.8$，其他作用$\psi_f=1.0$。

当作用与作用效应可按线性关系考虑时，作用频遇组合的效应设计值S_{fd}可通过作用效应代数相加计算。

2）准永久组合

准永久组合是指永久作用标准值与可变作用准永久值相组合，可按下式计算：

$$S_{qd} = S(\sum_{i=1}^{m} G_{ik}, \sum_{j=1}^{n} \psi_{qj}Q_{jk}) \qquad (2\text{-}9)$$

式中：S_{qd}——作用准永久组合的效应设计值；

ψ_{qj}——第j个可变作用的准永久值系数，汽车荷载（不计汽车冲击力）$\psi_q=0.4$，人群荷载$\psi_q=0.4$，风荷载$\psi_q=0.75$，温度梯度作用$\psi_q=0.8$，其他作用$\psi_q=1.0$。

当作用与作用效应可按线性关系考虑时，作用准永久组合的效应设计值S_{qd}通过作用效应代数相加计算。当结构构件需进行弹性阶段截面应力计算时，除特别指明外，各作用应采用准永久值，作用分项系数应取为1.0，各项应力限值应按各设计规范规定采用。

在构件吊装、运输时，构件重力应乘以动力系数1.2（对结构不利时）或0.85（对结构有利时），并可视构件具体情况作适当增减。

例2-1 某20m装配式钢筋混凝土简支T形梁桥,计算跨径$l = 19.50$m,结构安全等级为二级。主梁在结构重力、汽车荷载和人群荷载作用下,分别得到在主梁1/2跨径处截面的弯矩标准值:结构重力产生的弯矩$M_{Gk} = 763.4$kN·m;汽车荷载(车道荷载)弯矩$M_{Q1k} = 1023.2$kN·m(已计入冲击系数$1 + \mu = 1.296$);人群荷载弯矩$M_{Q2k} = 73.1$kN·m。主梁支点截面处由结构重力产生的剪力标准值$V_{Gk} = 156.6$kN;汽车荷载产生剪力标准值$V_{Q1k} = 204.0$kN(已计入冲击系数$1 + \mu = 1.296$);人群荷载产生的剪力标准值$V_{Q2k} = 18.7$kN。作用与作用效应可按线性关系考虑,试进行设计时的弯矩和剪力作用组合计算。

解:

1.跨中截面弯矩组合设计值计算

1)承载能力极限状态设计时作用的基本组合

因恒载作用效应对主梁截面抗弯承载力不利,故永久作用的分项系数$\gamma_{G1} = 1.2$。当汽车荷载采用车道荷载计算时,取$\gamma_{Q1} = 1.4$;人群荷载为汽车荷载外的其他可变作用,故人群荷载的组合系数$\psi_c = 0.75$。

因本例结构的设计使用年限按表2-3取值,故取可变作用的结构设计使用年限荷载调整系数$\gamma_{L1} = 1.0, \gamma_{L2} = 1.0$;结构重要性系数根据表2-1取$\gamma_0 = 1.0$。

根据已知条件,可按式(2-5)计算承载能力极限状态设计时作用基本组合的弯矩效应设计值为

$$M_{ud} = \gamma_0(\gamma_{G1}M_{Gk} + \gamma_{L1}\gamma_{Q1}M_{Q1k} + \gamma_{L2}\psi_c\gamma_{Q2}M_{Q2k})$$
$$= 1.0 \times (1.2 \times 763.4 + 1.0 \times 1.4 \times 1023.2 + 1.0 \times 0.75 \times 1.4 \times 73.1)$$
$$= 2425.32(kN \cdot m)$$

2)正常使用极限状态设计时作用的组合

(1)作用频遇组合。

根据《通用规范》(JTG D60—2015)中规定,汽车荷载作用不应计入冲击系数,计算得到不计冲击系数的汽车荷载弯矩标准值为$M_{Q1k} = 789.51$kN·m。汽车荷载频遇值系数$\psi_{f1} = 0.7$,人群荷载的准永久值系数$\psi_{q2} = 0.4$,由式(2-8)可得到作用频遇组合的弯矩效应设计值为

$$M_{fd} = M_{Gk} + \psi_{f1}M_{Q1k} + \psi_{q2}M_{Q2k}$$
$$= 763.4 + 0.7 \times 789.51 + 0.4 \times 73.1$$
$$= 1345.30(kN \cdot m)$$

(2)作用准永久组合。

不计冲击系数的汽车荷载弯矩标准值为$M_{Q1k} = 789.51$kN·m,汽车荷载作用的准永久值系数$\psi_q = 0.4$,人群荷载准永久值系数$\psi_q = 0.4$,由公式(2-9)可得到作用准永久组合的弯矩效应设计值为

$$M_{qd} = M_{Gk} + \psi_{q1}M_{Q1k} + \psi_{q2}M_{Q2k}$$
$$= 763.4 + 0.4 \times 789.51 + 0.4 \times 73.1$$
$$= 1108.44(kN \cdot m)$$

2.支点截面剪力组合设计值计算

1)承载能力极限状态设计时作用的基本组合

因恒载作用效应对结构承载能力不利,故永久作用的分项系数 $\gamma_{G1}=1.2$。当汽车荷载采用车道荷载计算时,取 $\gamma_{Q1}=1.4$;人群荷载为汽车荷载外的其他可变作用,故人群荷载的组合系数 $\psi_c=0.75$。

因本例结构的设计使用年限按表2-3取值,故取可变作用的结构设计使用年限荷载调整系数 $\gamma_{L1}=1.0$,$\gamma_{L2}=1.0$;结构重要性系数根据表2-1取 $\gamma_0=1.0$。

根据已知条件,可按式(2-5)计算承载能力极限状态设计时作用基本组合的剪力效应设计值为

$$V_{ud} = \gamma_0(\gamma_{G1}V_{Gk} + \gamma_{L1}\gamma_{Q1}V_{Q1k} + \gamma_{L2}\psi_c\gamma_{Q2}V_{Q2k})$$
$$= 1.0 \times (1.2 \times 156.6 + 1.0 \times 1.4 \times 204.0 + 1.0 \times 0.75 \times 1.4 \times 18.7)$$
$$= 493.16(kN)$$

2)正常使用极限状态设计时作用的组合

(1)作用频遇组合。

根据《通用规范》(JTG D60—2015)中规定,汽车荷载作用不应计入冲击系数,计算得到不计冲击系数的汽车荷载剪力标准值为 $V_{Q1k}=157.41kN$。汽车荷载频遇值系数 $\psi_{f1}=0.7$,人群荷载的准永久值系数 $\psi_{q2}=0.4$,由式(2-8)可得到作用频遇组合的剪力效应设计值为

$$V_{fd} = V_{Gk} + \psi_{f1}V_{Q1k} + \psi_{q2}V_{Q2k}$$
$$= 156.6 + 0.7 \times 157.41 + 0.4 \times 18.7$$
$$= 274.27(kN)$$

(2)作用准永久组合

不计冲击系数的汽车荷载剪力标准值为 $V_{Q1k}=157.41kN$,汽车荷载作用的准永久值系数 $\psi_q=0.4$,人群荷载准永久值系数 $\psi_q=0.4$,由式(2-9)可得到作用准永久组合的剪力效应设计值为

$$V_{qd} = V_{Gk} + \psi_{q1}V_{Q1k} + \psi_{q2}V_{Q2k}$$
$$= 156.6 + 0.4 \times 157.41 + 0.4 \times 18.7$$
$$= 227.04(kN)$$

本章小结:工程结构设计需满足安全性、适用性和耐久性等基本要求;公路桥涵结构根据不同种类的作用及其对桥涵的影响、桥涵所处的环境条件,考虑持久状况、短暂状况、偶然状况和地震状况四种设计状况,并按照相应的承载能力极限状态和正常使用极限状态进行设计;根据公路桥涵结构设计计算应考虑结构上可能出现的多种作用的情况,将作用分为永久作用、可变作用、偶然作用和地震作用四大类24项,按承载能力极限状态和正常使用极限状态,结合相应的设计状况进行作用组合,并取其最不利作用组合的效应设计值进行设计计算。

❓思考题

1. 我国《通用规范》(JTG D60—2015)中规定的桥梁设计基准期是多少年？

2. 结构的设计基准期和使用年限有何区别？

3. 什么叫作极限状态？我国《通用规范》(JTG D60—2015)规定了哪两类结构的极限状态？

4. 什么是作用、直接作用、间接作用？

5. 我国《通用规范》(JTG D60—2015)中规定了结构设计有哪几种状况？

6. 结构承载能力极限状态和正常使用极限状态设计计算的原则是什么？

7. 作用可分为哪几类？什么是作用的标准值、可变作用的准永久值、可变作用的频遇值？

8. 我国《通用规范》(JTG D60—2015)中对桥梁结构的重要性系数是如何规定的？

9. 某 T 梁的支点附近截面处，结构重力产生的剪力标准值 $V_{Gk} = 210.1\text{kN}$，汽车荷载产生的剪力标准值 $V_{Q1k} = 164.8\text{kN}$(未计入冲击系数，已知冲击系数 $1 + \mu = 1.18$)，人群荷载产生的剪力标准值 $V_{Q2k} = 58.4\text{kN}$，温度梯度作用产生的剪力标准值 $V_{Q3k} = 41.5\text{kN}$。结构的安全等级为一级，作用效应按线性关系考虑。试进行作用组合效应设计值计算。

第3章
CHAPTER 3

配筋混凝土结构用材料

　　钢筋混凝土及预应力混凝土等配筋混凝土结构主要是由混凝土和钢筋两种力学性能不同的材料组成。正确合理地进行钢筋混凝土及预应力混凝土结构设计,必须深入了解钢筋混凝土结构、预应力混凝土结构及其构件的受力性能和特点。掌握结构用混凝土材料和钢筋材料的物理力学性能(强度和变形的变化规律)是掌握钢筋混凝土结构的性能、结构分析和设计的基础。

3.1　结构用混凝土材料

　　混凝土是由胶凝材料、水和粗集料、细集料以及外加剂按适当比例配合,拌制成拌和物,经一定时间硬化而成的人造石材。按照采用的胶凝材料不同,混凝土可分为水泥混凝土、沥青混凝土、聚合物混凝土和水玻璃混凝土等。

　　公路钢筋混凝土及预应力混凝土结构通常以水泥作为胶凝材料,即水泥混凝土。关于水泥混凝土的材料性能、配合比设计及力学性能试验方法等内容详见相关教材,在此不再赘述。

3.1.1　混凝土的力学性能

　　表征混凝土的力学性能有混凝土立方体抗压强度($f_{cu,k}$)、混凝土轴心抗压强度(f_{ck})、混凝土抗拉强度(f_{tk})和静力受压弹性模量等参数。

1.混凝土立方体抗压强度（$f_{cu,k}$）
混凝土的立方体抗压强度是按规定的标准试件和标准试验方法得到的混凝土强度基本代

表值,混凝土的强度等级是以混凝土立方体抗压强度标准值来划分的。其中混凝土立方体抗压强度标准值并冠以字母符号 C 表示,如 C30 表示 30 级混凝土,其中"30"表示该级混凝土立方体抗压强度标准值为 30MPa。混凝土立方体抗压强度标准值,用于确定混凝土强度等级,是评定混凝土制作质量的主要指标,是判定和计算其他力学性能指标的基础。

《混凝土物理力学性能试验方法标准》(GB/T 50081—2019)中规定:混凝土立方体抗压强度以 150mm×150mm×150mm 的立方体为标准试件,试件成形抹面后立即用塑料薄膜覆盖表面或采取其他保持试件表面湿度的方法,在温度为 20℃±5℃、相对湿度大于 50% 的室内静置 1~2d,静置后编号标记、拆模,当试件有严重缺陷时,应按废弃处理;试件拆模后应立即放入温度为 20℃±2℃,相对湿度为 95% 以上的标准养护室中养护,或者在温度为 20℃±2℃ 的不流动氢氧化钙饱和溶液中养护 28d,依照标准试件的制作方法和试验方法测得的抗压强度值(以 MPa 为单位)作为混凝土立方体抗压强度标准值。

混凝土立方体抗压强度与试验方法和试件尺寸都有关。当混凝土强度等级不小于 C60 时,宜采用标准试件;当混凝土强度等级小于 C60 时,采用非标准试件测得的强度标准值均应乘以尺寸换算系数:对 200mm×200mm×200mm 的试件可取为 1.05;对 100mm×100mm×100mm 的试件可取为 0.95;当混凝土强度等级不大于 C100 时,尺寸换算系数宜由试验确定,在未进行试验确定的情况下,对 100mm×100mm×100mm 的试件可取为 0.95;当混凝土强度等级大于 C100 时,尺寸换算系数应经试验确定。

2. 混凝土轴心抗压强度(f_{ck})

通常钢筋混凝土构件的长度比它的截面边长要大得多,因此棱柱体试件(高度大于截面边长的试件)的受力状态更接近于实际构件中混凝土的受力情况。按照与立方体试件相同条件下制作和试验方法所得的棱柱体试件的抗压强度值,称为混凝土轴心抗压强度,可用符号 f_{ck} 表示。混凝土轴心抗压强度标准值直接反映混凝土结构的抗压能力。

《混凝土物理力学性能试验方法标准》(GB/T 50081—2019)中规定:混凝土轴心抗压强度试验以 150mm×150mm×300mm 的试件为标准试件,边长为 100mm×100mm×300mm 和 200mm×200mm×400mm 的棱柱体试件为非标准试件。

混凝土轴心抗压强度试件制作、试件养护及试验方法与混凝土立方体抗压强度一样,但棱柱体试件的轴心抗压强度较立方体试件的抗压强度低。

3. 混凝土抗拉强度(f_{tk})

混凝土抗拉强度和抗压强度一样,都是混凝土的基本强度指标。但是混凝土抗拉强度比抗压强度低得多,它与同龄期混凝土抗压强度的比值为 1/18~1/8。混凝土轴心抗拉强度标准值,用于反映混凝土结构的抗裂性能,间接衡量混凝土结构的冲切强度及其他力学性能。

《混凝土物理力学性能试验方法标准》(GB/T 50081—2019)中规定:混凝土的劈裂抗拉强度试验以 150mm×150mm×150mm 的立方体试件或 ϕ150mm×300mm 的圆柱体试件为标准试件试验得到。

按照规定的方法进行试件制作、试件养生和试验操作,混凝土劈裂抗拉强度 f_{tk} 按下式计算:

$$f_{tk} = \frac{2F}{\pi A} = 0.637\frac{F}{A} \tag{3-1}$$

式中：f_{tk}——混凝土立方体试件抗压强度，MPa，精确到 0.01MPa；

F——试件破坏荷载，N；

A——试件劈裂面面积，mm^2。

《混凝土物理力学性能试验方法标准》（GB/T 50081—2019）中规定：混凝土轴向拉伸试验用于测定混凝土的轴向抗拉强度、极限拉伸值以及抗拉弹性模量。

4.复合应力状态下的混凝土强度

在钢筋混凝土结构中，构件通常受到轴力、弯矩、剪力及扭矩等不同组合情况的作用，因此，混凝土更多的是处于双向或三向应力状态。在复合应力状态下，混凝土强度有明显变化。

1）双向应力状态

对于双向正应力状态，如在两个互相垂直的平面上，作用着法向应力 σ_1 和 σ_2，第三个平面上的法向应力为零。双向应力状态下混凝土强度变化特点如下：

（1）当双向受压时，一向的混凝土强度随着另一向压应力的增加而增加。

（2）当双向受拉时，双向受拉的混凝土抗拉强度接近于单向抗拉强度。

（3）当一向受拉、另一向受压时，混凝土强度均低于单向受力（压或拉）的强度。

当法向应力（拉或压）和剪应力形成压剪或拉剪复合应力状态时，混凝土的抗压强度由于剪应力的存在而降低；抗剪强度随压应力的增大而先逐渐增大后又逐渐减小。

2）三向应力状态

三向应力状态下的混凝土强度比双向应力状态下更加复杂。对于三向受压的情况，混凝土某一个方向上的轴心抗压强度随另外两个方向上压应力的增加而增加。三向受压混凝土圆柱体的轴心抗压强度 f_{cc} 与侧压应力 σ_2 之间的关系，可以用下列线性经验公式表达：

$$f_{cc} = f_c' + k\sigma_2 \tag{3-2}$$

式中：f_{cc}——三向受压时混凝土圆柱体的轴心抗压强度；

f_c'——混凝土圆柱体强度，计算时可近似以混凝土轴心抗压强度 f_{ck} 代之；

σ_2——侧压应力值；

k——侧压效应系数，侧向压力较低时得到的值较大。

3.1.2 混凝土的变形

混凝土的变形可分为两类：一类是由于受力而产生的变形，称为受力变形；另一类是与受力无关的变形，称为体积变形。

1.混凝土的受力变形

1）混凝土在短期荷载作用下的变形

混凝土是一种不匀质的多组分三相复合材料，为弹塑性体。混凝土的应力-应变关系是混凝土力学性能的一个重要方面，它是研究钢筋混凝土构件截面应力分布，建立承载能力和变形计算理论所必不可少的依据。

混凝土构件在受荷载作用时既产生弹性变形,又产生塑性变形。测得混凝土试件受压时典型的应力-应变曲线如图 3-1 所示。完整的混凝土轴心受压应力-应变曲线由上升段 OC、下降段 CD 和收敛段 DE 三个阶段组成。

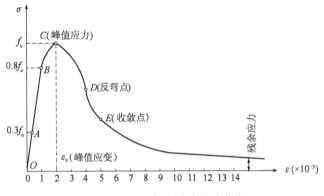

图 3-1　混凝土受压时应力-应变曲线

（1）上升段 OC。当压应力 $\sigma = f_c$ 左右时,应力-应变关系接近直线变化（OA 段）,混凝土处于弹性阶段工作。在压应力 $\sigma \geq 0.3 f_c$ 后,随着压应力的增大,应力-应变关系越来越偏离直线,任一点的应变 ε 可分为弹性应变 ε_{ce} 和塑性应变 ε_{cp} 两部分。原有的混凝土内部微裂缝发展,并在孔隙等薄弱处产生新的个别微裂缝。当应力达到 $0.8 f_c$（B 点）左右后,混凝土塑性变形显著增大,内部裂缝不断延伸扩展,并有几条贯通,应力-应变曲线斜率急剧减小,如果不继续加载,裂缝也会发展,即内部裂缝处于非稳定发展阶段。当应力达到最大应力 $\sigma = f_c$ 时（C 点）,应力-应变曲线的斜率已接近于水平,试件表面出现不连续的可见裂缝。

（2）下降段 CD。到达峰值应力点 C 后,混凝土的强度并不完全消失,随着压应力 σ 的减少（卸载）,应变仍然增加,曲线下降坡度较陡,混凝土表面裂缝逐渐贯通。

（3）收敛段 DE。在反弯点 D 之后,应力下降的速率减慢,趋于稳定的残余应力。表面纵向裂缝把混凝土棱柱体分成若干个小柱,外荷载由裂缝处的摩擦咬合力及小柱体的残余强度所承受。

对于没有侧向约束的混凝土,收敛段没有实际意义,所以通常只注意混凝土轴心受压应力-应变曲线的上升段 OC 和下降段 CD,而最大应力值 f_c 及相应的应变值 ε_{co} 以及 D 点的应变值（称为极限压应变值 ε_{cu}）成为曲线的三个特征值。对于均匀受压的棱柱体试件,其压应力达到 f_c 时,混凝土就不能承受更大的压力,f_c 成为结构构件计算时混凝土强度的主要指标。与 f_c 相对应的应变 ε_{co} 随混凝土强度等级而异,在 $(1.5 \sim 2.5) \times 10^{-3}$ 范围内变动,通常取其平均值,即 $\varepsilon_{co} = 2.0 \times 10^{-3}$。应力-应变曲线中相应于 D 点的混凝土极限压应变 ε_{cu} 为 $(3.0 \sim 5.0) \times 10^{-3}$。

2）混凝土在长期荷载作用下的变形

在长期荷载作用下,混凝土的变形将随时间而增加,即在应力不变的情况下,混凝土的应变随时间持续增长,这种现象被称为混凝土徐变,如图 3-2 所示。混凝土徐变变形是在持久作用下混凝土结构随时间推移而增加的应变。

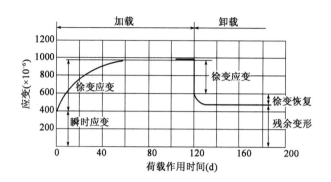

图 3-2　混凝土荷载作用时间与变形曲线示意图

混凝土徐变的主要原因是在荷载的长期作用下,混凝土凝胶体中的水分逐渐压出,水泥石逐渐黏性流动,微细空隙逐渐闭合,结晶体内部逐渐滑动,微细裂缝逐渐发生等各种因素的综合结果。

在进行混凝土徐变试验时,需要注意的是,观测到的混凝土变形中还含有混凝土的收缩变形(详见下述内容),故需用同批浇筑同样尺寸的试件在同样环境下进行收缩试验,这样,从量测的混凝土徐变试验试件总变形中扣除对比的收缩试验试件的变形,即可得到混凝土徐变变形。

影响混凝土徐变的因素很多,其主要因素包括如下:

(1)混凝土在长期荷载作用下的应力大小。应力越大,则混凝土徐变越大。

(2)荷载作用时混凝土的龄期。混凝土龄期越短,则混凝土徐变越大。

(3)混凝土的组成成分和配合比。混凝土中集料本身没有徐变,它的存在约束了水泥胶体的流动,约束作用大小取决于集料的刚度(弹性模量)和集料所占的体积比。集料的体积比越大,混凝土徐变越小;混凝土的水灰比越小,混凝土徐变也越小。

(4)养护及使用条件下的温度与湿度。混凝土养护时温度越高,湿度越大,水泥水化作用就越充分,混凝土徐变就越小;混凝土的使用环境温度越高,相对湿度越低,徐变就越大,因此高温干燥环境将使混凝土徐变显著增大。

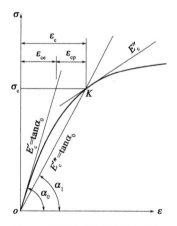

图 3-3　混凝土变形模量的表示方法

混凝土徐变对混凝土桥涵结构既有其有利的一面,也有其不利的一面。有利的方面包括:混凝土徐变可减少桥涵由于支座不均匀沉降产生的应力;分散结构的应力集中,引起应力重分布(由于混凝土徐变而缓和应力集中);降低超静定结构的温度应力等。不利的是会增大桥梁挠度,会造成预应力混凝土结构的应力损失等。

3)混凝土的抗压弹性模量(E_c)

混凝土的抗压弹性模量(E_c)是计算结构变形、结构应变必需的材料参数,即在应力-应变曲线上任一点的应力 σ 与其应变 ε 的比值。因混凝土材料是弹塑性体材料,其应力与应变的比值并非一个常数,而是随着混凝土的应力变化而变化,通常用原点弹性模量、切线模量和割线模量表征,如图 3-3 所示。

《混凝土物理力学性能试验方法标准》(GB/T 50081—2019)中规定,采用150mm×150mm×300mm的棱柱体标准试件或100mm×100mm×300mm和200mm×200mm×400mm的棱柱体非标准试件来测定混凝土的抗压弹性模量。

4)混凝土的剪切弹性模量(G_c)

混凝土的剪切弹性模量G_c,一般可根据试验测得的混凝土弹性模量E_c和泊松比确定:

$$G_c = \frac{E_c}{2(1 + \mu_c)} \tag{3-3}$$

式中:μ_c——混凝土的横向变形系数(泊松比),取$\mu_c = 0.2$时,代入式(3-3)得到$G_c = 0.4E_c$。

混凝土的横向变形系数(泊松比)也可以按照《混凝土物理力学性能试验方法标准》(GB/T 50081—2019)中规定,采用边长为150mm×150mm×300mm的棱柱体标准试件来测定。

2.混凝土的体积变形

混凝土的收缩与膨胀属于混凝土的体积变形。

1)混凝土的收缩变形

混凝土在凝结初期或硬化过程中出现的体积缩小现象称为混凝土的收缩。混凝土产生收缩变形的主要原因是混凝土在凝结或硬化过程中的化学反应所产生的化学收缩及混凝土自由水分蒸发所产生的物理收缩。

混凝土在水中永远呈微膨胀变形,在空气中永远呈收缩变形。混凝土的收缩变形与许多因素有关。混凝土中水泥强度等级越高、水灰比越大、水泥颗粒越细,混凝土的收缩变形越大;混凝土中集料粒径越小、含泥量越大、砂率越高,混凝土的收缩变形越大;混凝土中集料质量越好、混凝土振捣越密实、养生环境湿度越高,混凝土的收缩变形越小等等。

混凝土的收缩变形是一种随时间而增长的变形。混凝土在结硬初期收缩变形发展很快,两周可完成全部收缩的25%,1个月约可完成50%,3个月后增长缓慢,一般两年后趋于稳定,最终收缩值为$(2 \sim 6) \times 10^{-4}$。

混凝土的收缩变形对钢筋混凝土结构会产生有害影响,常导致收缩裂缝。对于一些薄壁构件或长度大但截面尺寸小的结构,如果养护不当就会产生收缩裂缝,进而影响结构的正常使用,施工时必须采取适当措施予以避免。

2)混凝土的膨胀变形

混凝土在水中凝结硬化时,体积会略膨胀,因混凝土的膨胀变形较小且对结构无害,故在设计时一般不考虑混凝土膨胀对结构的影响。

3)混凝土的温度变形

混凝土的温度变形是指混凝土随着温度的变化而产生热胀冷缩变形。混凝土的温度变形系数α一般为$(1 \sim 1.5) \times 10^{-5}/℃$,即温度每升高1℃,每1m胀缩$0.01 \sim 0.015$mm。温度变形对大体积混凝土、细长的混凝土结构、大面积混凝土工程极为不利,易使这些混凝土结构形成温度裂缝。对于混凝土因温度产生的变形可采取使用低水化热水泥、减少水泥用量、掺加缓凝剂、采用人工降温、设温度伸缩缝以及在结构内配置温度钢筋等措施予以预防,以减少因温度变形而引起的混凝土质量问题。

3.1.3 混凝土材料的选用

1.《设计规范》（JTG 3362—2018）中混凝土设计计算参数取值规定

《设计规范》（JTG 3362—2018）中规定：

（1）公路桥涵受力构件的混凝土强度等级对于钢筋混凝土构件不低于C25，当采用强度标准值400MPa及以上钢筋时，不低于C30；预应力混凝土构件不低于C40。

（2）混凝土轴心抗压强度标准值f_{ck}和轴心抗拉强度标准值f_{tk}按表3-1采用。

混凝土强度标准值（MPa） 表3-1

强度种类	强度等级											
	C25	C30	C35	C40	C45	C50	C55	C60	C65	C70	C75	C80
轴心抗压强度标准值f_{ck}	16.7	20.1	23.4	26.8	29.6	32.4	35.5	38.5	41.5	44.5	47.4	50.2
轴心抗拉强度标准值f_{tk}	1.78	2.01	2.2	2.4	2.51	2.65	2.74	2.85	2.93	3	3.05	3.1

（3）混凝土轴心抗压强度设计值f_{cd}、轴心抗拉强度设计值f_{td}由轴心抗压强度标准值、轴心抗拉强度标准值除以混凝土材料分项系数求得，用于混凝土结构的承载力计算。混凝土轴心抗压强度设计值f_{cd}和轴心抗拉强度设计值f_{td}应按表3-2采用。

混凝土强度设计值（MPa） 表3-2

强度种类	强度等级											
	C25	C30	C35	C40	C45	C50	C55	C60	C65	C70	C75	C80
轴心抗压强度设计值f_{cd}	11.5	13.8	16.1	18.4	20.5	22.4	24.4	26.5	28.5	30.5	32.4	34.6
轴心抗拉强度设计值f_{td}	1.23	1.39	1.52	1.65	1.74	1.83	1.89	1.96	2.02	2.07	2.1	2.14

（4）混凝土受压或受拉时的弹性模量E_c应按表3-3采用；当有可靠试验依据时，E_c可按实测数据确定，具体试验方法见《混凝土物理力学性能试验方法标准》（GB/T 50081—2019）。

混凝土的弹性模量（MPa） 表3-3

强度等级	C25	C30	C35	C40	C45	C50	C55	C60	C65	C70	C75	C80
$E_c(\times 10^4)$	2.80	3.00	3.15	3.25	3.35	3.45	3.55	3.60	3.65	3.70	3.75	3.80

注：当采用引气剂及较高砂率的泵送混凝土且无实测数据时，表中C50～C80的E_c值应乘以折减系数0.95。

2.工程中混凝土材料的选择

1）混凝土选用需考虑的因素

（1）结构的受力性能。混凝土作为结构中承受压力的主要材料，其强度等级的提高有利于发挥材料优势，节约工程造价。但混凝土是脆性材料，提高强度等级也会增加构件突然性压溃的风险也增大。因此，应根据具体情况综合考虑结构的力学性能以确定混凝土强度等级。

（2）结构的经济性。混凝土的性能价格之比在一定程度上反映了结构的经济性，最主要的指标就是强度价格比。随着强度等级的递增，强度价格比逐渐提高，体现出较好的经济效益；而C60以上混凝土对原材料的要求苛刻，生产工艺比较复杂，存在制作成本过高的问题，其强度价格比随强度等级提高而降低。

2)混凝土强度等级的优化选择建议

考虑实际工程常用做法,进行工程设计时,各种结构构件中的混凝土强度等级可参考表 3-4 选取。

公路桥涵常用混凝土构件强度等级取用建议   表 3-4

结 构 名 称	构 件 名 称	混凝土强度等级
桥梁基础	桩基础、承台、系梁	C30、C35
下部结构	桥台	C25、C30、C35
	墩身、钢筋混凝土盖梁	C35、C40
	预应力混凝土盖梁	C40
上部结构	钢筋混凝土主梁	C40
	预应力混凝土主梁	C50、C55
涵洞	箱涵身、盖板	C25、C30
其他	斜拉桥、悬索桥主塔	C50
	钢筋混凝土拱圈	C40
施工临时结构	临时支撑柱、预制场台座等	C25、C30、C35、C40

3.2 结构用钢筋材料

配筋混凝土结构中采用的钢筋包括由低碳钢、低合金钢热轧所制成的普通钢筋和由高碳钢制成的预应力钢筋(如高强度钢丝、高强度螺纹钢筋、钢绞线等)。

3.2.1 普通钢筋

1.普通钢筋的分类

钢筋混凝土及预应力混凝土结构用普通钢筋多为热轧钢筋,根据其外形可分为热轧光圆钢筋和热轧带肋钢筋,如图 3-4 所示。

热轧光圆钢筋是指经热轧成型并自然冷却的表面光滑、截面为圆形的钢筋。热轧带肋钢筋是指经热轧成型并自然冷却而其圆周表面通常带有两条纵肋且沿长度方向有均匀分布横肋的钢筋。其中,横肋斜向一个方向且呈螺纹形的,称为螺纹钢筋;横肋斜向不同方向且呈人字形的,称为人字形钢筋;纵肋与横肋不相交且横肋为月牙形状的,称为月牙形钢筋。

热轧带肋钢筋截面包括纵肋和横肋,外周不是一个光滑连续的圆周,因此,热轧带肋钢筋直径采用公称直径。公称直径是指与钢筋的公称横截面面积相等的圆的直径,即以公称直径所得的圆面积就是钢筋的截面面积。对于热轧光圆钢筋截面,其直径就是公称直径。

注意:本书中凡未加特别说明的钢筋直径均指钢筋公称直径。

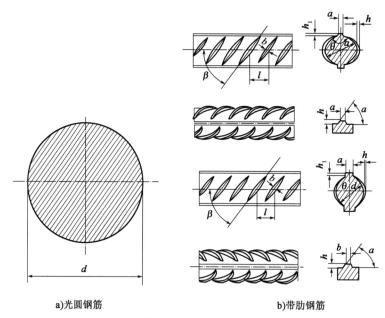

a)光圆钢筋　　　　　　　　　　　　　b)带肋钢筋

图 3-4　常见钢筋的外形

我国国家标准推荐的热轧光圆钢筋公称直径为 6mm、8mm、10mm、12mm、16mm 和 20mm；热轧带肋钢筋公称直径为 6mm、8mm、10mm、12mm、16mm、20mm、25mm、32mm、40mn 和 50mm。

2.普通钢筋的主要力学性能指标

1）强度

钢筋的强度分屈服强度和抗拉强度。

（1）屈服强度。屈服强度是指低碳钢开始产生大量塑性变形时所对应的应力。试件发生屈服应力首次下降前的最大应力称为上屈服强度，记为 R_{eH}；在屈服期间，不计初始瞬间效应时的最小应力称为下屈服强度，记为 R_{eL}。

（2）抗拉强度（R_m）：抗拉强度是指钢材所能承受的最大拉应力。

（3）屈强比。屈强比是指屈服强度与抗拉强度的比值。屈强比越小，结构可靠性越高，但比值太小，会导致钢材的利用率过低。

2）塑性

塑性是指钢材在受力破坏前可以经受永久变形的性能。它通常用伸长率和断面收缩率表示。

（1）伸长率是指钢材受拉发生断裂时所能承受的永久变形能力。工程上通常用断后伸长率 A 和最大力总延伸率 A_{gt}（一般用于仲裁检验）表示。

（2）断面收缩率是指试件拉断后缩颈处横断面面积的最大缩减量占原横断面面积的百分率。

普通钢筋抗拉强度及塑性性能如图 3-5 所示。

3）弯曲性能

弯曲性能是指钢材在常温条件下承受规定弯曲程度的弯曲变形能力，并可在弯曲中显示钢材缺陷的一种工艺性能。规定试件在规定的弯曲角度、弯芯直径及反复弯曲次数后,试件弯曲处不产生裂纹、断裂和起层等现象时即认为合格。

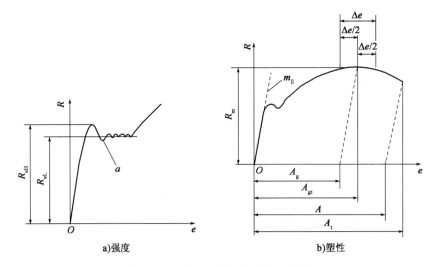

图 3-5　普通钢筋抗拉强度及塑性性能示意

R_m-抗拉强度;A-断后伸长率;A_g-最大塑性延伸率;A_{gt}-最大力总延伸率;A_t-断裂总延伸率;m_E-弹性阶段斜率;Δe-平台范围;e-延伸率;R-应力

4)钢筋连接

钢筋连接通常采用焊接和机械连接。其接头应满足强度及变形的要求。

3.普通钢筋的强度等级和力学性能特征值

1)热轧光圆钢筋

《钢筋混凝土用钢　第 1 部分:热轧光圆钢筋》(GB 1499.1—2017)中规定:热轧光圆钢筋牌号由"HPB + 屈服强度特征值"表示,常用牌号为 HPB300。热轧光圆钢筋的力学性能标准见表3-5。

热轧光圆钢筋的力学性能标准　　　　　　　　　　　　　　　　　表 3-5

牌　　号	钢筋符号	屈服强度 R_{eL}（MPa）	抗拉强度 R_m（MPa）	断后伸长率 A（%）	最大力总伸长率 A_{gt}（%）	冷弯试验,180°（D = 弯芯直径,d = 钢筋公称直径）
		不小于				
HPB300	φ	300	420	25.0	10.0	$D = d$

注:HPB235 级别钢筋已被淘汰,产品过渡期间其力学性能标准可查阅有关资料。

2)热轧带肋钢筋

《钢筋混凝土用钢　第 2 部分:热轧带肋钢筋》(GB 1499.2—2018)中规定:热轧带肋钢筋分普通热轧钢筋和细晶粒热轧钢筋两种,牌号分别由 HRB + 屈服强度特征值、HRBF + 屈服强度特征值表示。普通热轧带肋钢筋常用牌号有 HRB400、HRB500,细晶粒热轧带肋钢筋常用牌号有 HRBF400、HRBF500。热轧带肋钢筋的力学性能标准见表3-6。

热轧带肋钢筋的力学性能标准

表 3-6

牌　　号	钢筋符号	屈服强度 R_{eL}（MPa）	抗拉强度 R_m（MPa）	断后伸长率 A（%）	最大力总伸长率 A_{gt}（%）	冷弯试验,180°（D = 弯芯直径，d = 钢筋公称直径）
		不小于				
HRB400 HRBF400 RRB400	ϕ ϕ^F ϕ^R	400	540	16	7.5	$d = 6 \sim 25, D = 4d$ $d = 28 \sim 40, D = 5d$ $d = 40 \sim 50, D = 6d$
HRB500 HRBF500	Φ Φ^F	500	630	15		$d = 6 \sim 25, D = 6d$ $d = 28 \sim 40, D = 7d$ $d = 40 \sim 50, D = 8d$

注:1. HRB335 级别钢筋已被淘汰,产品过渡期间其力学性能标准可查阅有关资料。
　　2. 规范中列有抗震钢筋,需要者请查阅《钢筋混凝土用钢　第 2 部分:热轧带肋钢筋》(GB 1499.2—2018)。

普通钢筋的力学性能可按照《钢筋混凝土用钢材试验方法》(GB/T 28900—2012)等标准规范测试,合格后方可使用。

3.2.2　预应力钢筋

在预应力混凝土构件中,除了设置普通钢筋外,还要设置施加预应力的预应力钢筋。

1.预应力钢筋的力学性能要求

预应力混凝土结构对预应力钢筋技术要求如下:

(1)较高的强度。预应力钢筋必须使用高强度钢材,这点预应力混凝土结构本身的发展史已经做了极好的说明。1928 年,法国工程师 E-弗莱西奈采用高强度钢丝进行试验,获得成功,使预应力混凝土结构有了实用的可能。这是因为,不采用高强度预应力筋,就无法克服由于各种因素所造成的应力损失,也就不可能有效地建立预应力。

(2)良好的塑性。为了保证结构物在破坏之前有较大的变形能力,预应力钢筋需有足够的塑性性能。

(3)与混凝土具有良好的黏结性能。

(4)应力松弛损失要小。与混凝土一样,钢筋在持久不变的应力作用下,会产生随加荷时间延长而增加的徐变变形(又称为蠕变);在恒定温度下,将钢筋拉长一定长度并保持固定不变,则钢筋中的应力将随加荷时间延长而降低,一般称这种现象为钢筋的松弛或应力松弛。

表征预应力钢筋强度的力学性能指标有公称抗拉强度 R_m、塑性延伸率为 0.2% 时的应力 $R_{p0.2}$、最大力总延伸率 A_{gt}、应力松弛性能等。预应力钢筋经检验机构对其力学性能检测合格后方可使用。

图 3-6 为预应力钢筋等高强钢筋的典型拉伸试验曲线,图中 a 为非真实值,产生了突然的应变速率增加;b 为应变速率增加时的应力-应变行为。

预应力钢筋属于高强钢筋,拉伸过程没有像普通钢筋一样的屈服阶段,为了表征其屈服力或相应的屈服强度,工程上通常以塑性延伸率为 0.2% 时的应力记为 $R_{p0.2}$,对应的力为塑性延伸率为 0.2% 时的屈服力 $F_{p0.2}$。

038

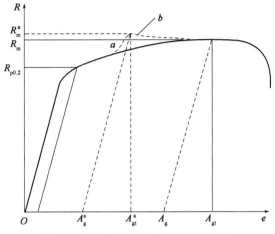

图 3-6　预应力钢筋主要力学性能参数示意

$R_{p0.2}$-规定塑性延伸率为 0.2% 时的应力;R_m-抗拉强度;A_g-最大塑性延伸率;A_{gt}-最大力总延伸率;e-延伸率;R-应力

为了检验预应力钢筋的松弛性能,需对其进行 1000h 的松弛试验,检验其松弛率是否满足相应的技术要求。对于有疲劳要求的预应力钢筋,还应进行不少于 1000000 次的疲劳试验,以检验预应力钢筋是否满足相应的技术要求。

2.预应力钢筋的分类

在公路预应力混凝土结构中,施加预应力的钢筋应具有高强度、较好的塑性、与混凝土黏结性能良好和低松弛率等。

《设计规范》(JTG 3362—2018)中推荐使用的预应力钢筋有预应力钢绞线、预应力混凝土用钢丝和预应力螺纹钢筋。

1)预应力钢绞线

预应力钢绞线是指钢厂用优质碳素结构钢经过冷加工、再经回火和绞捻等加工而成的预应力钢筋。其中,由冷拉光圆钢丝捻制成的钢绞线为标准型钢绞线,由刻痕钢丝捻制成的钢绞线为刻痕钢绞线(I),捻制后再经冷拔成的钢绞线称为模拔型钢绞线(C)。预应力钢绞线具有塑性好、无接头、使用方便等优点,多用于预应力混凝土结构中。

《预应力混凝土用钢绞线》(GB/T 5224—2014)中规定:常用的有 1×2、1×3 和 1×7 三种规格,如图 3-7 所示。

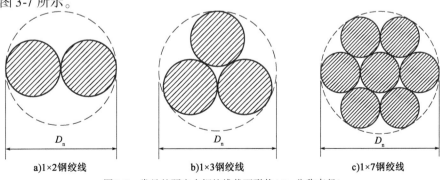

a)1×2钢绞线　　　　　b)1×3钢绞线　　　　　c)1×7钢绞线

图 3-7　常见的预应力钢绞线截面形状(D_n-公称直径)

钢绞线的标记方法包含"结构代码-公称直径-强度基本-标准编号"，如：

（1）公称直径为15.20mm，抗拉强度为1860MPa的7根钢丝捻制的标准型钢绞线标记为"预应力钢绞线1×7-15.20-1860-GB/T 5224—2014"。

（2）公称直径为8.70mm，抗拉强度为1720MPa的3根刻痕钢丝捻制的钢绞线标记为"预应力钢绞线1×3I-8.70-1720-GB/T 5224—2014"。

（3）公称直径为12.7mm，抗拉强度为1860MPa的7根钢丝捻制又经模拔的钢绞线标记为"预应力钢绞线（1×7）C-12.70-1860-GB/T 5224—2014"。

钢绞线具有截面集中，比较柔软，盘弯运输方便，与混凝土黏结性能良好等特点，可大大简化现场成束的工序，是一种较理想的预应力钢筋。

预应力混凝土用钢绞线的力学性能及合格标准见《预应力混凝土用钢绞线》（GB/T 5224—2014）。

2）预应力混凝土用钢丝

预应力混凝土用钢丝是指采用碳钢线材加工而成的用于预应力混凝土结构的一种钢丝。

预应力混凝土用钢丝按照加工状态可分为冷拉钢丝和消除应力钢丝两类。

（1）冷拉钢丝（代码为WCD）是通过拔丝等减径工艺经冷加工而形成的产品，以盘卷供货的钢丝。

（2）消除应力钢丝（代码为WLR）是按照下述一次性连续处理方法之一生产的钢丝。

①钢丝在塑性变形下（辅应变）进行短时热处理，得到的是低松弛钢丝。

②钢丝通过矫直工序后在适当温度下进行短时热处理，得到的是普通松弛钢丝。

预应力混凝土用钢丝按外形可分为光圆、螺旋肋、刻痕三种钢丝。

（1）光圆钢丝（代码为P）：钢丝沿长度方向直径不变的圆形钢丝。

（2）螺旋肋钢丝（代码为H）：钢丝表面沿着长度方向上具有连续、规则的螺旋肋条。

（3）刻痕钢丝（代码为I）：钢丝表面沿着长度方向有规则间隔的压痕。

几种常见的预应力高强钢丝如图3-8所示。

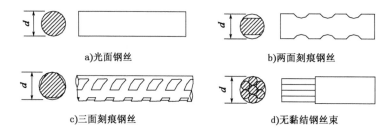

a)光面钢丝　　　　　　　　　　　b)两面刻痕钢丝

c)三面刻痕钢丝　　　　　　　　　d)无黏结钢丝束

图3-8　几种常见的预应力高强钢丝

钢丝的标记方法：预应力钢丝＋公称直径-抗拉强度-加工状态代号＋形状代号＋标准编号。例如，直径为4.00mm，抗拉强度为1670MPa的冷拉光圆钢丝标记为"预应力钢丝4.00-1670-WCD-P-GB/T 5223—2014"。

预应力混凝土用钢丝力学性能及合格标准见《预应力混凝土用钢丝》（GB/T 5223—2014）。

3）预应力螺纹钢筋

预应力螺纹钢筋又称为精轧螺纹钢筋，是一种热轧成带有不连续的外螺纹的直条钢筋，如

图 3-9 所示。该钢筋在任意截面处均可用带有匹配形状的连接器或锚具进行连接或锚固。

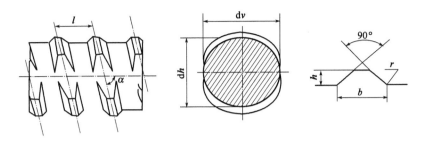

图 3-9　预应力螺纹钢筋

dh-基圆直径;dv-基圆直径;h-螺纹高;b-螺纹底宽;l-螺距;r-螺纹根弧;α-导角

预应力螺纹钢筋以屈服强度划分级别,其代码为"PSB"加上规定屈服强度最小值表示。例如,PSB830 表示屈服强度最小值为 830MPa 的钢筋。

预应力螺纹钢筋的公称直径范围为 15 ~ 75mm,通常采用 25mm、32mm。

预应力螺纹钢筋力学性能及合格标准见《预应力混凝土用螺纹钢筋》(GB/T 20065—2016)。

3.2.3　钢筋材料的选用

1.《设计规范》(JTG 3362—2018)中普通钢筋设计计算参数取值规定

为了便于常用工程结构的设计计算,《设计规范》(JTG 3362—2018)中规定公路混凝土桥涵的普通钢筋应按下列规定采用:

(1)钢筋混凝土构件中的普通钢筋宜选用 HPB300、HRB400、HRB500、HRBF400 和 RRB400 钢筋,预应力混凝土构件中的箍筋应选用其中的带肋钢筋;按构造要求配置的钢筋网可采用冷轧带肋钢筋。

(2)钢筋的抗拉强度标准值应具有不小于 95% 的保证率。

普通钢筋的抗拉强度标准值 f_{sk} 和抗拉设计强度 f_{sd}、抗压设计强度 f'_{sd} 按表 3-7 采用。

普通钢筋强度标准值和设计值(MPa)　　　　　　　　　　　　　　表 3-7

钢 筋 种 类	抗拉强度标准值 f_{sk}	抗拉强度设计值 f_{sd}	抗压强度设计值 f'_{sd}
HPB300	300	250	250
HRB400、HRBF400、RRB400	400	330	330
HRB500	500	415	400

注:1. 表中 d 指国家标准中的钢筋公称直径,单位为 mm。

　　2. 当钢筋混凝土轴心受拉和小偏心受拉构件的钢筋抗拉强度设计值大于 330MPa 时,仍应按 330MPa 取用;在斜截面抗剪承载力、受扭承载力和冲切承载力计算中,垂直于纵向受力钢筋的箍筋或间接钢筋等横向钢筋的抗拉强度设计值大于 330MPa 时,应取 330MPa。

　　3. 当构件中配有不同种类的钢筋时,每种钢筋应采用各自的强度设计值。

(3)普通钢筋的弹性模量 E_s。

《设计规范》(JTG 3362—2018)中规定,普通钢筋的弹性模量 E_s 宜按表 3-8 采用;当有可靠试验依据时,可按实测数据确定。

普通钢筋弹性模量（MPa）　　　　　　　　　　　　　表3-8

普通钢筋牌号	弹性模量 E_s
HPB300	2.1×10^5
HRB400、HRB500 HRBF400、RRB400	2.0×10^5

2.《设计规范》（JTG 3362—2018）中预应力钢筋设计计算参数取值规定

《设计规范》（JTG 3362—2018）中给出了预应力钢筋的符号表示方法、抗拉强度标准值 f_{pk}、抗拉强度设计值 f_{pd}、抗压强度设计值 f'_{pd}，分别见表3-9、表3-10。

预应力钢筋符号及抗拉强度标准值　　　　　　　　表3-9

钢 筋 种 类		符 号	公称直径（mm）	公称截面面积（mm²）	抗拉标准强度 f_{pk}（MPa）
钢绞线	1×7	ϕ^S	9.5	54.8	1720、1860、1960
			12.7	98.7	
			15.2	139.0	
			17.8	191.0	
			21.6	285.0	1860
消除应力 钢丝	光面 螺旋肋	ϕ^P ϕ^H	5	19.63	1570、1770、1860
			7	38.48	1570
			9	63.62	1470、1570
预应力螺纹钢筋		ϕ^T	18	254.5	785、930、1080
			25	490.9	
			32	804.2	
			40	1256.6	
			50	1963.5	

注：抗拉强度标准值为1960MPa的钢绞线作为预应力钢筋使用时，应有可靠工程经验或充分试验验证。

预应力钢筋抗拉、抗压强度设计值（MPa）　　　　　表3-10

钢 筋 种 类	抗拉强度标准值 f_{pk}	抗拉强度设计值 f_{pd}	抗压强度设计值 f'_{pd}
钢绞线 1×7(7 股)	1720	1170	390
	1860	1260	
	1960	1330	
消除应力光面钢丝	1470	1000	410
	1570	1070	
	1770	1200	
	1860	1260	
预应力螺纹钢筋	785	650	400
	930	770	
	1080	900	

预应力钢筋的弹性模量 E_p 可按表 3-11 采用;当有可靠试验依据时,E_p 可按实测数据确定。

预应力钢筋的弹性模量(MPa) 表 3-11

钢 筋 种 类	弹性模量 E_p
钢绞线	1.95×10^5
消除应力钢丝	2.0×10^5
预应力螺纹钢筋	2.05×10^5

3.工程中钢筋材料的选择

1)钢筋选用需考虑的因素

(1)受力类型。结构中的钢筋可分为纵向受力钢筋、预应力钢筋(钢丝、钢绞线和螺纹钢筋)、横向钢筋(箍筋、弯筋和约束钢筋)、分布钢筋和辅助钢筋(架立筋、防崩筋)等,可根据钢筋在结构中的不同作用和需要有针对性地选择钢筋类型和强度等级。

(2)钢筋性能。钢筋的性能包括力学性能(强度、伸长率、强屈比)、锚固性能(锚固长度、预应力传递长度)、连接传力性能(搭接长度、可焊性、机械连接适应性)、质量稳定性和施工适应性等。在实际工程中,应按照结构受力性能和配筋要求,结合钢筋实际性能进行选择。一般带肋钢筋锚固性能及施工适应性尚可,优先作为主要受力钢筋;光圆钢筋的锚固和裂缝控制性能差,可作为箍筋和焊接钢筋网片。

(3)技术政策。我国倡导减少能源、资源消耗,保护环境、可持续发展基本发展理念,钢筋选材应符合高强、高性能的技术导向。

2)钢筋等级的优化选择建议

结合实际工程常用做法,工程设计时各种结构构件中钢筋强度等级可参考表 3-12 取用。

公路桥涵混凝土结构用钢筋强度等级取用建议 表 3-12

钢 筋		适 用 范 围
普通钢筋	HPB300	箍筋:直径 8mm、10mm 钢筋
	HRB400	受力钢筋、构造钢筋:直径 12mm、14mm、16mm、18mm、20mm、22mm、25mm、28mm、32mm 钢筋
	HRB500	受力钢筋:直径 22mm、25mm、28mm、32mm 钢筋
预应力钢筋	预应力钢丝	竖向预应力钢筋、临时锚固钢筋
	预应力钢绞线	先张法预应力钢筋
	预应力螺纹钢筋	后张法预应力钢筋

本章小结:配筋混凝土结构材料主要有混凝土和钢筋两种。其中,钢筋根据结构设计需要可分为普通钢筋和预应力钢筋。混凝土的立方体抗压强度,轴心抗压强度、抗拉强度及抗压弹性模量以及钢筋的屈服强度、抗拉强度、设计强度、弹性模量是结构设计计算的关键力学性能指标;结构设计计算通常根据经验来选用材料的强度等级,按照《设计规范》(JTG 3362—2018)规定的设计参数值取用。此外,在结构设计时,还需考虑结构的构造要求。

❓ 思考题

1. 什么是混凝土立方体抗压强度、混凝土轴心抗压强度、混凝土劈裂抗拉强度？

2. 混凝土的强度等级是依据哪种混凝土强度确定的？

3. 混凝土的变形有哪几种？

4. 什么叫作混凝土的徐变？影响混凝土徐变主要原因有哪些？

5. 混凝土的温度变形如何预防？

6. 钢筋的主要力学指标有哪些？

7. 工程上常用的普通钢筋有哪几种？

8. 预应力混凝土结构常用高强钢筋有哪些？力学性能指标主要有哪几项？

9. 简述工程中公路桥涵结构构件中混凝土强度等级和钢筋强度等级的取用建议。

第 4 章
CHAPTER 4

钢筋混凝土受弯构件基本原理
与构造要求

4.1 钢筋混凝土受弯构件的基本原理

通过对结构用混凝土材料的学习得知,混凝土是一种脆性材料,其抗压能力高,而抗拉能力很低(为其抗压强度的 $1/18 \sim 1/8$)。普通钢筋的抗拉能力和抗压能力都比较高。

钢筋混凝土结构是由配置受力的普通钢筋或钢筋骨架的混凝土制成的结构。钢筋混凝土结构是由钢筋和混凝土两种力学性能不同的材料组成,共同作用,混凝土主要承受压力,钢筋主要承受拉力或改善结构的整体性能,充分发挥各自的优势结构。

1.基本原理

如果构件为不配置钢筋采用素混凝土做成的构件(无筋或不配置受力钢筋的混凝土构件),如素混凝土梁(图 4-1),由力学知识得知,当梁承受竖向荷载作用时,在梁的垂直截面(正截面)上受到弯矩作用,截面中性轴以上受压,中性轴以下受拉[图 4-1b)];当荷载 P 达到某一数值 P_0 时,梁截面的受拉边缘混凝土的拉应变达到极限拉应变,即出现竖向弯曲裂缝,此时裂缝处截面的受拉区混凝土退出工作,该截面处受压高度减小。对于素混凝土梁,即使荷载不增加,竖向弯曲裂缝也会急速向上发展,导致梁骤然断裂[图 4-1c)]。这种破坏是很突然的。也就是说,当荷载达到极限荷载的瞬间,梁立即发生破坏。由此可见,素混凝土梁的承载能力是由混凝土的抗拉强度控制的,而受压混凝土的抗压强度远未被充分利用。

当建造混凝土梁时在梁的受拉区配置适量的纵向受力钢筋,就构成钢筋混凝土梁,如图 4-2所示。试验表明,和素混凝土梁有相同截面尺寸的钢筋混凝土梁承受竖向荷载作用时,施加的荷载作用略大于 P_0 时的受拉区混凝土仍会出现裂缝。在出现裂缝的截面处，受拉区混凝土虽退出工作，但配置在受拉区的转钢筋将承担几乎全部的拉力[图 4-2b)]；这时钢筋混凝土梁不会像素混凝土梁那样立即裂断，而是能继续承受荷载作用，直至受拉钢筋的应力达到屈服强度，继而截面受压区的混凝土也被压碎，试验梁发生破坏[图 4-2c)]。因此，混凝土的抗压强度和钢筋的抗拉强度都能得到充分的利用，钢筋混凝土梁的承载能力可较素混凝土梁提高很多。

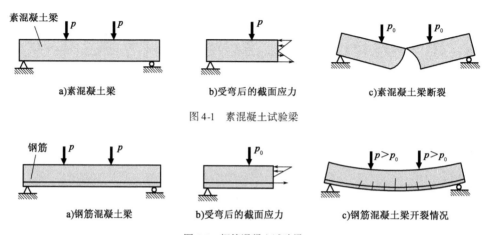

a)素混凝土梁 　　 b)受弯后的截面应力 　　 c)素混凝土梁断裂

图 4-1　素混凝土试验梁

a)钢筋混凝土梁 　　 b)受弯后的截面应力 　　 c)钢筋混凝土梁开裂情况

图 4-2　钢筋混凝土试验梁

综上所述，根据构件受力状况配置钢筋构成钢筋混凝土构件后，可以充分利用钢筋和混凝土各自的材料力学性能，将它们有效地结合在一起协同工作，从而提高构件的承载能力，改善构件的受力性能。

钢筋和混凝土这两种受力力学性能不同的材料之所以能有效地结合在一起而协同工作，主要作用机理如下：

（1）混凝土和钢筋之间具有良好的黏结力，使两者能可靠地结合成一个整体，在荷载作用下能够很好地协同变形，完成其结构功能。

（2）钢筋和混凝土的温度线膨胀系数也较为接近（钢筋为 $1.2 \times 10^{-5}/℃$，混凝土为 $1.0 \times 10^{-5} \sim 1.5 \times 10^{-5}/℃$）。当温度发生变化时，不至于产生较大的温度应力而破坏两者之间的黏结。

（3）混凝土将钢筋包围在内部，可以防止钢筋的锈蚀，保证了钢筋与混凝土的协同工作。

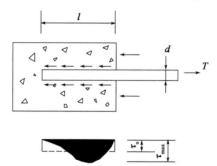

图 4-3　钢筋拔出试验中的黏结应力分布示意图

2.钢筋与混凝土的黏结机理

在钢筋混凝土结构中，钢筋和混凝土这两种材料之所以能协同工作的最主要条件，就是钢筋与混凝土的黏结作用。

钢筋与混凝土黏结应力的测定通常采用钢筋自混凝土试件中的拔出试验，即将钢筋的一端埋入混凝土内，在另一端施加预应力将钢筋拔出，如图 4-3 所示。试验证明，黏结应力的分布呈曲线形，但是光圆钢筋和带肋钢筋的黏结应力分布图有明显不同。

光圆钢筋与混凝土的黏结作用主要由以下三部分组成：

(1)混凝土中水泥胶体与钢筋表面的化学胶着力。

(2)钢筋与混凝土接触面上的摩擦力。

(3)钢筋表面粗糙不平产生的机械咬合作用。

其胶着力占比很小，发生相对滑移后，黏结力主要由摩擦力和咬合力提供。光圆钢筋的黏结强度较低，为1.5～3.5MPa。光圆钢筋拔出试验的破坏形态是钢筋自混凝土试件中被拔出的剪切破坏，其破坏面就是钢筋与混凝土的接触面。

带肋钢筋由于表面轧有肋条，能与混凝土紧密结合，其胶着力和摩擦力仍然存在，但主要是钢筋表面凸起的肋条与混凝土的机械咬合作用(图4-4)。

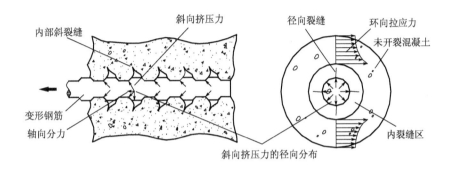

图4-4 带肋钢筋横肋处的挤压力和内部裂缝

试验证明，如果带肋钢筋外围混凝土较薄(如保护层厚度不足或钢筋净间距过小)，又未配置环向箍筋来约束混凝土变形，则径向裂缝很容易发展到试件表面形成沿纵向钢筋的裂缝，使钢筋附近的混凝土保护层逐渐劈裂而破坏。

3.钢筋混凝土结构的主要特点

除了能合理地利用钢筋和混凝土两种材料的特性之外，钢筋混凝土还具有下述优点：

(1)在钢筋混凝土结构中，混凝土强度是随时间而不断增长的，同时，钢筋被混凝土包裹而不致锈蚀，所以，钢筋混凝土结构的耐久性是较好的。钢筋混凝土结构的刚度较大，在使用荷载作用下的变形较小，故可以用于对变形有要求的建筑物中。

(2)钢筋混凝土结构既可以整体现浇，也可以预制装配，并且可以根据需要浇制成各种构件形状和截面尺寸。

(3)钢筋混凝土结构所用的原材料中，砂、石占比较大，且砂、石易于就地取材，工程造价相对较低。

当然，钢筋混凝土结构也存在一些缺点：

(1)钢筋混凝土构件自重较大，很难应用于大跨度结构。

(2)钢筋混凝土受弯构件抗裂性能较差，在正常使用时往往是带裂缝工作的。

(3)钢筋混凝土结构施工需使用大量的模板，且会受到气候条件的影响。

(4)钢筋混凝土结构修补或拆除较困难等。

　　钢筋混凝土结构虽有缺点,但毕竟有其独特的优点,所以,它的应用极为广泛,无论是在桥梁工程、隧道工程、房屋建筑、铁路工程,还是在水工结构工程、海洋结构工程等都得到了广泛应用。随着钢筋混凝土结构的不断发展,上述缺点已经或正在被逐步改善,如采用轻质高强混凝土可减轻结构自重,采用预制装配施工的结构可以节约模板、加快施工进度等。

4.2 钢筋混凝土受弯构件的截面形式与构造要求

　　钢筋混凝土受弯构件是桥涵结构中应用极为广泛的基本构件,桥梁上部结构中的承重梁和板就是典型的受弯构件,人行道板、行车道板、桥墩盖梁等构件以及桥涵施工中很多临时性结构等均为钢筋混凝土受弯构件。板、梁基本形式如图4-5所示。

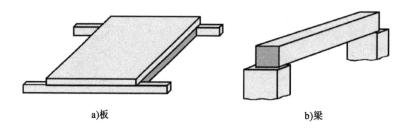

a)板　　　　　　　　　　　　b)梁

图4-5　板、梁基本形式示意图

　　板、梁的主要区别在于截面高宽比(h/b)的不同,其受力情况基本相同,即在荷载作用下,板、梁均将承受弯矩(M)和剪力(V)的作用。

　　对于钢筋混凝土受弯构件的设计,需要进行两个方面的设计:

　　(1)由于作用效应——弯矩M的作用,构件可能沿某个正截面(与梁的纵轴线或板的中面正交的面)发生破坏,故需要进行正截面承载力计算。

　　(2)由于作用效应——弯矩M和剪力V的共同作用,构件可能沿弯剪区段内的某个斜截面发生破坏,故需要进行斜截面承载力计算。

　　在桥涵工程中,常用钢筋混凝土受弯构件的截面形式主要有矩形实体板、空心板等板式结构以及矩形梁、T形梁、工字梁、箱形梁等梁式结构,如图4-6所示。

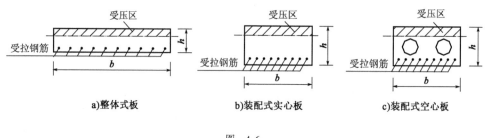

a)整体式板　　　　　　　　b)装配式实心板　　　　　　　c)装配式空心板

图　4-6

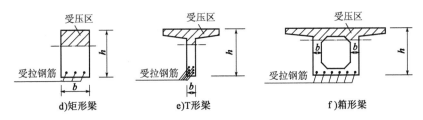

图 4-6　常见钢筋混凝土受弯构件的截面形式

4.2.1　钢筋混凝土板的构造

钢筋混凝土板可分为整体现浇板和预制板。在工地现场搭支架、立模板、配置钢筋,然后就地浇筑混凝土的板称为整体现浇板。其截面宽度较大,设计时可取单位宽度(如以 1m 为计算单位)作为一个单元进行计算。预制板是指在预制场地进行预先制作的板,运输至桥梁指定位置并在现场安装。钢筋混凝土板按其截面是否被挖空划分,可分为实体板与空心板两种,由于空心板自重相对较轻,桥涵结构中较为常用。

1.结构尺寸

《设计规范》(JTG 3362—2018)中规定了桥涵结构各种常用板的构造要求如下:

空心板桥的顶板和底板厚度均不应小于 80mm;人行道板的厚度,就地浇筑的混凝土板不应小于 80mm,预制混凝土板不应小于 60mm;以独立墩柱作为支承的板,板厚度不应小于 150mm。

注意:空心板桥不宜采用空心胶囊施工。

装配式钢筋混凝土板桥的跨径不大于 10m;整体现浇钢筋混凝土板桥,简支时跨径不大于 10m,连续时跨径不大于 16m。

注意:这里的跨径一般指的是标准跨径;对于梁式桥则是指墩到墩的中心距。

2.钢筋构造要求

钢筋混凝土板的钢筋主要由主要受力钢筋(主钢筋)和分布钢筋组成,如图 4-7 所示。

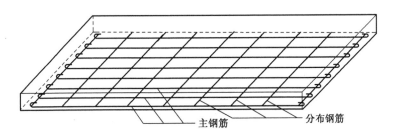

主钢筋　　　　分布钢筋

图 4-7　钢筋混凝土板内钢筋构造图

对于周边支承的桥面板,如图 4-8 所示。其长边 l_2 与短边 l_1 的比值大于或等于 2 时,受力以短边方向为主,称为单向板,反之称为双向板。

单向板内主钢筋沿板的跨度方向(短边方向)布置在板的受拉区,钢筋数量由计算决定。

为了使板的受力均匀，板内的主钢筋宜采用较小直径、间距较小的布置方式。分布钢筋一般垂直于主钢筋方向布置，常设置于主钢筋的内侧，在与主钢筋交叉点用铁丝绑扎或点焊固定位置；分布钢筋属于构造钢筋，其作用是使主钢筋受力更均匀，同时起着固定受力钢筋位置、分担混凝土收缩和温度应力的作用。

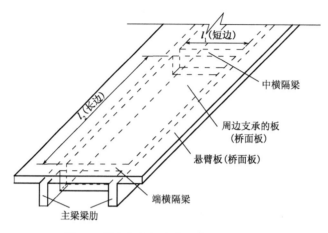

图4-8　周边支承桥面板与悬臂桥面板示意图

《设计规范》（JTG 3362—2018）中规定了桥涵结构各种常用板构件中钢筋的构造要求如下。

1）单向板

行车道板内主钢筋直径不应小于10mm，人行道板内的主钢筋直径不应小于8mm，在简支板跨中和连续板支点处，板内主钢筋间距不应大于200mm。

行车道板内主钢筋可在沿板高中心纵轴线的1/4～1/6计算跨径处按30°～45°弯起；通过支点的不弯起的主钢筋，每米板宽内不应少于3根，并不应少于主钢筋截面面积的1/4。

行车道板内应设置垂直于主钢筋的分布钢筋。分布钢筋设在主钢筋的内侧，其直径不应小于8mm，间距不应大于200mm，截面面积不宜小于板的截面面积的0.1%。在主钢筋的弯折处，应设置分布钢筋。人行道板内分布钢筋直径不应小于6mm，其间距不应大于200mm。

2）双向板

对于周边支承的双向板，板的两个方向（沿板长边方向和沿板短边方向）同时承受弯矩，所以两个方向均应设置主钢筋。在布置四周支承双向板钢筋时，可将板沿纵向及横向各分为三部分。靠边部分的宽度均为板的短边宽度的1/4。中间部分的钢筋应按计算数量设置，靠边部分的钢筋按中间部分的半数设置，钢筋间距不应大于250mm，且不应大于板厚的两倍。

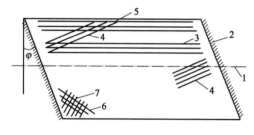

图4-9　斜板桥钢筋布置

1-桥纵轴线；2-支承轴线；3-顺桥纵轴线钢筋；4-与支承轴线正交钢筋；5-自由边钢筋带；6-垂直于钝角平分线的钝角钢筋；7-平行于钝角平分线的钝角钢筋

3）斜板

斜板桥钢筋布置如图4-9所示。以斜板桥为例，斜板的钢筋可按下列规定布置：

当整体式斜板的斜交角（板的支座轴线的垂

直线与桥纵轴线的夹角)不大于15°时,主钢筋可平行于桥纵轴线方向布置;当整体式斜板斜交角大于15°时,主钢筋宜垂直于板的支座轴线方向布置,此时,在板的自由边上下应各设置一条不少于 3 根主钢筋的平行于自由边的钢筋带,并用箍筋箍牢。在钝角部位靠近板顶的上层,应布置垂直于钝角平分线的加强钢筋,在钝角部位靠近板底的下层,应布置平行于钝角平分线的加强钢筋,加强钢筋直径不宜小于 12mm,间距为 100 ~ 150mm,布置于以钝角两侧1.0 ~ 1.5m 边长的扇形面积内。

斜板的分布钢筋宜垂直于主钢筋方向设置,其直径、间距和数量可按构造配置。在斜板的支座附近宜增设平行于支座轴线的分布钢筋;或者将分布钢筋向支座方向呈扇形分布,过渡到平行于支承轴线。

预制斜板的主钢筋可与桥纵轴线平行,其钝角部位加强钢筋及分布钢筋前述予以适当加强。

4)装配式板

当采用铰接时,铰的上口宽度应满足施工时使用插入式振捣器的需要,铰槽的深度宜为预制板高的 2/3。预制板内应预埋钢筋伸入铰槽内。铰接板顶面应设现浇钢筋混凝土层,其厚度不宜小于 80mm。

5)独立墩柱作为支承的板

箍筋直径不应小于 8mm,其间距不应大于 $1/3h_0$(h_0 为独立墩柱处板的最小厚度)。箍筋应采用闭合式,并箍住架立钢筋;按计算所需的箍筋,应配置在冲切破坏锥体范围内。此外,应以等直径和等间距的箍筋自冲切破坏斜截面(柱底边缘按照 45°向上的斜面)向外延伸配置在不小于 $0.5h_0$ 范围内。

6)板内钢筋的净距

板内主钢筋的净距和层距、主钢筋的混凝土保护层厚度同梁的要求一致,详见钢筋混凝土梁的构造部分。

4.2.2 钢筋混凝土梁的构造

在桥涵工程中,常见的钢筋混凝土梁有矩形截面梁、T 形截面梁、I 形截面梁和箱形截面梁等形式。在中小跨径桥梁上部结构中常采用 T 形截面梁、I 形截面梁和小箱梁形式;在大跨径桥梁上部结构中常采用箱形截面梁形式;在桥梁墩台盖梁、系梁及临时结构构件中常采用矩形截面梁形式。

1.结构尺寸

1)矩形截面梁

矩形截面梁的宽度 b 常取 150mm、180mm、200mm、220mm、250mm,其后按 50mm 一级增加;当梁高 h 超过 800mm 时,则按 100mm 一级增加。

矩形截面梁的高宽比 h/b 一般可取 2.0 ~ 2.5。

2)T 形截面梁

预制 T 形截面梁或箱形截面梁翼缘悬臂端的厚度不应小于 100mm;当预制 T 形截面梁之间采用横向整体现浇连接时或箱形截面梁设有桥面横向预应力钢筋时,其悬臂端厚度不应小于140mm。T形或I形截面梁，其与腹板连接处的翼缘厚度，不应小于梁高的1/10，当该连接处设有承托时，翼缘厚度可计入承托加厚部分厚度；当承托底坡的 $\tan\alpha > 1/3$ 时，取 1/3。

钢筋混凝土T形截面简支梁标准跨径不宜大于16m。

3）箱形截面梁

箱形截面梁顶板与腹板连接处应设置承托；底板与腹板连接处应设倒角，必要时也可设置承托。箱形截面梁顶、底板的中部厚度，不应小于板净跨径的1/30，且不应小于200mm。

T形、I形或箱形截面梁的腹板宽度不应小于160mm；当腹板内设有竖向预应力钢筋时，其上、下承托之间的腹板高度不应大于腹板宽度的20倍；当腹板内不设竖向预应力钢筋时不应大于腹板宽度的15倍。当腹板宽度有变化时其过渡段长度不宜小于12倍腹板宽度差。当T形、I形或箱形截面梁承受扭矩时，其腹板平均宽度应符合《设计规范》（JTG 3362—2018）中的规定。

在纵桥向设有承托的连续梁，其承托竖向与纵向之比不宜大于1/6。

整体现浇的钢筋混凝土箱形截面梁，简支时跨径不宜大于20m，连续时跨径不宜大于25m；装配式组合箱梁跨径不大于40m。

2. 钢筋构造要求

当钢筋混凝土梁正截面承受弯矩作用时，中性轴以上受压，中性轴以下受拉，故在梁的受拉区配置纵向受拉钢筋，这种构件称为单筋受弯构件；如果同时在截面受压区也配置受力钢筋，则这种构件称为双筋受弯构件。

钢筋混凝土梁内的钢筋一般设有纵向受拉钢筋（主钢筋）、弯起钢筋或斜钢筋、箍筋、架立钢筋和水平纵向钢筋等，如图4-10所示。

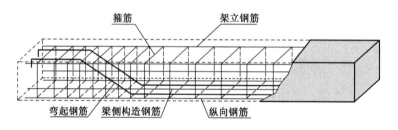

图4-10 钢筋混凝土梁内钢筋构造图

钢筋混凝土梁内的钢筋常采用骨架形式，一般分为绑扎钢筋骨架和焊接钢筋骨架两种形式。其中，绑扎钢筋骨架是将纵向钢筋、弯起钢筋与横向钢筋（箍筋）通过绑扎而成的空间钢筋骨架；焊接钢筋骨架是先将纵向受拉钢筋（主钢筋）、弯起钢筋或斜筋和架立钢筋焊接成平面骨架，然后用箍筋将数片焊接的平面骨架组成空间骨架。

1）纵向受拉钢筋（主钢筋）

梁内纵向受拉钢筋的数量通过计算后确定。

钢筋直径：常用钢筋直径为12～32mm，一般不超过40mm，以满足抗裂要求。在同一根梁内主钢筋宜用相同牌号、相同直径的钢筋，当采用两种以上直径的钢筋时，为了便于施工识别，直径间应相差 2mm 以上。

　　钢筋混凝土梁内纵向受拉钢筋不宜在受拉区截断;如需截断时,应按正截面抗弯承载力计算充分利用该钢筋强度的截面至少延伸($l_a + h_0$)长度,此处 l_a 为受拉钢筋最小锚固长度,h_0 为梁截面有效高度;同时应考虑从正截面抗弯承载力计算不需要该钢筋的截面至少延伸 20d(环氧树脂涂层钢筋 25d),此处 d 为钢筋直径。纵向受压钢筋如在跨间截断时,应延伸至按计算不需要该钢筋的截面以外至少 15d(环氧树脂涂层钢筋 20d)。

　　钢筋混凝土梁端支点处,应至少有两根且不少于总数 1/5 的下层受拉主钢筋通过。两外侧钢筋,应延伸至端支点以外,并弯成直角,顺梁高延伸至顶部,与顶层纵向架立钢筋相连。两侧之间的其他未弯起钢筋,延伸出支点截面以外的长度不应小于 10d(环氧树脂涂层钢筋为 12.5d);HPB300 钢筋应带半圆钩。

　　2)弯起钢筋(斜钢筋)

　　梁内弯起钢筋是由主钢筋按规定的部位和角度弯至梁上部后,并满足锚固要求的钢筋;斜钢筋是专门设置的斜向钢筋,它们的设置及数量均由抗剪计算确定。

　　钢筋混凝土梁在设置弯起钢筋时,其弯起角宜取 45°,弯起钢筋的直径、数量及位置均由计算确定。

图 4-11　弯起钢筋各段的受力情况

　　弯起钢筋各段的受力情况如图 4-11 所示。

　　弯起钢筋的末端应留有锚固长度:受拉区不应小于 20 倍钢筋直径,受压区不应小于 10 倍钢筋直径,环氧树脂涂层钢筋增加 25%;HPB300 钢筋尚应设置半圆弯钩。

　　弯起钢筋不得采用浮筋。

　　3)钢筋骨架

　　当钢筋混凝土梁采用多层焊接钢筋时,可用侧面焊缝使之形成骨架。侧面焊缝设在弯起钢筋的弯折点处,并在中间直线部分适当设置短焊缝。焊接钢筋骨架的弯起钢筋,除用纵向钢筋弯起外,还可用专设的弯起钢筋焊接。斜钢筋与纵向钢筋之间的焊接,宜用双面焊缝,其长度应为 5 倍钢筋直径,纵向钢筋之间的短焊缝应为 2.5 倍钢筋直径;当必须采用单面焊缝时,其长度应加倍。

　　焊接骨架的钢筋层数不应多于 6 层,单根钢筋直径不应大于 32mm,并将粗钢筋布置于底层。图 4-12 为一片焊接平面骨架示意图。

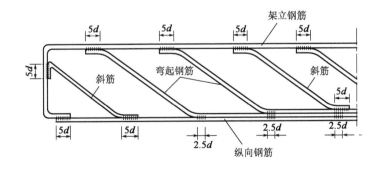

图 4-12　焊接钢筋骨架示意图

4）箍筋

布置箍筋可提升斜截面的抗剪强度，同时起到联结受拉钢筋与受压区混凝土，使其协同工作；固定钢筋位置使混凝土梁中各种钢筋形成钢筋骨架的作用。工程上使用的箍筋形式如图 4-13 所示。

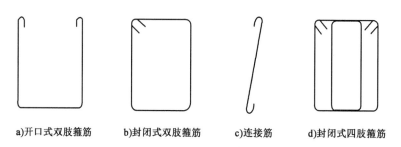

a)开口式双肢箍筋　　b)封闭式双肢箍筋　　c)连接筋　　d)封闭式四肢箍筋

图 4-13　箍筋的形式

无论受力是否需要，梁内均匀设置箍筋。

箍筋直径：钢筋混凝土梁中应设置直径不小于 8mm 且不小于 1/4 主钢筋直径的箍筋。

箍筋间距：不大于梁高的 1/2 且不大于 400mm；当所箍钢筋为按受力需要配置的纵向受压钢筋时，箍筋间距不应大于所箍钢筋直径的 15 倍，且不应大于 400mm。在钢筋绑扎搭接接头范围内的箍筋间距，当搭接钢筋受拉时，不应大于主钢筋直径的 5 倍，且不大于 100mm；当搭接钢筋受压时，不应大于主钢筋直径的 10 倍，且不大于 200mm。在支座中心向跨径方向长度相当于不小于 1 倍梁高范围内，箍筋间距不宜大于 100mm。

近梁端第一根箍筋应设置在距端面一个混凝土保护层距离处。在梁与梁或梁与柱的交接范围内，靠近交接面的箍筋，其与交接面的距离不宜大于 50mm。

箍筋的末端应做成弯钩，弯曲角度可取 135°。弯钩的弯曲直径应大于被箍的受力主钢筋的直径，且 HPB300 钢筋不应小于 $2.5d$（d 为箍筋直径），HRB400 钢筋不应小于 $5d$。弯钩平直段长度，一般结构不应小于 $5d$，抗震结构不应小于 $10d$。

箍筋其他构造要求详见《设计规范》（JTG 3362—2018）中有关规定。

5）架立钢筋

架立钢筋是指为构成钢筋骨架用而附加设置的纵向钢筋，其直径依梁截面尺寸而定，通常采用直径为（10～14）mm 的钢筋。

6）水平纵向钢筋

水平纵向钢筋的作用主要是在梁侧面发生混凝土裂缝后，可以减小混凝土裂缝宽度。T 形、I 形或箱形截面梁的腹板两侧，应设置直径为 6～8mm 的纵向钢筋，每腹板内钢筋截面面积宜为（0.001～0.002）bh，其中 b 为腹板宽度，h 为梁的高度，其间距在受拉区不应大于腹板宽度，且不大于 200mm，在受压区不应大于 300mm。在支点附近剪力较大区段和预应力混凝土梁锚固区段，腹板两侧纵向钢筋截面面积应予以增加，纵向钢筋间距宜为 100～150mm。

7）钢筋净距

受弯构件的钢筋净距应保证浇筑混凝土时振捣器可以顺利插入。

在绑扎钢筋骨架中,各主钢筋间横向净距和层与层之间的竖向净距,当钢筋为3层及以下时,不应小于30mm,并不小于钢筋直径;当钢筋为3层以上时,不应小于40mm,并不小于钢筋直径的1.25倍;对于束筋,此处直径采用等代直径[图4-14a)]。

在焊接钢筋骨架中,钢筋层数不应多于6层。当钢筋为3层以上时,两片钢筋骨架之间的净距不应小于40mm,并不小于钢筋直径的1.25倍[图4-14b)]。

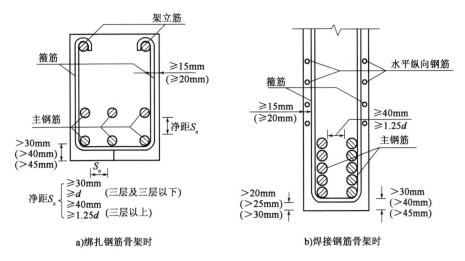

a)绑扎钢筋骨架时   b)焊接钢筋骨架时

图4-14　主梁钢筋净距和混凝土保护层

3.混凝土保护层厚度

普通钢筋保护层厚度取钢筋外缘至混凝土表面的距离。

钢筋混凝土结构中钢筋能够受力是因为其在混凝土中的锚固。通过周边混凝土对钢筋的握裹作用,钢筋才能建立起设计所需的应力。前述研究表明,钢筋的黏结锚固受力与混凝土保护层的厚度有关;只有达到一定厚度的混凝土保护层,才能实现钢筋与混凝土两种材料界面的传力及变形协调。

钢筋混凝土结构中受力钢筋的有效高度与保护层厚度有关,保护层厚度加大,截面的有效高度就会减小,直接影响到构件的承载能力。同时,较大的保护层厚度会造成裂缝宽度加大,不容易满足计算裂缝宽度要求。此外,过厚的混凝土保护层在开裂、破碎的情况下还容易坠落,导致伤人。

钢筋混凝土结构中的混凝土保护层能够阻止水、氧气、酸性介质、氯离子等的入侵,在钢筋表面形成钝化膜,起防锈作用,对防止钢筋锈蚀的保护作用很大,并且混凝土保护层越厚,对结构耐久性就越有利。

为平衡钢筋锚固要求、结构受力要求和耐久性要求,混凝土保护层厚度需选取适当的数值,不宜过大或过小。影响混凝土保护层厚度的因素有环境类别、钢筋直径、混凝土强度、结构部位、构件暴露情况、使用年限、施工质量等。

《设计规范》(JTG 3362—2018)中规定混凝土的最小混凝土保护层厚度(含墩台、基础)不应小于钢筋公称直径,最外侧钢筋的混凝土保护层厚度不应小于表4-1规定。

混凝土保护层最小厚度 c_{min}（mm）

表 4-1

构件类别		梁、板、塔、拱圈		墩 台 身		承台、基础	
设计使用年限(年)		100	50、30	100	50、30	100	50、30
Ⅰ类	一般环境	20	20	25	20	40	40
Ⅱ类	冻融环境	30	25	35	30	45	40
Ⅲ类	海洋氯化物环境	35	30	45	40	65	60
Ⅳ类	除冰盐等其他氯化物环境	30	25	35	30	45	40
Ⅴ类	盐结晶环境	30	25	40	35	45	40
Ⅵ类	化学腐蚀环境	35	30	40	35	60	55
Ⅶ类	磨蚀环境	35	30	45	40	65	60

注:1. 表中混凝土保护层最小厚度 c_{min} 数值(单位:mm)是按照结构耐久性要求的构件最低混凝土强度等级及钢筋和混凝土表面无特殊防腐措施确定的。

2. 对于工厂预制的混凝土构件,其最小混凝土保护层厚度可将表中相应数值减小 5mm,但不得小于 20mm。

3. 表中承台和基础的最小混凝土保护层厚度,针对的是基坑底无垫层或侧面无模板的情况;对于有垫层或有模板的情况,最小混凝土保护层厚度可将表中相应数值减小 20mm,但不得小于 30mm。

当纵向受力钢筋的混凝土保护层厚度大于 50mm 时,宜对保护层采取有效的构造措施;当在保护层内配置防裂、防剥落的钢筋网片时,钢筋直径不小于 6mm、间距不大于 100mm,钢筋网片的混凝土保护层厚度不宜小于 25mm。

如图 4-14a)所示,钢筋混凝土梁截面布置有纵向受拉钢筋(主钢筋)和箍筋,而箍筋为最外侧钢筋,故混凝土保护层厚度应满足:

截面底面 $c_2 \geqslant c_{min}$ 且 $c_2 \geqslant d_2$

截面侧面 $c_1 \geqslant c_{min} + d_2$ 且 $c_1 \geqslant d_1$

如图 4-8b)所示,钢筋混凝土梁截面布置有纵向受拉钢筋(主钢筋)、箍筋和水平纵向钢筋。在截面底面箍筋为最外侧钢筋,在截面侧面水平纵向钢筋为最外侧钢筋,故混凝土保护层厚度应满足:

截面底面 $c_2 \geqslant c_{min}$ 且 $c_2 \geqslant d_2$

                         $c_1 \geqslant c_{min} + d_2$ 且 $c_1 \geqslant d_1$

截面侧面 $c_3 \geqslant c_{min}$ 且 $c_3 \geqslant d_3$

                         $c_2 \geqslant c_{min} + d_3$ 且 $c_2 \geqslant d_2$

                         $c_1 \geqslant c_{min} + d_3 + d_2$ 且 $c_1 \geqslant d_1$

式中:c_1、c_2、c_3——纵向受力钢筋、箍筋、水平纵向钢筋的混凝土保护层厚度,mm;

       d_1、d_2、d_3——纵向受力钢筋、箍筋、水平纵向钢筋的公称直径,mm。

4. 受拉钢筋的末端弯钩和钢筋的中间弯折

为了增加钢筋与混凝土之间的黏结作用,《设计规范》(JTG 3362—2018)中规定,受拉钢筋的末端弯钩和钢筋的中间弯折形式及要求见表 4-2。

表 4-2

受拉钢筋端部弯钩

弯曲部位	弯曲角度	形　状	钢筋	弯曲直径 D	平直段长度
末端弯钩	180°		HPB300	≥2.5d	≥3d
	135°		HRB400 HRB500 HRBF400 RRB400	≥5d	≥5d
	90°		HRB400 HRB500 HRBF400 RRB400	≥5d	≥10d
中间弯折	≤90°		各种钢筋	≥20d	—

注:采用环氧树脂涂层钢筋时,除应满足表内规定外,当钢筋直径 $d \leqslant 20\text{mm}$ 时,弯钩内直径 D 不应小于 $5d$;当钢筋直径 $d > 20\text{mm}$ 时,弯钩内直径 D 不应小于 $6d$;直线段长度不应小于 $5d$。

5.受力钢筋锚固长度

钢筋混凝土结构中钢筋承受全部拉力,其受力的前提条件是端部有可靠的锚固,否则无法持力。锚固实现了钢筋与混凝土之间的传力及变形协调,是两种材料共同承载受力的基础。受力钢筋一旦失去锚固,将无法承载,构件就会解体、倒塌。

通过前述学习可知,钢筋与混凝土之间的锚固作用中钢筋与混凝土的咬合是锚固作用的主力。钢筋混凝土结构锚固承载力要求是,锚固破坏强度不低于钢筋的屈服强度,界面相对滑移(锚固变形)不能过大、以控制裂缝的宽度。影响锚固抗力的因素很多,试验研究已确定的主要因素有钢筋的外形和强度、混凝土强度、锚固长度、保护层厚度、配箍状态、锚固位置、侧向压力等。

《设计规范》(JTG 3362—2018)中规定,当计算中充分利用钢筋的强度时,其最小锚固长度应符合表 4-3 的要求。

钢筋最小锚固长度 l_a (mm) 表 4-3

钢筋种类	HPB300				HRB400、HRBF400、RRB400			HRB500		
混凝土强度等级	C25	C30	C35	≥C40	C30	C35	≥C40	C30	C35	≥C40
受压钢筋(直端)	45d	40d	38d	35d	30d	28d	25d	35d	33d	30d

受拉钢筋	直端	—	—	—	—	$35d$	$33d$	$30d$	$45d$	$43d$	$40d$
	弯钩端	$40d$	$35d$	$33d$	$30d$	$30d$	$28d$	$25d$	$35d$	$33d$	$30d$

注:1. d 为钢筋直径。
  2. 对于受压束筋和等代直径 $d_e \leqslant 28mm$ 的受拉束筋的锚固长度,应以等代直径按表值确定,束筋的各单根钢筋在同一锚固终点截断;对于等代直径 $d_e > 28mm$ 的受拉束筋,束筋内各单根钢筋,应自锚固起点开始,以表内规定的单根钢筋的锚固长度的1.3倍,呈阶梯形逐根延伸后截断,即自锚固起点开始,第一根延伸1.3倍单根钢筋的锚固长度,第二根延伸2.6倍单根钢筋的锚固长度,第三根延伸3.9倍单根钢筋的锚固长度。
  3. 采用环氧树脂涂层钢筋时,受拉钢筋最小锚固长度应增加25%。
  4. 当混凝土在凝固过程中易扰动时,锚固长度应增加25%。
  5. 当受拉钢筋末端采用弯钩时,锚固长度为包括弯钩在内的投影长度。

6. 钢筋的连接

受制造、运输等条件限制,钢筋的供货长度有限,在工程结构中钢筋的连接难以避免。从结构受力角度来看,钢筋的连接接头应具有不亚于整体钢筋的传力性能,才能维持结构应有的力学性能。在结构设计中,需要关注两类因素:一类是接头的位置;另一类是接头的连接长度和面积百分率。

工程中钢筋的连接有焊接、绑扎连接和机械连接等形式。

钢筋连接宜设在受力较小区段,并宜错开布置。接头宜采用焊接接头和机械连接接头(套筒挤压接头、镦粗直螺纹接头),当施工或构造条件有困难时,除轴心受拉和小偏心受拉构件纵向受力钢筋外,还可以采用绑扎接头。绑扎接头的钢筋直径不宜大于28mm,对轴心受压和小偏心受压构件中的受压钢筋,可不大于32mm。

1)钢筋焊接接头

钢筋焊接接头宜采用闪光接触对焊;当闪光接触对焊条件不具备时,也可采用电弧焊(帮条焊或搭接焊)、电渣压力焊和气压焊,并满足下列要求:

(1)电弧焊应采用双面焊缝,不得已时方可采用单面焊缝。电弧焊接接头的焊缝长度,双面焊缝不应小于钢筋直径的5倍,单面焊缝不应小于钢筋直径的10倍。

(2)帮条焊接的帮条应采用与被焊接钢筋同强度等级的钢筋,其总截面面积不应小于被焊接钢筋的截面面积。当采用搭接焊时,两钢筋端部应预先折向一侧,两钢筋轴线应保持一致。

(3)在任一焊接接头中心至35倍钢筋直径且不小于500mm 的长度区段,同一根钢筋不得有两个接头;在该区段内有接头的受力钢筋截面面积占受力钢筋总截面面积的百分数,普通钢筋在受拉区不宜超过50%,在受压区和装配式构件间的连接钢筋不受限制。

(4)帮条焊或搭接焊接头部分钢筋的横向净距不应小于钢筋直径,且不应小于25mm,同时非焊接部分钢筋净距仍应符合前述钢筋净距构造要求规定。

2)钢筋绑扎接头

《设计规范》(JTG 3362—2018)中规定:受拉钢筋绑扎接头的搭接长度应不小于表4-4的规定;受压钢筋绑扎接头的搭接长度应不小于表4-4规定的受拉钢筋绑扎接头搭接长度的0.7倍。

受拉钢筋绑扎接头搭接长度（mm）　　　　　　　表4-4

钢筋种类	HPB300		HRB400、HRBF400、RRB400	HRB500
混凝土强度等级	C25	≥C30	≥C30	≥C30
搭接长度（mm）	40d	35d	45d	50d

注：1. 当带肋钢筋直径 d 大于 25mm 时，其受拉钢筋的搭接长度应按表值增加 5d 采用；当带肋钢筋直径小于 25mm 时，其受拉钢筋的搭接长度可按表值减少 5d 采用。

2. 当混凝土在凝固过程中受力钢筋易受扰动时，其搭接长度应增加 5d。

3. 在任何情况下，受拉钢筋的搭接长度不应小于 300mm，受压钢筋的搭接长度不应小于 200mm。

4. 环氧树脂涂层钢筋的绑扎接头搭接长度，受拉钢筋按表值的 1.5 倍采用。

5. 受拉区段内，HPB300 钢筋绑扎接头的末端应做成弯钩，HRB400、HRB500、HRBF400 和 RRB400 钢筋的末端可不做成弯钩。

在任一绑扎接头中心至 1.3 倍搭接长度区段内，同一根钢筋不得有两个接头；在该区段内有绑扎接头的受力钢筋截面面积占受力钢筋总截面面积的百分数，受拉区不宜超过 25%，受压区不宜超过 50%。若超过上述规定时，应按表 4-2 的规定值，乘以下列系数：当受拉钢筋绑扎接头截面面积大于 25%，但不大于 50% 时，乘以 1.4；当大于 50% 时，乘以 1.6；当受压钢筋绑扎接头截面面积大于 50% 时，乘以 1.4（受压钢筋绑扎接头长度仍为表中受拉钢筋绑扎接头长度的 0.7 倍）。

绑扎接头部分钢筋的横向净距不应小于钢筋直径，且不应小于 25mm，同时非接头部分钢筋净距仍应符合前述钢筋净距构造要求规定。

3）钢筋机械接头

钢筋机械连接接头适用于 HRB400、HRB500、HRBF400 和 RRB400 带肋钢筋的连接。机械连接接头应符合《钢筋机械连接技术规程》（JGJ 107—2016）的有关规定。

钢筋机械连接件的最小混凝土保护层厚度，宜符合表 4-1 受力主筋保护层厚度的规定，且不得小于 20mm。

连接件之间或连接件与钢筋之间的横向净距不应小于 25mm；同时，非接头部分钢筋净距仍应符合前述钢筋净距构造要求规定。

不同钢筋连接方式的技术特点见表 4-5。

不同钢筋连接方式的技术特点　　　　　　　　表4-5

连接方式	适用条件	技术特点	连接长度	接头面积百分率
绑扎搭接	受拉钢筋不超过 28mm，受压钢筋不超过 32mm	施工便捷、钢筋滑移使变形性能蜕化	$1.3l_s$	受拉钢筋不超过 25%、受压钢筋不超过 50%
机械连接	使用直径较粗的钢筋	工艺简单、传力可靠	35d	受拉钢筋不超过 50%、受压钢筋及预制构件不受限
焊接	大直径钢筋难以施焊	施工条件难保证、质量检测缺乏可靠手段	35d	受拉钢筋不超过 50%、受压钢筋及预制构件不受限

注：l_s-绑扎接头搭接长度；d-钢筋公称直径。

7. 其他构造要求

除上述板梁的构造要求外，《设计规范》（JTG 3362—2018）中还规定了设计适筋梁所需满足的最小配筋率、最大配筋率等要求,将在后续内容中学习。

> **本章小结**:钢筋混凝土结构是由钢筋和混凝土两种力学性能不同材料组成,协同工作;混凝土主要承受压力,钢筋主要承受拉力或改善结构的整体性能,充分发挥各自的优势结构。钢筋混凝土受弯构件截面形式有板(实体板、空心板)和梁(矩形梁、T 形梁、I 形梁、箱形梁等),配置有受力钢筋和构造钢筋,与混凝土协同受力。钢筋混凝土结构及受弯构件,除根据受力计算需要配置受力钢筋外,还需满足《设计规范》(JTG 3362—2018)中规定的如箍筋间距、混凝土保护层厚度、最小锚固长度、钢筋连接等具体构造要求。

❓ 思考题

1. 素混凝土梁与钢筋混凝土梁的受力过程与破坏形态有何不同?

2. 钢筋与混凝土之间的黏结作用主要有哪些? 二者如何协同工作?

3. 简述钢筋混凝土结构的主要特点。

4. 受弯构件常用的截面形式和尺寸有何要求?

5. 为什么钢筋要有足够的混凝土保护层厚度? 钢筋的最小混凝土保护层厚度的选择应考虑哪些因素?

6. 钢筋混凝土梁、板内各有哪些钢筋? 它们在结构内起什么作用?

7. 梁、板内受力主筋的直径和净距各有何要求?

8. 增加钢筋与混凝土之间的黏结措施有哪些?

第 5 章

钢筋混凝土受弯构件正截面承载力设计计算

正截面是指与构件轴线垂直的截面,钢筋混凝土受弯构件在纯弯矩、压弯、拉弯或弯矩为主作用下,构件主要发生正截面破坏。

5.1 受弯构件正截面受力过程和破坏特征

5.1.1 钢筋混凝土梁的试验研究

1.梁的全过程受力阶段

为了着重研究梁在荷载作用下正截面受力和变形的变化规律,以图 5-1 所示的跨径为 L 的钢筋混凝土简支梁作为试验梁。

试验梁上用油压千斤顶施加两个集中荷载 F,其弯矩图和剪力图如图 5-1 所示。在梁 CD 段,剪力为零(忽略梁自重),而弯矩为常数,称为纯弯曲段。

为了研究梁内应力和应变的变化,沿梁高度布置有测点,用于量测混凝土及钢筋的纵向应变。同时,在跨中和支座处布置位移计测量梁的跨中挠度。试验过程中集中力 F 分级施加,每级加载后,即可测读梁的挠度和混凝土应变值。

以 M 和 M_u 分别表示分级加载引起的弯矩和极限弯矩,并以 M/M_u 为纵坐标,跨中挠度 f 为横坐标,试验梁的荷载-挠度(F-f)图如图 5-2 所示。

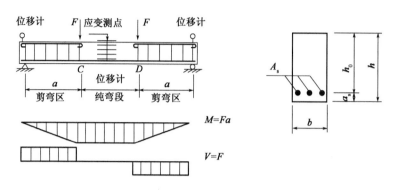

图 5-1　试验梁布置示意图（尺寸单位：mm）

由图 5-2 可见,当施加荷载作用在试验梁内引起的弯矩较小时,实测挠度和弯矩关系接近直线变化;当弯矩超过开裂弯矩 M_{cr} 时,受拉区混凝土开裂,随着裂缝的出现与不断开展,挠度

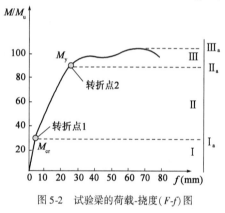

图 5-2　试验梁的荷载-挠度(F-f)图

的增长速度较开裂前为快,M/M_u-f 关系曲线出现了第一个明显转折点。当施加荷载作用在试验梁内引起的弯矩继续增加,达到 M_y 时,钢筋应力增加到屈服强度,在 M/M_u-f 关系曲线上出现了第二个明显转折点。此后,试验梁内受拉钢筋进入流幅,同时,裂缝急剧开展,挠度急剧增加。最后,当弯矩增加到极限弯矩 M_u 时,试验梁发生破坏。根据 M/M_u-f 关系曲线上两个转折点将试验梁的受力和变形全过程分为三个阶段。这三个阶段分别是阶段 Ⅰ（整体工作阶段）、阶段 Ⅱ（梁裂缝工作阶段）和阶段 Ⅲ（破坏阶段）。

2.各阶段梁正截面上的混凝土应力分布
适筋梁在三个阶段的截面应力分布如图 5-3 所示。

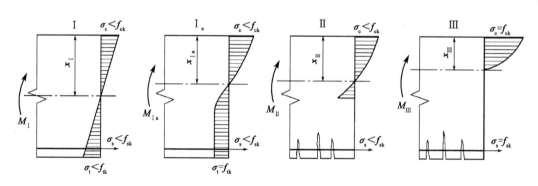

图 5-3　适筋梁在各工作阶段的截面应力分布图

1）阶段 Ⅰ（整体工作阶段）
在加荷初期,当作用（荷载）很小,试验梁内弯矩较小,混凝土下缘拉应力小于其抗拉强度

极限值,上缘应力远小于其抗压强度极限值,此时应力图在中性轴以上及以下部分均按直线变化。由于混凝土受拉与受压时的弹性模量稍有不同,故两条应力直线的倾角稍有不同,中性轴以下部分倾角略小。

在这一阶段,截面中性轴以下的受拉区混凝土尚未开裂,构件整个截面都参加工作,故又称整体工作阶段。

阶段Ⅰ$_a$(整体工作阶段末期):当作用(荷载)增加时,混凝土的塑性变形发展,受拉区混凝土应力图呈曲线形,此时下缘混凝土拉应力将达到其抗拉强度极限值 f_{tk},混凝土即将出现裂缝;对受压区混凝土,因其抗压强度远比抗拉强度为高,应力图仍接近于三角形。

在这一阶段,混凝土达到将要出现裂缝的临界状态,截面的整体工作状态就要结束,故称整体工作阶段末期,梁截面上作用的弯矩用开裂弯矩 M_{cr} 表示。计算钢筋混凝土构件抗裂性时,以此阶段为计算基础。

2)阶段Ⅱ(带裂缝工作阶段)

当作用(荷载)继续增加时,受拉区混凝土的拉应力超过其抗拉强度极限值 f_{tk},梁下缘产生裂缝,并随着作用(荷载)的增加而向上发展,梁进入带裂缝工作阶段。之后,作用(荷载)进一步增大,应力继续增加,受压区混凝土塑性变形也逐渐加大,应力图形成微曲的曲线形。

在这一阶段,受拉区混凝土基本退出工作,全部拉力由钢筋单独承受(但钢筋应力尚未达到其屈服极限)。梁在使用阶段的裂缝和变形计算以阶段Ⅱ的应力状态为依据。

在阶段Ⅱ末期,钢筋拉应变达到屈服时的应变值,表示钢筋应力达到其屈服强度,对应的梁的弯矩称为屈服弯矩 M_y。

3)阶段Ⅲ(破坏阶段)

当作用(荷载)继续增加到一定限度后,钢筋应力达到屈服极限 f_{sk},钢筋的屈服使得钢筋的应力停留在屈服点而不再增大,应变却迅速增加,促使受拉区混凝土的裂缝急剧开展并向上延伸,造成中性轴上移,构件挠度增大,受压区面积减小,混凝土压应力因之迅速增大。最后,当混凝土压应力达到其抗压强度极限值时,受压区出现一些纵向裂缝,混凝土即被压碎,造成全梁破坏。此时所对应的作用(荷载)即为梁的破坏作用(荷载),对应的梁的弯矩称为破坏弯矩 M_u。承载能力极限状态法以此阶段为计算依据。

总结上述钢筋混凝土梁从加载到破坏的整个过程,可以看出:

(1)受压区混凝土应力图在阶段Ⅰ为三角形分布;阶段Ⅱ为微曲的曲线形;阶段Ⅲ呈高次抛物线形。

(2)钢筋应力在阶段Ⅰ增长速度较慢;阶段Ⅱ应力增长速度较阶段Ⅰ为快;阶段Ⅲ当钢筋应力达到屈服强度后,应力即不再增加,直到破坏。

(3)梁在阶段Ⅰ混凝土未开裂,梁的挠度增长速度较慢;阶段Ⅱ由于梁带裂缝工作,挠度增长速度较前阶段快;阶段Ⅲ由于钢筋屈服,裂缝急剧开展,挠度急剧增加。

5.1.2 受弯构件正截面破坏形态

钢筋混凝土受弯构件有两种破坏性质:一种是塑性破坏(延性破坏),是指结构或构件在破坏前有明显变形或其他征兆;另一种是脆性破坏,是指结构或构件在破坏前无明显变形或其他征兆。

根据试验研究,钢筋混凝土受弯构件的破坏性质与配筋率 ρ、钢筋强度等级、混凝土强度等级有关。配筋率 ρ 是指纵向受力钢筋截面面积与正截面有效面积的比值,即

$$\rho = \frac{A_s}{bh_0} \tag{5-1}$$

$$h_0 = h - a_s$$

$$a_s = \frac{\sum f_{sdi} A_{si} a_{si}}{\sum f_{sdi} A_{si}} \tag{5-2}$$

式中:A_s——纵向受力钢筋截面面积;

b——受弯构件的截面宽度;

h_0——受弯构件的截面有效高度;

h——梁的截面高度;

a_s——纵向受力钢筋合力作用点至截面受拉边缘的距离;

a_{si}——第 i 种纵向受力钢筋合力作用点至截面受拉边缘的距离;

f_{sdi}——第 i 种纵向受力钢筋抗拉强度的设计值。

钢筋混凝土受弯构件正截面的破坏形式与配筋率的大小及钢筋和混凝土的强度等级有关。对以常用牌号的钢筋和常用强度等级的混凝土构成的钢筋混凝土受弯构件,其正截面的破坏形式主要因配筋率的大小而异。按照钢筋混凝土受弯构件的配筋情况,其正截面的破坏形式如图5-4所示。

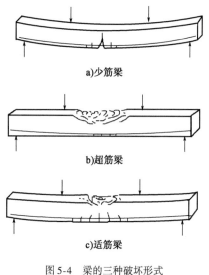

a)少筋梁

b)超筋梁

c)适筋梁

图5-4 梁的三种破坏形式

1. 少筋梁破坏——脆性破坏[图5-4a)]

配筋率过低的钢筋混凝土梁称为少筋梁。当梁的配筋率 ρ 很低,梁的受拉区混凝土开裂后,钢筋应力趋近于屈服强度,即开裂弯矩 M_{cr} 趋近于受拉区钢筋屈服时的弯矩 M_y,这意味着阶段Ⅱ的缩短,当 ρ 减少至 $M_{cr} = M_y$ 时,一旦出现裂缝,钢筋应力立即达到屈服强度,这时的配筋率称为最小配筋率 ρ_{min}。

少筋梁破坏特征:当梁的受拉区配筋率过低,其抗弯能力及破坏特征与不配筋的素混凝土类似,受拉区混凝土一旦开裂,则裂缝区的钢筋拉应力迅速达到屈服强度并进入强化段,导致钢筋被拉断,受拉区混凝土裂缝很宽、梁截面顿时失稳,这种破坏为一裂即坏型,破坏过程短暂,属于脆性破坏。

少筋梁的抗弯承载力取决于混凝土的抗拉强度,在桥梁工程中不允许采用。

2. 超筋梁破坏——脆性破坏[图5-4b)]

配筋率过高的钢筋混凝土梁称为超筋梁。当梁截面配筋率 ρ 增大,钢筋应力增加缓慢,受压区混凝土应力有较快的增长,配筋率 ρ 越大,则纵向钢筋屈服时的弯矩 M_y 越趋近梁破坏时的弯矩 M_u,这意味着阶段Ⅲ缩短。当 ρ 增大至 $M_y = M_u$ 时,受拉钢筋屈服与受压区混凝土压碎

几乎同时发生,这种破坏称为平衡破坏或界限破坏,相应的 ρ 值被称为最大配筋率 ρ_{max}。

超筋梁破坏特征:因实际配筋率高,受拉钢筋不会首先屈服,而受压区混凝土边缘首先达到极限压应变,受压区混凝土被压碎而丧失承载能力,构件截面失稳。发生这种破坏时,受拉区混凝土裂缝不明显,破坏前无明显预兆,属脆性破坏。

超筋梁的破坏是受压区混凝土抗压强度耗尽,而钢筋的抗拉强度没有得到充分发挥,因此,超筋梁破坏时的弯矩 M_u 与钢筋强度无关,仅取决于混凝土的抗压强度。

3.适筋梁破坏——塑性破坏[图5-4c)]

配筋率适当的钢筋混凝土梁称为适筋梁。

适筋梁的破坏特征:适筋梁破坏始于受拉钢筋的屈服,在受拉钢筋应力达到屈服强度之初,受压区混凝土外边缘的应力尚未达到抗压强度极限值,此时混凝土并未被压碎;当作用(荷载)稍增,钢筋屈服使得构件产生较大的塑性伸长,随之引起受拉区混凝土裂缝急剧开展,受压区逐渐缩小,直至受压区混凝土应力达到抗压强度极限值后,构件即被破坏。这种梁在破坏前,由于裂缝开展较宽,挠度较大,给人以明显的破坏预兆,习惯上称为塑性破坏。

综上所述,适筋梁能充分发挥材料的强度,符合安全、经济的要求,在工程中被广泛应用;超筋梁破坏预兆不明显,用钢量又多,故在工程中不得采用;少筋梁虽配置了钢筋,但因数量过少,作用不大,其承载能力实际上与纯混凝土梁差不多,破坏形式又属脆性破坏,因此,工程中也不宜采用少筋梁。总之,正常的设计应使梁的配筋率选用适当,将梁设计成适筋梁。

5.2 受弯构件正截面承载力计算原理

5.2.1 设计计算前提

1.基本假定

钢筋混凝土受弯构件达到抗弯承载能力极限状态,其正截面承载力计算采用以下基本假定:

(1)构件弯曲后其截面仍保持平面。对于钢筋混凝土受弯构件,构件弯曲后其截面仍保持平面,受压区混凝土平均应变和钢筋的应变沿截面高度符合线性分布。

(2)不考虑截面受拉区混凝土的抗拉强度。在裂缝截面处,受拉区混凝土已大部分退出工作,但在靠近中性轴附近,仍有一部分混凝土承担着拉应力。由于其拉应力较小,且内力臂也不大,因此,所承担的内力矩是不大的,在计算中可忽略不计。

(3)纵向体内钢筋的应力等于钢筋应变与其弹性模量的乘积,即钢筋混凝土受弯构件中的钢筋应力 $\sigma_{si} = E_s \varepsilon_s$,且 $-f'_{sd} \leqslant \sigma_{si} \leqslant f_{sd}$,其中 σ_{si} 为受弯构件中第 i 层受力钢筋的应力。在结构设计计算中,当受拉钢筋屈服时,$\sigma_s = f_{sd}$。

2.受压区混凝土应力图形简化为等效矩形

在结构设计中,为了较简便地求出受压区应力图形的合力大小及其作用点,而以等效矩形应力图代替图5-5中所示的抛物线应力图,即钢筋混凝土受弯构件正截面受压区混凝土的压应力图形简化为等效的矩形应力图。其基本原则是,矩形应力图的合力应与抛物线应力图的合力大小相等,作用点位置相同,它们应是等效的。等效矩形应力图的受压区高度 x 与抛物线应力图的受压区高度 x_0 的关系为

$$x = \beta x_0 \tag{5-3}$$

式中:β——混凝土受压区高度换算系数。

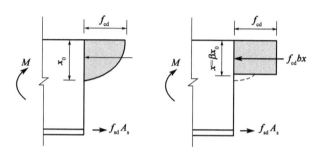

图5-5 受压区混凝土等效图形示意图

按《设计规范》(JTG 3362—2018)中的规定,不同强度等级的混凝土的 β 按表5-1取值。矩形应力图的压力强度取混凝土轴心抗压强度设计值 f_{cd}。

混凝土等效矩形应力图高度换算系数 β 值 表5-1

混凝土强度等级	C50 以下	C55	C60	C65	C70	C75	C80
β	0.8	0.79	0.78	0.77	0.76	0.75	0.74

5.2.2　受弯构件设计成适筋梁的基本条件

1.相对界限受压区高度 ξ_b——适筋梁与超筋梁的界限

适筋梁和超筋梁的区别在于:前者的配筋率适中,破坏开始于受拉钢筋达到屈服强度;后者的配筋率过高,破坏开始于受压区混凝土被压碎。显然,当钢筋确定之后,梁内配筋存在一个特定的配筋率 ρ_{max},它能使在受拉钢筋应力达到屈服强度的同时,受压区混凝土边缘压应变也恰好到达极限压应变值 ε_{cu}。钢筋混凝土梁的这种破坏称为界限破坏。这种界限也是适筋梁与超筋梁的界限。上述特定配筋率 ρ_{max} 也是适筋梁配筋率的最大值,超筋梁配筋率的最小值。若使梁为适筋梁,必须满足:

$$\rho \leqslant \rho_{max} \tag{5-4}$$

这个条件通常可用受压区高度 x 来控制。

在梁的正截面强度计算中用等效矩形应力图代替受压区抛物线应力图,x 为等效矩形应力图的高度,h_0 为截面有效高度,它们的比值 $\xi = x/h_0$,称为相对受压区高度。

当钢筋混凝土梁的受拉钢筋达到屈服应变 ε_y 而开始屈服时,受压区混凝土边缘也同时达到其极限压应变 ε_{cu} 而破坏,此时被称为界限破坏。根据给定的 ε_{cu} 和平截面假定,可以得到梁

截面发生界限破坏的应变分布。

受压区高度为 $x_b = \xi_b h_0$，ξ_b 被称为相对界限混凝土受压区高度。

适筋截面受弯构件破坏始于受拉区钢筋屈服，经历一段变形过程后受压区边缘混凝土达到极限压应变 ε_{cu} 后才破坏，而这时受拉区钢筋的拉应变 $\varepsilon_s > \varepsilon_y$，由此可得到适筋截面破坏时的受压区高度 $x < x_b = \xi_b h_0$。

超筋截面受弯构件破坏是受压区边缘混凝土先达到极限压应变 ε_{cu} 破坏，这时受拉区钢筋的拉应变 $\varepsilon_s < \varepsilon_y$，由此可得到超筋截面破坏时的受压区高度 $x > x_b = \xi_b h_0$。

由此可见，界限破坏是适筋截面和超筋截面的鲜明界线；当截面实际受压区高度 $x > \xi_b h_0$ 时，为超筋梁截面；当截面实际受压区高度 $x < \xi_b h_0$ 时，为适筋梁截面。因此，一般用 $\xi_b = x_b/h_0$ 来作为界限条件，其中 x_b 为按平截面假定得到的界限破坏时受压区混凝土高度。

对于等效矩形应力分布图形的受压区界限高度 $x = \beta x_b$，相应的 ξ_b 应为 $\xi_b = x/h_0 = \beta x_b/h_0$。

界限破坏时

$$\frac{x_b}{h_0} = \frac{\varepsilon_{cu}}{\varepsilon_{cu} + \varepsilon_y} \tag{5-5}$$

将 $x_b = \xi_b h_0/\beta$，$\varepsilon_y = f_{sd}/E_s$ 代入式(5-4)并整理得到按等效矩形应力分布图形的受压区界限高度：

$$\xi_b = \frac{\beta}{1 + \dfrac{f_{sd}}{\varepsilon_{cu} E_s}} \tag{5-6}$$

式中：ε_{cu}——混凝土极限压应变值，当混凝土强度等级为 C50 及以下时，取 $\varepsilon_{cu} = 0.0033$；当混凝土强度等级为 C80 时，取 $\varepsilon_{cu} = 0.003$；中间强度等级用直线插入求得。

式(5-6)为《设计规范》(JTG 3362—2018)中确定混凝土受压区高度 ξ_b 的依据。据此，按混凝土轴心抗压强度设计值、不同钢筋的强度设计值和弹性模量值可得到《设计规范》(JTG 3362—2018)规定的 ξ_b 值(表5-2)。

相对界限受压区高度 ξ_b

表5-2

钢筋种类	混凝土强度等级			
	C50 及以下	C55、C60	C65、C70	C75、C80
HPB300	0.58	0.56	0.54	—
HRB400、HRBF400、RRB400	0.53	0.51	0.49	—
HRB500	0.49	0.47	0.46	—
钢绞线、钢丝	0.40	0.38	0.36	0.35
精轧螺纹钢筋	0.40	0.38	0.36	—

注：截面受拉区内配置不同种类钢筋的受弯构件，其 ξ_b 值应选用相应于各种钢筋的较小者。

钢筋混凝土受弯构件正截面的界限破坏是适筋截面破坏和超筋截面破坏的界限，计算以截面相对界限受压区高度 ξ_b 表示界限条件，当计算的截面受压区高度 $x > \xi_b h_0$ 时，为超梁截面；当计算的截面受压区高度满足 $x \leqslant \xi_b h_0$ 时，为适筋梁截面。

2.最小配筋率 ρ_{min}——少筋梁与适筋梁的界限

受力钢筋的最小配筋率是区分钢筋混凝土构件与素混凝土构件的标准。低于最小配筋率的配筋不能按受力钢筋考虑,只能视为构造钢筋。最小配筋率以保证构件的延性破坏和结构的安全为基本原则,考虑混凝土作为脆性材料,构件中的延性全由钢筋维持。

为了防止截面配筋过低而出现脆性破坏,并考虑温度收缩应力及构造等方面的要求,适筋梁配筋率 ρ 应满足另一条件,即 $\rho \geqslant \rho_{\min}$。

$$\rho = \frac{A_s}{bh_0} \geqslant \rho_{\min} \tag{5-7}$$

式中:ρ——构件的实际配筋率;

   A_s——受弯构件受拉钢筋面积之和;

   $\rho_{\min}$——构件的最小配筋率。

在工程实际中,梁的配筋率 ρ 总要比 $\rho_{\max}$ 低一些,比 $\rho_{\min}$ 高一些,才能做到经济合理。

《设计规范》(JTG 3362—2018)中规定:钢筋混凝土受弯构件的实际配筋率 ρ 不小于 $(45 \times f_{td}/f_{sd})\%$,同时不应小于 0.2%,即最小配筋率 $\rho_{\min}$ 取 $(45 \times f_{td}/f_{sd})\%$ 和 0.2% 两者中的较大值。

5.3 典型受弯构件正截面承载力设计计算

5.3.1 单筋矩形截面受弯构件设计计算

1.基本公式及适用条件

根据受弯构件正截面承载力计算的基本原则,可以得到单筋矩形截面受弯构件承载力计算简图(图5-6)。

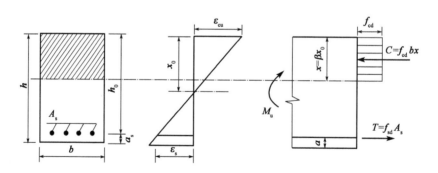

图5-6 单筋矩形截面受弯构件正截面承载力计算图式

按照钢筋混凝土结构设计计算基本原则,在受弯构件计算截面上的最不利荷载基本组合效应计算值 $\gamma_0 M_d$ 不应超过截面的承载能力(抗力)M_u,其中,γ_0 为桥梁结构重要性系数,M_d 为计算截面上的基本组合弯矩设计值。

根据静力平衡条件,由图 5-6 可得到单筋矩形截面受弯构件正截面承载力 M_u 计算基本公式如下。

由截面上水平内力平衡条件,即 $T + C = 0$,可得到

$$f_{cd}bx = f_{sd}A_s \tag{5-8}$$

由截面上对受拉钢筋合力 T 作用点的力矩平衡条件,可得到

$$M_u = f_{cd}bx\left(h_0 - \frac{x}{2}\right) \tag{5-9}$$

由对受压区混凝土合力 C 作用点的力矩平衡条件,可得到

$$M_u = f_{sd}A_s\left(h_0 - \frac{x}{2}\right) \tag{5-10}$$

式中:M_u——计算截面的抗弯承载力;

　　f_{cd}——混凝土轴心抗压强度设计值;

　　f_{sd}——纵向受拉钢筋抗拉强度设计值;

　　A_s——纵向受拉钢筋的截面面积;

　　x——按等效矩形应力图计算的截面、受压区高度;

　　b——截面宽度;

　　h_0——截面有效高度。

式(5-8)~式(5-10)仅适用于适筋梁,而不适用于超筋梁和少筋梁。当超筋梁破坏时,钢筋的实际拉应力 σ_s 并未到达抗拉强度设计值,故不能按 f_{sd} 来考虑。因此,公式的适用条件如下:

(1)为防止出现超筋梁情况,计算受压区高度 x 应满足

$$x \leqslant \xi_b h_0 \tag{5-11}$$

式(5-11)中的相对界限受压区高度 ξ_b,可根据混凝土强度级别和钢筋种类由表 5-2 查得。

由式(5-8)可以得到计算受压区高度 x 为

$$x = \frac{f_{sd}A_s}{f_{cd}b} \tag{5-12}$$

则相对受压区高度 ξ 为

$$\xi = \frac{x}{h_0} = \frac{f_{sd}}{f_{cd}}\frac{A_s}{bh_0} = \rho\frac{f_{sd}}{f_{cd}} \tag{5-13}$$

由式(5-12)可见 ξ 不仅反映了配筋率 ρ,而且反映了材料的强度比值的影响,故 ξ 又被称为配筋特征值,它是一个比 ρ 更具一般性的参数。

当 $\xi = \xi_b$ 时,可得到适筋梁的最大配筋率 ρ_{max} 为

$$\rho_{max} = \xi_b\frac{f_{cd}}{f_{sd}} \tag{5-14}$$

显然,适筋梁的配筋率 ρ 应满足:

$$\rho \leqslant \rho_{max}\left(= \xi_b\frac{f_{cd}}{f_{sd}}\right) \tag{5-15}$$

式(5-11)和式(5-15)具有相同意义,目的是防止受拉区钢筋过多形成超筋梁,其中一公式

满足，另一公式必然满足。在实际计算中，多采用式（5-11）。

（2）为防止出现少筋梁的情况，计算的配筋率 ρ 应当满足

$$\rho = \frac{A_s}{bh_0} \geqslant \rho_{\min} \tag{5-16}$$

式中：各符号意义同前。

《设计规范》（JTG 3362—2018）中规定：钢筋混凝土受弯构件的实际配筋率 ρ 不小于 $(45 \times f_{td}/f_{sd})\%$ ，同时不应小于 0.2% 。

2. 设计计算方法

钢筋混凝土受弯构件的正截面计算，一般仅需对构件的控制截面进行设计计算。所谓控制截面，在等截面受弯构件中是指弯矩组合设计值最大的截面；在变截面受弯构件中，除了弯矩组合设计值最大的截面外，还有截面尺寸相对较小，而弯矩组合设计值相对较大的截面也需作为控制截面进行设计计算。

单筋矩形截面受弯构件正截面承载力设计计算，在实际设计中可分为截面设计和截面复核两类计算问题。

1）截面设计

截面设计是指已知截面上的弯矩组合设计值、结构重要性系数等参数，选定结构混凝土强度等级、钢筋牌号，确定矩形截面尺寸宽度 b、高度 h 及受拉钢筋的截面面积 A_s，并对截面进行配筋。

在工程设计中，当单筋矩形截面受弯构件进行截面选择时，常有下列两种情况：

情况一：已知弯矩组合设计值 M_d、结构重要性系数 γ_0、钢筋和混凝土材料强度等级、构件截面尺寸 b、h，求：受拉钢筋截面面积 A_s 并布置钢筋。

设计计算步骤：

（1）假设受拉钢筋截面重心到截面受拉边缘距离为 a_s。当构件选用箍筋（HPB300）为 φ8 或 φ10 时，对于绑扎钢筋骨架的梁，可设 $a_s \approx 50\text{mm}$（布置一层钢筋时）或 $a_s \approx 70\text{mm}$（布置两层钢筋时）。对于板，一般可根据板厚假设 $a_s = 30\text{mm}$ 或 $a_s = 35\text{mm}$。这样可得到有效高度 $h_0 = h - a_s$。

（2）由式（5-9）解一元二次方程求得受压区高度 x 为

$$x = h_0 - \sqrt{h_0^2 - \frac{2\gamma_0 M_d}{f_{cd}b}} \tag{5-17}$$

验证 $x \leqslant \xi_b h_0$ 是否成立。若求得 $x > \xi_b h_0$，则属于超筋梁，应加大截面尺寸或提高混凝土强度等级重新计算。

（3）由式（5-8）求得所需的钢筋面积 A_s 为

$$A_s = \frac{f_{cd}bx}{f_{sd}} \tag{5-18}$$

或利用式（5-10）求得所需的钢筋面积 A_s 为

$$A_s = \frac{\gamma_0 M_d}{f_{sd}\left(h_0 - \dfrac{x}{2}\right)} \tag{5-19}$$

（4）根据计算得到的 A_s，选择合适的钢筋直径和数量（可参见附表8），得到截面实际配筋面积 A_s、a_s 及 h_0；检验实际钢筋净距和混凝土保护层厚度是否满足构造要求。

（5）计算截面实际配筋率 ρ，验算求得 $\rho \geqslant \rho_{\min} = \left\{ 45 \times \dfrac{f_{td}}{f_{sd}}(\%)\ \text{和}\ 0.2\%\ \text{的较大者} \right\}$。

情况二：已知弯矩组合设计值 M_d、结构重要性系数 γ_0、钢筋及混凝土材料强度等级，求矩形截面受弯构件截面尺寸 b、h 及受拉钢筋截面面积 A_s。

设计计算步骤：

（1）在经济配筋率内选定 ρ 值，据受弯构件适应情况选定梁宽（设计板时，一般采用单位板宽，即取 $b = 1000\text{mm}$）。

（2）按公式 $\xi = \rho \dfrac{f_{sd}}{f_{cd}}$，求出 ξ 值。若 $\xi \leqslant \xi_b$，则取 $x = \xi h_0$，代入式（5-9）后得：

$$h_0 = \sqrt{\frac{\gamma_0 M_d}{\xi(1 - 0.5\xi)f_{cd}b}} \tag{5-20}$$

（3）由求得的 h_0 求出截面高度 $h = h_0 + a_s$，其中 a_s 为受拉钢筋合力作用点至截面受拉区外缘的距离。为了使构件截面尺寸规格化和考虑施工的方便，最后实际取用的 h 值应模数化，钢筋混凝土梁板的 h 值应为整数。

（4）继续按第一种情况求出受拉钢筋面积并布置钢筋。若 $\xi > \xi_b$，则应重新选定 ρ 值，重复上述计算，直至满足 $\xi \leqslant \xi_b$ 的条件。

2）截面复核

截面复核是指已知截面尺寸、混凝土强度级别和钢筋在截面上的布置，要求计算截面的承载力 M_u 或复核控制截面承受某个弯矩计算值是否安全。已知截面尺寸 b、h，钢筋及混凝土材料强度等级，钢筋面积 A_s 及 a_s，求截面承载力 M_u。截面复核方法及计算步骤如下：

（1）检查钢筋布置是否符合规范要求。

（2）由式（5-1）计算纵向钢筋的配筋率 $\rho = \dfrac{A_s}{bh_0}$，验算 $\rho \geqslant \rho_{\min} = \left\{ 45 \times \dfrac{f_{td}}{f_{sd}}(\%)\ \text{和}\ 0.2\%\ \text{的较大者} \right\}$。

（3）由式（5-12）计算受压区高度 x。

（4）由式（5-9）或式（5-10）求得正截面承载力 M_u。

若受压区高度 $x > \xi_b h_0$，则为超筋截面。令 $x = \xi_b h_0$，其承载能力为

$$M_u = f_{cd}bh_0^2 \xi_b(1 - 0.5\xi_b) \tag{5-21}$$

或 $$M_u = f_{sd}A_s h_0(1 - 0.5\xi_b) \tag{5-22}$$

（5）验证截面的安全性，若 $\gamma_0 M_d \leqslant M_u$，则承载力满足设计要求。

例5-1 已知矩形截面梁尺寸 $b \times h = 200\text{mm} \times 500\text{mm}$，计算截面处弯矩组合设计值 $M_d = 85\text{kN·m}$，采用 C30 混凝土，HRB400 级钢筋，Ⅰ类环境条件，安全等级为一级，设计使用年限为 50 年。试对该矩形梁进行配筋设计计算。

解：

已知条件：$f_{cd} = 13.8\text{MPa}$，$f_{sd} = 330\text{MPa}$，$f_{td} = 1.39\text{MPa}$，$\gamma_0 = 1.1$，$\xi_b = 0.53$。

1.求截面有效高度

设 $a_s = 40\text{mm}$，则 $h_0 = h - a_s = 500 - 40 = 460(\text{mm})$。

2.求受压区高度 x

由式(5-17)可得

$$x = h_0 - \sqrt{h_0^2 - \frac{2\gamma_0 M_d}{f_{cd}b}} = 460 - \sqrt{460^2 - \frac{2 \times 1.1 \times 85 \times 10^6}{13.8 \times 200}}$$

$$= 80.7\text{mm} < \xi_b h_0 = 0.53 \times 460 = 243.8(\text{mm})$$

3.求受拉钢筋截面面积 A_s

由式(5-18)可得

$$A_s = \frac{f_{cd}bx}{f_{sd}} = \frac{13.8 \times 200 \times 80.7}{330} = 675.2(\text{mm}^2)$$

4.选择钢筋并进行截面布置

查附表8，选择 3$\underline{\Phi}$18（钢筋外径为 20.5mm），$A_s = 763\text{mm}^2 > 675.2\text{mm}^2$。钢筋布置如图5-7所示。取箍筋（HPB300）直径8mm，则纵向受拉钢筋（主钢筋）的保护层厚度 $c_1 \geq c_{\min} + d_2 = 20 + 8 = 28(\text{mm})$，有 $a_s = c_1 + d_1/2 \geq 28 + 20.5/2 = 38.3(\text{mm})$，取整 $a_s = 40\text{mm}$。

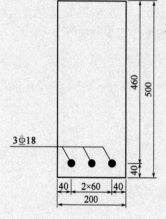

图 5-7

钢筋间横向布置的净距 $s_n = 60 - 20.5 = 39.5(\text{mm}) > 30\text{mm}$，且 $s_n > d_1 = 20.5\text{mm}$，满足构造要求。

5.实际配筋率

图5-7所示截面实际的有效高度：$h_0 = h - a_s = 460(\text{mm})$。

则实际配筋率：$\rho = \dfrac{A_s}{bh_0} = \dfrac{763}{200 \times 460} = 0.0083 = 0.83(\%)$。

构造要求最小配筋率：

$$\rho_{\min} = \left\{45 \times \frac{f_{td}}{f_{sd}}\% \text{ 和 } 0.2\% \text{ 的较大者}\right\} = \max\left\{45 \times \frac{1.39}{330}\%,\ 0.2\%\right\} = 0.2\%$$

由于 $\rho > \rho_{\min}$，配筋率满足要求。

例5-2 某钢筋混凝土单筋矩形梁，截面尺寸 b、h 未知，计算截面处基本组合弯矩设计值 $M_d = 300\text{kN} \cdot \text{m}$，拟采用 C30 混凝土，HRB400 钢筋，I 类环境条件，安全等级为二级，设计使用年限为 50 年。试对该截面进行配筋设计计算。

解：

已知条件：$f_{cd} = 13.8\text{MPa}$，$f_{sd} = 330\text{MPa}$，$\gamma_0 = 1.0$，$\xi_b = 0.53$。

1.初步确定矩形梁截面尺寸

设纵向受拉钢筋配筋率 $\rho = 0.01$，矩形梁宽度 $b = 300\text{mm}$，$a_s = 40\text{mm}$。

由式(5-13)可得

$$\xi = \rho \frac{f_{sd}}{f_{cd}} = 0.01 \times \frac{330}{13.8} = 0.239 < \xi_b = 0.53$$

由式(5-20)可得

$$h_0 = \sqrt{\frac{\gamma_0 M_d}{\xi(1 - 0.5\xi)f_{cd}b}} = \sqrt{\frac{1.0 \times 300 \times 10^6}{0.239 \times (1 - 0.5 \times 0.239) \times 13.8 \times 300}} = 586.7(\text{mm})$$

则有

$$h = h_0 + a_s = 586.7 + 40 = 626.7(\text{mm})$$

截面高度尺寸模数化取值，可取梁高 $h = 650\text{mm}$，则实际截面有效高度：

$$h_0 = h - a_s = 650 - 40 = 610(\text{mm})$$

2.求受压区高度 x

由式(5-17)可得截面受压区高度为

$$x = h_0 - \sqrt{h_0^2 - \frac{2r_0 M_d}{f_{cd}b}} = 610 - \sqrt{610^2 - \frac{2 \times 1.0 \times 300 \times 10^6}{13.8 \times 300}} = 133.4(\text{mm})$$

3.求受拉钢筋截面面积 A_s

由式(5-18)可得

$$A_s = \frac{f_{cd}bx}{f_{sd}} = \frac{13.8 \times 300 \times 133.4}{330} = 1673(\text{mm}^2)$$

4.选择钢筋并进行截面布置

查附表8,选择 HRB400 钢筋 4Φ25(钢筋外径为28.4mm),$A_s = 1964\text{mm}^2$；钢筋按一排布置，布置如图5-8所示。取箍筋(HPB300)直径8mm，则纵向受拉钢筋(主钢筋)的保护层厚度 $c_1 \geq c_{min} + d_2 = 20 + 8 = 28(\text{mm})$，有 $a_s = c_1 + d_1/2 \geq 28 + 28.4/2 = 42.2(\text{mm})$，取 $a_s = 45\text{mm}$。

钢筋间横向布置的净距 $s_n = 70 - 28.4 = 41.6(\text{mm}) > 30\text{mm}$，且 $s_n > d = 25\text{mm}$，满足构造要求。

5.验算配筋率

由图5-8可知截面实际的有效高度 $h_0 = 605(\text{mm})$，则实际配筋率为

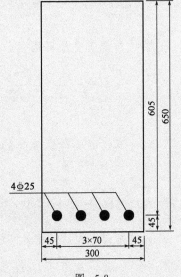

图 5-8

$$\rho = \frac{A_s}{bh_0} = \frac{1964}{300 \times 605} = 0.0108 = 1.08(\%)$$

构造要求最小配筋率：

$$\rho_{\min} = \left\{ 45 \times \frac{f_{td}}{f_{sd}}\% \text{ 和 } 0.2\% \text{ 的较大者} \right\} = \max\left\{ 45 \times \frac{1.39}{330}\% , 0.2\% \right\} = 0.2\%$$

$\rho > \rho_{\min}$，配筋率满足要求。

例5-3　矩形截面梁尺寸 $b \times h = 250\text{mm} \times 500\text{mm}$，采用 C30 混凝土，HRB400 级钢筋，$A_s = 1256\text{mm}^2$（4$\Phi$20，钢筋外径为22.7mm）。钢筋布置如图5-9所示。Ⅰ类环境条件，安全等级为一级，设计使用年限为50年。请计算该截面所能承受的最大弯矩设计值。

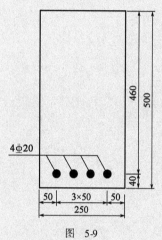

图 5-9

解：
已知条件：$f_{cd} = 13.8\text{MPa}$，$f_{td} = 1.39\text{MPa}$，$f_{sd} = 330\text{MPa}$，$\gamma_0 = 1.1$，$\xi_b = 0.53$。

1.配筋率验算

由图5-9得出截面有效高度 $h_0 = 460\text{mm}$，则实际配筋率为

$$\rho = \frac{A_s}{bh_0} = \frac{1256}{250 \times 460} = 0.0109 = 1.09(\%)$$

构造要求最小配筋率为

$$\rho_{\min} = \left\{ 45 \times \frac{f_{td}}{f_{sd}}\% \text{ 和 } 0.2\% \text{ 的较大者} \right\}$$

$$= \max\left\{ 45 \times \frac{1.39}{330}\% , 0.2\% \right\} = 0.2\%$$

$\rho > \rho_{\min}$，配筋率满足要求。

2.计算截面受压区高度

$$x = \frac{f_{sd}A_s}{f_{cd}b} = \frac{330 \times 1256}{13.8 \times 250} = 120.1(\text{mm}) < \xi_b h_0 = 0.53 \times 458.7 = 243.1(\text{mm})$$

3.计算该截面所能承受的最大弯矩设计值

由式(5-10)可得

$$M_u = f_{sd}A_s\left(h_0 - \frac{x}{2}\right) = 330 \times 1256 \times \left(460 - \frac{120.1}{2}\right) = 165771276(\text{N} \cdot \text{mm}) = 165.77\text{kN} \cdot \text{m}$$

该截面所能承受的最大弯矩设计值

$$M_d \leqslant \frac{M_u}{\gamma_0} = \frac{165.77}{1.1} = 150.7(\text{kN} \cdot \text{m})$$

5.3.2　双筋矩形截面受弯构件设计计算

1.适用条件与基本公式

1）适用条件

（1）当矩形截面承受的弯矩较大，截面尺寸受到限制，且混凝土强度等级又不可能提高，以致用单筋截面无法满足 $x \leqslant \xi_b h_0$ 的条件时，需在受压区配置受压钢筋 A'_s 以帮助混凝土受压。

（2）当截面既可能承受正向弯矩又可能承受负向弯矩时，截面上、下均需配置受力钢筋。此外，根据构造上的要求，有些纵向钢筋需贯穿全梁时，若计算中考虑截面受压区这部分受压钢筋的作用，则可按双筋处理（如连续梁支点及支点附近截面）。

应该明确的是，用配置受压钢筋来帮助混凝土受压以提高构件承载能力是不经济的，但是从使用性能来看，双筋截面受弯构件由于设置了受压钢筋，可提高截面的延性和防震性能，有利于防止结构的脆性破坏。此外，由于受压钢筋的存在和混凝土徐变的影响，可以减少短期和长期作用下构件产生的变形。从这两方面来讲，采用双筋截面还是适宜的。

2）基本公式

双筋矩形截面梁与单筋矩形截面梁在破坏时，其受力特点是相似的，两者间的区别只在于受压区是否配有纵向受压钢筋。因此，对于双筋矩形梁，在明确了梁破坏时受压钢筋承受的应力后，双筋矩形梁的基本计算公式就可参照单筋矩形梁的分析方法建立起来。

图 5-10 为双筋矩形截面图，工程上为简化计算，截面受压区混凝土压应力按照基本假定用等效矩形应力图代替。

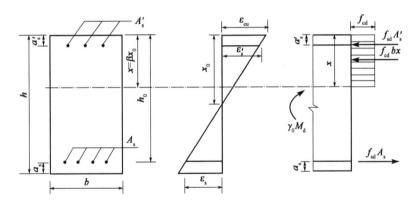

图 5-10　双筋矩形截面正截面承载力计算图式

由截面上水平方向内力平衡条件，可得到

$$f_{cd}bx + f'_{sd}A'_s = f_{sd}A_s \tag{5-23}$$

由截面上对受拉钢筋合力作用点的力矩平衡条件，可得到

$$M_u = f_{cd}bx\left(h_0 - \frac{x}{2}\right) + f'_{sd}A'_s(h_0 - a'_s) \tag{5-24}$$

由截面上对受压钢筋合力作用点的力矩平衡条件，可得到

$$M_u = -f_{cd}bx\left(\frac{x}{2} - a'_s\right) + f_{sd}A_s(h_0 - a'_s) \tag{5-25}$$

式中：f'_{sd}——受压区钢筋的抗压强度设计值；

A'_s——受压区钢筋的截面面积；

a'_s——受压区钢筋合力点至截面受压边缘的距离；

其他符号意义与单筋矩形截面相同。

3）公式的适用条件

在受弯破坏时截面受压区钢筋达到抗压强度设计值f'_{sd}，为了达到此要求，在进行钢筋混凝土双筋矩形截面设计计算时，应满足以下两项条件：

（1）为了防止出现超筋梁情况，计算受压区高度 x 应满足

$$x \leqslant \xi_b h_0 \tag{5-26}$$

（2）为了保证受压钢筋 A'_s 达到抗压强度设计值 f'_{sd}，应满足

$$x \geqslant 2a'_s \tag{5-27}$$

在实际设计中，若求得 $x < 2a'_s$，则表明受压钢筋 A'_s 可能达不到其抗压强度设计值 f'_{sd}。对于受压钢筋保护层混凝土厚度不大的情况，《设计规范》（JTG 3362—2018）规定这时可取 $x = 2a'_s$，即假设混凝土压应力合力作用点与受压区钢筋 A'_s 合力作用点相重合，对受压钢筋合力作用点取矩，可得到双筋矩形截面正截面抗弯承载力的近似表达式为

$$M_u = f_{sd}A_s(h_0 - a'_s) \tag{5-28}$$

2.设计计算方法

双筋矩形截面受弯构件正截面的承载力计算，包括截面设计与承载力复核两项内容。

1）截面设计

双筋矩形截面受弯构件的截面设计，主要是指已知构件截面尺寸（构件截面尺寸通常可以根据构造要求或总体布置预先确定）去求受拉钢筋截面面积 A_s 与受压钢筋截面面积 A'_s（有时，受压钢筋截面面积 A'_s 已由其他作用情况设计出来，或根据构造要求已被确定）。

为了便于计算，可令 $\gamma_0 M_d = M_u$，当受拉钢筋截面面积 A_s 与受压钢筋截面面积 A'_s 均未知时，设计计算方法如下：

（1）假设 a_s 和 a'_s，求得 $h_0 = h - a_s$。

（2）验算是否需要采用双筋截面。取 $x = \xi_b h_0$，当下式满足时，须采用双筋截面：

$$M_u > f_{cd}bh_0^2\xi_b(1 - 0.5\xi_b) \tag{5-29}$$

（3）利用基本公式求解，有 A_s、A'_s 和 x 三个未知数，无法直接求解，需增加一个条件才能解决。在实际设计计算中，通常使计算截面的总钢筋截面面积（$A_s + A'_s$）最小。

令 $\gamma_0 M_d = M_u$，由式（5-23）、式（5-24）可得（$A_s + A'_s$），即

$$A_s + A'_s = \frac{f_{cd}bh_0}{f_{sd}}\xi + \frac{\gamma_0 M_d - f_{cd}bh_0^2\xi(1 - 0.5\xi)}{(h_0 - a'_s)f'_{sd}}\left(1 + \frac{f'_{sd}}{f_{sd}}\right) \tag{5-30}$$

将对式（5-30）中的 ξ 求导数，令 $d(A_s + A'_s)/d\xi = 0$，可以得到

$$\xi = \frac{f_{sd} + f'_{sd}\dfrac{a'_s}{h_0}}{f_{sd} + f'_{sd}} \tag{5-31}$$

如果受拉区和受压区采用钢筋强度等级相同，则有 $f_{sd} = f'_{sd}$；根据经验，$a'_s/h_0 = 0.05 \sim$

0.15,可得到 $\xi = 0.525 \sim 0.575$,为了充分发挥受拉区钢筋的作用,可以取 $\xi = \xi_b$,$x = \xi_b h_0$,从而计算得到 A_s',即

$$A_s' = \frac{\gamma_0 M_d - f_{cd} b h_0^2 \xi_b (1 - 0.5\xi_b)}{f_{sd}'(h_0 - a_s')} \qquad (5\text{-}32)$$

(4)利用式(5-23)求 A_s。

$$A_s = \frac{f_{cd} b \xi_b h_0 + f_{sd}' A_s'}{f_{sd}} \qquad (5\text{-}33)$$

(5)选择受压钢筋和受拉钢筋的规格和数量,并根据构造要求进行计算截面钢筋布置。因这种情况利用了 $\xi = \xi_b$ 来计算 A_s 和 A_s',可不必验算公式的适用条件。

对于已知截面尺寸、材料强度等级、受压区普通钢筋布置以及截面基本组合弯矩计算值 $\gamma_0 M_d$,要求计算受拉区钢筋截面面积 A_s 并配置钢筋的情况,设计计算方法如下。

(1)假设 a_s,求得 $h_0 = h - a_s$。

(2)求受压区高度 x。将各已知值代入式(5-35),可得到

$$x = h_0 - \sqrt{h_0^2 - \frac{2[M - f_{sd}' A_s'(h_0 - a_s')]}{f_{cd} b}} \qquad (5\text{-}34)$$

(3)当 $x < \xi_b h_0$ 且 $x < 2a_s'$ 时,根据《设计规范》(JTG 3362—2018)规定,取 $x = 2a_s'$,此时混凝土压力合力作用点与钢筋合力作用点重合,求得所需受拉钢筋面积 A_s 为

$$A_s = \frac{\gamma_0 M_d}{f_{sd}(h_0 - a_s')} \qquad (5\text{-}35)$$

(4)当 $x \leq \xi_b h_0$ 且 $x \geq 2a_s'$ 时,则将各已知值及受压钢筋面积 A_s' 代入式(5-23),可求得 A_s 值。

(5)选择受拉钢筋的规格和数量,布置计算截面钢筋。

2)截面复核

双筋矩形截面受弯构件截面复核与单筋矩形截面受弯构件相似,即在已知条件下求出截面所能承受的弯矩 M_u(承载力),验证截面承载力是否满足设计要求,即 $M_u \geq \gamma_0 M_d$ 是否成立。

已知弯矩组合设计值 M_d,截面尺寸 b、h,受拉及受压钢筋截面面积及截面的钢筋布置情况,混凝土和钢筋材料强度等级,结构重要性系数 γ_0。计算截面所能承受的弯矩 M_u,验证截面承载力是否满足设计要求。

计算步骤:

(1)检查钢筋布置是否符合规范要求。

(2)由式(5-23)计算受压区高度 x。

$$x = \frac{f_{sd} A_s - f_{sd}' A_s'}{f_{cd} b} \qquad (5\text{-}36)$$

(3)根据 x 值的大小,分以下三种情况验算正截面承载力:

①当 $2a_s' \leq x \leq \xi_b h_0$ 时,按下式验算

$$\gamma_0 M_d \leq M_u = f_{cd} b x \left(h_0 - \frac{x}{2}\right) + f_{sd}' A_s'(h_0 - a_s') \qquad (5\text{-}37)$$

②当 $x < 2a_s'$,取 $x = 2a_s'$,按下式验算

$$\gamma_0 M_d \leq M_u = f_{sd} A_s (h_0 - a'_s) \tag{5-38}$$

③当 $x > \xi_b h_0$ 时，为避免出现超筋破坏，令 $x = \xi_b h_0$，按下式验算

$$\gamma_0 M_d \leq M_u = f_{cd} b \xi_b h_0 \left(h_0 - \frac{\xi_b h_0}{2} \right) + f'_{sd} A'_s (h_0 - a'_s) \tag{5-39}$$

例5-4 已知有一双筋矩形截面受弯构件，截面尺寸 $b = 200\,\text{mm}$，$h = 450\,\text{mm}$，计算截面承受基本组合弯矩设计值 $M_d = 220\,\text{kN·m}$，采用 C35 混凝土，HRB400 钢筋，安全等级为一级，设计使用年限为 50 年。试计算需配置钢筋的截面面积并对截面进行配筋。

解：

已知条件： $f_{cd} = 16.1\,\text{MPa}$，$f_{sd} = f'_{sd} = 330\,\text{MPa}$，$\gamma_0 = 1.1$，$\xi_b = 0.53$。

1. 计算截面有效高度

假设 a_s 和 a'_s，求 $h_0 = h - a_s$。

设 $a_s = 70\,\text{mm}$，$a'_s = 40\,\text{mm}$；则截面有效高度 $h_0 = h - a_s = 450 - 70 = 380(\text{mm})$。

2. 检验是否需要配置双筋

按照不出现超筋梁的条件，取 $x = \xi_b h_0$，由式（5-29）可得

$$M_u = f_{cd} b h_0^2 \xi_b (1 - 0.5 \xi_b) = 16.1 \times 200 \times 380^2 \times 0.53(1 - 0.5 \times 0.53)$$
$$= 181.1(\text{kN·m}) < \gamma_0 M_d = 242\,\text{kN·m}$$

故应设计成双筋截面。

3. 计算钢筋截面面积 A_s 与 A'_s

由式（5-32）可得

$$A'_s = \frac{\gamma_0 M_d - f_{cd} b h_0^2 \xi_b (1 - 0.5 \xi_b)}{f'_{sd}(h_0 - a'_s)} = \frac{1.1 \times 220 \times 10^6 - 16.1 \times 200 \times 380^2 \times 0.53 \times (1 - 0.5 \times 0.53)}{330 \times (380 - 40)}$$

$$= 542.6(\text{mm}^2)$$

由式（5-33）可得

$$A_s = \frac{f_{cd} b \xi_b h_0 + f'_{sd} A'_s}{f_{sd}}$$

$$= \frac{16.1 \times 200 \times 0.53 \times 380 + 330 \times 542.6}{330}$$

$$= 2508(\text{mm}^2)$$

4. 选择钢筋并进行截面布置

查附表 8，受拉区选 HRB400 钢筋 6 $\underline{\Phi}$ 25（钢筋外径为 28.4mm），$A_s = 2945\,\text{mm}^2$ 受压区选 HRB400 钢筋 3 $\underline{\Phi}$ 16（钢筋外径为 18.4mm），$A'_s = 603\,\text{mm}^2$，钢筋保护层厚度和钢筋净距检验略，布置如图 5-11 所示。

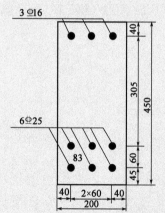

图 5-11 截面配筋图（尺寸单位：mm）

例5-5 有一钢筋混凝土双筋矩形截面梁,截面尺寸 $b=200\text{mm},h=550\text{mm}$,采用 C30 混凝土,HRB400 钢筋,$A_s=1884\text{mm}^2,a_s=60\text{mm},A'_s=125\text{mm}^2,a'_s=40\text{mm}$,安全等级为二级。计算该截面所能承受的最大基本组合弯矩设计值。

解:

已知条件:$f_{cd}=13.8\text{MPa},f_{sd}=f'_{sd}=330\text{MPa},\gamma_0=1.0,\xi_b=0.53$。

1.计算截面受压区高度

$$h_0=h-a_s=550-60=490(\text{mm})$$

由式(5-23)得

$$x=\frac{f_{sd}A_s-f'_{sd}A'_s}{f_{cd}b}=\frac{330\times1884-330\times1256}{13.8\times200}=75.1(\text{mm})\leqslant\xi_bh_0=0.53\times490=259.7(\text{mm})$$

且 $x=75.1\text{mm}<2a'_s=80\text{mm}$

2.计算截面所承受的最大弯矩设计值

取 $x=2a'_s=80\text{mm}$,则

$$M_u=f_{sd}A_s(h_0-a'_s)=330\times1884\times(490-40)=279.8(\text{kN}\cdot\text{m})$$

则该截面所能承受的最大弯矩设计值

$$M_d\leqslant\frac{M_u}{\gamma_0}=\frac{279.8}{1.0}=279.8(\text{kN}\cdot\text{m})$$

5.3.3 单筋 T 形截面受弯构件设计计算

钢筋混凝土矩形截面受弯构件在破坏时,中性轴以下的混凝土早已开裂而脱离工作,根据基本假定,对截面的抗弯能力已不起作用,因此可将受拉区混凝土挖去一部分,将受拉钢筋集中布置在剩余拉区混凝土内,形成了钢筋混凝土 T 形梁的截面,其承载能力与原矩形截面梁相同,但节省了混凝土和减轻了结构自重。因此,钢筋混凝土 T 形梁具有更大的跨越能力。钢筋混凝土 T 形截面示意图如图 5-12 所示。

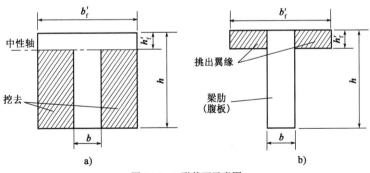

图 5-12 T 形截面示意图

典型的钢筋混凝土 T 形梁截面伸出部分称为翼缘板(简称翼缘),其宽度为 b 的部分称为梁肋或腹板。在荷载作用下,T 形梁的翼缘板与梁肋共同弯曲。

T形截面梁的翼缘板在受压时,在翼缘板宽度方向上的纵向压应力是不均匀分布的,这是剪力滞后现象,如图5-13所示。压应力离梁肋越远,压应力越小。为了便于计算,根据压力等效原则,把与梁肋共同工作的翼缘板宽度限制在一定范围内,称为受压翼缘板的有效宽度 b'_f。在有效宽度 b'_f 内的翼缘板可以认为全部参加工作,且在 b'_f 范围内压应力是均匀分布的。

按《设计规范》(JTG 3362—2018)中规定,T形截面梁(内梁)的受压翼缘板有效宽度 b'_f 用下列三者中最小值:

(1)简支梁计算跨径的1/3。对连续梁各中间跨正弯矩区段,取该跨计算跨径的0.2倍;对边跨正弯矩区段,取该跨计算跨径的0.27倍;对各中间支点负弯矩区段,则取该支点相邻两跨计算跨径之和的0.07倍。

(2)相邻两梁的平均间距。

(3) $b + 2b_h + 12h'_f$。当 $h_h/b_h < 1/3$ 时,取 $(b + 6b_h + 12h'_f)$。此处,b、b_h、h_h 和 h'_f 如图5-14所示,h_h 为承托根部厚度。

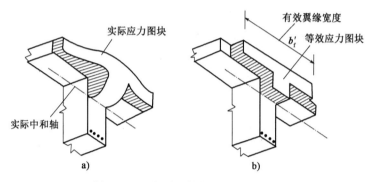

图5-13 T形梁受压翼缘板的正应力分布

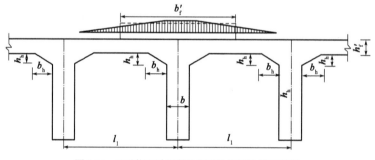

图5-14 T形截面受压翼缘板有效宽度计算示意图

外梁翼缘的有效宽度取相邻内梁翼缘有效宽度的一半,加上腹板宽度的1/2,再加上外侧悬臂板平均厚度的6倍或外侧悬臂板实际宽度两者中的较小者。

1.基本公式及适用条件

T形截面按受压区高度的不同可分为两类:受压区高度在翼缘板厚度内,即 $x \leq h'_f$ [图5-15a)],为第一类T形截面;受压区已进入梁肋,即 $x > h'_f$ [图5-15b)],为第二类T形截面。

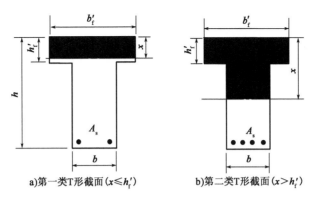

a)第一类T形截面$(x \leq h'_f)$ b)第二类T形截面$(x > h'_f)$

图5-15 两类 T 形截面

下面介绍这两类单筋 T 形截面梁正截面抗弯承载力计算基本公式。典型的 T 形截面正截面承载力计算图式如图 5-16 所示。

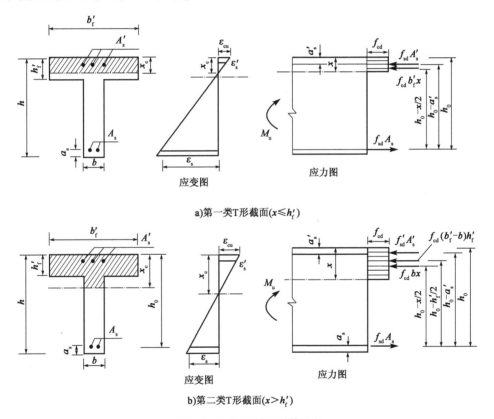

a)第一类T形截面$(x \leq h'_f)$

b)第二类T形截面$(x > h'_f)$

图5-16 两类 T 形截面计算图式

一般来讲,T 形截面混凝土受压区较大,混凝土足够承担压力,无须增设受压钢筋,所以 T 形截面一般按单筋截面设计,即不考虑受压区 A'_s 的作用效应。

1)第一类 T 形截面

第一类 T 形截面,中性轴在受压翼缘板内,受压区高度 $x \leq h'_f$。此时,截面虽为 T 形,但其作用与宽度为 b'_f、高度为 h 的矩形截面完全相同。因此,在设计计算过程中可以按照宽度为

b'_f、高度为 h 的单筋矩形截面正截面计算公式进行设计计算即可。

在不考虑受压区 A'_s 的作用效应时，由截面平衡条件 [图 5-16a)] 可得到基本计算公式为

$$f_{cd} b'_f x = f_{sd} A_s \tag{5-40}$$

$$M_u = f_{cd} b'_f x \left(h_0 - \frac{x}{2} \right) \tag{5-41}$$

$$M_u = f_{sd} A_s \left(h_0 - \frac{x}{2} \right) \tag{5-42}$$

2）第二类 T 形截面

第二类 T 形截面，中性轴在梁腹板内，受压区高度 $x > h'_f$，受压区为 T 形。

在不考虑受压区 A'_s 的作用效应时，由截面平衡条件 [图 5-16b)] 可得到基本计算公式为

$$f_{cd} bx + f_{cd} (b'_f - b) h'_f = f_{sd} A_s \tag{5-43}$$

$$M_u = f_{cd} bx \left(h_0 - \frac{x}{2} \right) + f_{cd} (b'_f - b) h'_f \left(h_0 - \frac{h'_f}{2} \right) \tag{5-44}$$

式中：M_u——计算截面的抗弯承载力；

$\quad f_{cd}$——混凝土轴心抗压强度设计值；

$\quad f_{sd}$——纵向受拉钢筋抗拉强度设计值；

$\quad A_s$——纵向受拉钢筋的截面面积；

$\quad x$——受压区高度；

$\quad b$——T 形截面腹板宽度；

$\quad b'_f$——T 形截面受压翼缘板有效宽度；

$\quad h'_f$——T 形截面受压翼缘板高度；

$\quad h_0$——截面有效高度。

基本公式适用条件如下：

（1）$x \leqslant \xi_b h_0$。

第一类 T 形截面的 $x = \xi_b h_0 \leqslant h'_f$，即 $\xi \leqslant h'_f / h_0$。由于一般 T 形截面的 h'_f / h_0 较小，因而 ξ 值也小，所以一般均能满足这个条件。

（2）$\rho > \rho_{min}$。

这里的 $\rho = A_s / bh_0$，其中 b 为 T 形截面的梁肋宽度。

第二类 T 形截面的配筋率较高，一般情况下均能满足 $\rho \geqslant \rho_{min}$ 的要求，故可不必进行验算。

2. 设计计算方法

1）两种 T 形截面的判断

在进行结构设计时，为了正确地运用上述公式进行计算，首先必须判断其属于哪一种 T 形截面。

由以上分析得知，两种 T 形截面中性轴的分界位置恰好在翼缘板的下边缘处，此时 $x = h'_f$ 翼缘全部受压，如图 5-17 所示。实际上，这正是第一种 T 形截面受压区高度最大值的极限位置。因此，可用这个特定条件来判断 T 形截面的类型。

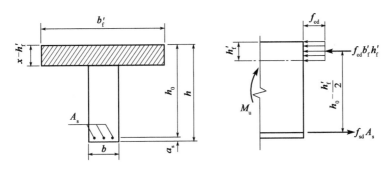

图 5-17　$x = h'_f$ 的 T 形截面

在这种特定条件下,由梁内力平衡可得

$$f_{sd}A_s = f_{cd}b'_f h'_f \qquad (5-45)$$

$$M_u = f_{cd}b'_f h'_f \left(h_0 - \frac{h'_f}{2}\right) \qquad (5-46)$$

若 $f_{sd}A_s \leqslant f_{cd}b'_f h'_f$ 或 $\gamma_0 M_d \leqslant f_{cd}b'_f h'_f (h_0 - h'_f/2)$,则 $x \leqslant h'_f$,即属第一种 T 形截面;反之,若 $f_{sd}A_s > f_{cd}b'_f h'_f$ 或 $\gamma_0 M_d > f_{cd}b'_f h'_f (h_0 - h'_f/2)$,则 $x > h'_f$,即属第二种 T 形截面。

2)截面设计

T 形截面尺寸一般是预先假定或参考同类结构或根据经验数据取用,截面尺寸确定之后,首先应用判别公式确定 T 形截面类型。

(1)第一类 T 形截面。

该类截面设计方法与宽、高分别为 b'_f、h 的单筋矩形截面完全相同。

(2)第二类 T 形截面。

已知截面弯矩设计组合值 M_d,截面尺寸 b、h、b'_f、h'_f,混凝土和钢筋材料强度等级,结构重要性系数 γ_0,试计算受拉钢筋截面面积 A_s。

计算步骤:

①假设 a_s。对于空心板等截面,往往采用绑扎钢筋骨架,因此可根据等效工字形截面下翼缘板厚度 h_f,在实际截面中布置一层或两层钢筋来假设 a_s 值,这与前述单筋矩形截面相同。对于预制或现浇 T 形梁,往往多采用焊接钢筋架,由于多层钢筋的叠高一般不超过 $(0.15 \sim 0.2)h$,故可假设 $a_s = 30\text{mm} + (0.07 \sim 0.1)h$。这样可得到有效高度 $h_0 = h - a_s$。

②求得翼缘部分混凝土所承受的压力对受拉钢筋合力作用点的力矩及该部分受拉钢筋的截面积 A_{s2},则

$$M_2 = f_{cd}(b'_f - b)h'_f \left(h_0 - \frac{h'_f}{2}\right)$$

$$A_{s2} = f_{cd}(b'_f - b)\frac{h'_f}{f_{sd}} \qquad (5-47)$$

③令 $\gamma_0 M_d = M_1 + M_2$,则 $M_1 = \gamma_0 M_d - M_2$,再按单筋矩形截面的计算方法,求出平衡中性轴以上腹板部分混凝土压力所需的受拉钢筋截面面积 A_{s1},即先求出受压区高度 x,再求得 A_{s1},则

$$M_1 = \gamma_0 M_d - M_2 = f_{cd}bx\left(h_0 - \frac{x}{2}\right)$$

$$A_{s1} = \frac{f_{cd}bx}{f_{sd}} \tag{5-48}$$

④求得受拉钢筋的总面积，选择钢筋直径和数量，进行截面配筋。

$$A_s = A_{s1} + A_{s2} = \frac{f_{cd}(b_f' - b)h_f' + f_{cd}bx}{f_{sd}} \tag{5-49}$$

⑤计算截面实际受压区高度 x，验算是否满足 $x \leqslant \xi_b h_0$ 的适用条件。

3）截面复核

当对已设计的 T 形截面梁进行正截面承载力复核时，首先应用式（5-47）式（5-49）判别 T 形截面类型，然后再按有关公式进行承载力的复核。

已知弯矩组合设计值 M_d，截面尺寸 b、h、b_f'、h_f'，混凝土和钢筋材料强度等级，结构重要性系数 γ_0，受拉钢筋截面面积 A_s 及其布置情况，验算截面所能承担的弯矩 M_u，并判断其安全程度。

计算步骤：

（1）检查钢筋布置是否符合规范要求。

（2）判定 T 形截面的类型。

这时，若满足

$$f_{cd}b_f'h_f' \geqslant f_{sd}A_s \tag{5-50}$$

即钢筋所承受的拉力 $f_{sd}A_s$ 小于或等于全部受压翼缘板高度 h_f' 内混凝土压应力合力 $f_{cd}b_f'h_f'$，则 $x \leqslant h_f'$，属于第一类 T 形截面，否则属于第二类 T 形截面。

（3）若为第一种 T 形截面：承载力复核内容与单筋矩形截面 $b_f' \times h$ 相同。

（4）若为第二种 T 形截面：承载力复核可按下列步骤进行：

①求平衡翼缘挑出部分混凝土压力所需受拉钢筋截面面积 A_{s2}：

$$A_{s2} = f_{cd}(b_f' - b)\frac{h_f'}{f_{sd}} \tag{5-51}$$

②计算平衡梁腹部分混凝土压力所需受拉钢筋截面面积 $A_{s1} = A_s - A_{s2}$。

③计算平衡梁腹部分混凝土受压区高度 x。

$$x = \frac{f_{sd}A_{s1}}{f_{cd}b} \tag{5-52}$$

④计算 M_1、M_2。

$$M_2 = f_{cd}(b_f' - b)h_f'\left(h_0 - \frac{h_f'}{2}\right) \tag{5-53}$$

$$M_1 = f_{cd}bx\left(h_0 - \frac{x}{2}\right) \tag{5-54}$$

⑤计算该截面实际所能承担的弯矩。

$$M_u = M_1 + M_2$$

比较 $\gamma_0 M_d$ 与 M_u，判断其安全程度。

例5-6 接例2-1某20m装配式钢筋混凝土简支T形梁桥,计算跨径 $l=19.50\text{m}$,结构安全等级为二级,Ⅰ类环境条件,设计使用年限为50年。该装配式简支T形梁,相邻两梁中心距为1.6m(梁的预制宽度1.58m),截面尺寸如图5-18a)所示,腹板厚度 $b=180\text{mm}$,梁高 $h=1300\text{mm}$,$M_d=2425.32\text{kN}\cdot\text{m}$;拟采用C35混凝土,HRB400钢筋,试进行截面配筋(焊接钢筋骨架)及截面复核。

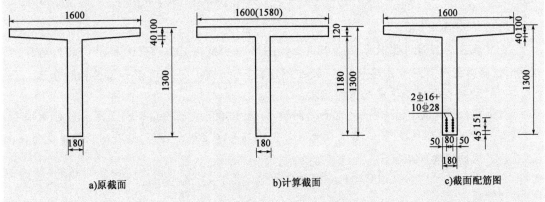

a)原截面 b)计算截面 c)截面配筋图

图5-18 T梁桥截面图(尺寸单位:mm)

解:

已知条件:$f_{cd}=16.1\text{MPa}$,$f_{td}=1.52\text{MPa}$,$f_{sd}=330\text{MPa}$,$\gamma_0=1.0$,$\xi_b=0.53$。为了便于进行计算,将图5-18a)中的实际T形截面换算成图5-18b)所示的计算截面 $h'_f=(100+140)/2=120(\text{mm})$,其他尺寸不变。

1.截面配筋

1)计算受压翼缘有效宽度 b'_f

$$l/3=19.5\times1000/3=6500(\text{mm})$$

$$b_h=(1580-180)/2=700(\text{mm})$$

$$h_h/b_h=40/700<1/3$$

$$b+6h_h+12h'_f=180+6\times40+12\times120=1860(\text{mm})$$

根据《设计规范》(JTG 3362—2018)中规定,取最小值,有 $b'_f=1600\text{mm}$。

2)判断T形截面类型

设 $a_s=120\text{mm}$,则 $h_0=h-a_s=1300-120=1180(\text{mm})$。

$$f_{cd}\times b'_f\times h'_f\times\left(h_0-\frac{h'_f}{2}\right)=16.1\times1600\times120\times\left(1180-\frac{120}{2}\right)$$

$$=3462.1(\text{kN}\cdot\text{m})>\gamma_0M_d=2425.32\text{kN}\cdot\text{m}$$

可知,该T形截面为第一类T形截面。

3)计算受拉钢筋截面面积 A_s

按照宽度 $b'_f=1600\text{mm}$,高度 $h=1300\text{mm}$ 的单筋矩形截面受弯构件计算。

根据式(5-17)计算受压区高度 x 为

$$x = h_0 - \sqrt{h_0^2 - \frac{2\gamma_0 M_d}{f_{cd} b'_f}} = 1180 - \sqrt{1180^2 - \frac{2 \times 2425.32 \times 10^6}{16.1 \times 1600}} = 82.7 (\text{mm})$$

根据式(5-18)计算受拉钢筋截面面积 A_s 为

$$A_s = \frac{f_{cd} b'_f x}{f_{sd}} = \frac{16.1 \times 1600 \times 82.7}{330} = 6455.6 (\text{mm}^2)$$

4)选择钢筋并布置

查附表8选HRB400钢筋 $10\,\underline{\Phi}\,28 + 2\,\underline{\Phi}\,16$，$A_s = 6158 + 402 = 6560 (\text{mm}^2)$，采用两片钢筋骨架，每片骨架钢筋叠高层数为6层，粗钢筋在下，细钢筋在上，布置如图5-18c)所示。

5)检验钢筋保护层厚度及横向间距

取箍筋(HPB300)直径8mm，水平纵向钢筋(HPB300)直径6mm。截面底面最外侧钢筋为箍筋，设其保护层厚度为 c_2，截面侧面最外侧钢筋为水平纵向钢筋，设其保护层厚度为 c_3，钢筋骨架间的横向间距为

$$c_2 = 45 - 31.6/2 - 8 = 21.2 (\text{mm}) > c_{\min} = 20\text{mm}$$

$$c_3 = 50 - 31.6/2 - 8 - 6 = 20.2 (\text{mm}) > c_{\min} = 20\text{mm}$$

$$s_n = 80 - 31.6 = 48.4 (\text{mm}) > 40\text{mm} \text{ 且 } s_n = 1.25d = 1.25 \times 31.6 = 39.5 (\text{mm})$$

最外侧钢筋保护层厚度及钢筋间距均满足构造要求。

2. 截面复核

在已设计的受拉钢筋中，HRB400钢筋 $10\,\underline{\Phi}\,28$ 的面积为 6158mm^2，$2\,\underline{\Phi}\,16$ 的面积为 402mm^2。由图5-18c)钢筋布置图可求得 a_s，则

$$a_s = \frac{6158 \times (45 + 2 \times 31.6) + 402 \times (45 + 4.5 \times 31.6 + 18.4/2)}{6158 + 402} = 113.6 (\text{mm})$$

截面实际有效高度 $h_0 = 1300 - 113.6 = 1186.4 (\text{mm})$。

1)判断T形截面类型

$$f_{cd} b'_f h'_f = 16.1 \times 1600 \times 120 = 3091.2 (\text{kN})$$

$$f_{sd} A_s = 330 \times (6158 + 402) = 2164.8 (\text{kN})$$

由于 $f_{cd} b'_f h'_f > f_{sd} A_s$，故为第一类T形截面。

2)求受压区高度 x

由式(5-40)，求得 x 为

$$x = \frac{f_{sd} A_s}{f_{cd} b'_f} = \frac{330 \times (6158 + 402)}{16.1 \times 1600} = 84.0 (\text{mm}) < h'_f = 120\text{mm}$$

3)求正截面抗弯承载力

$$M_u = f_{cd} b'_f x \left(h_0 - \frac{x}{2}\right) = 16.1 \times 1600 \times 84.0 \times \left(1186.4 - \frac{84.0}{2}\right)$$

$$= 2476.3 (\text{kN} \cdot \text{m}) > \gamma_0 M_d = 2425.32\text{kN} \cdot \text{m}$$

最小配筋率一般不做验算，故截面复核满足要求。

例5-7 预制钢筋混凝土简支 T 形梁截面高度 $h=1.30\text{m}$,翼缘板有效宽度 $b'_f=1.60\text{m}$ (预制宽度 1.58m),C30 混凝土,HRB400 级钢筋。Ⅱ类环境条件,安全等级为一级,设计使用年限为 100 年。跨中截面基本组合弯矩设计值 $M_d=2800\text{kN}\cdot\text{m}$。试进行截面配筋(焊接钢筋骨架)。

解:

根据已知条件由附表查得:$f_{cd}=13.8\text{MPa}$,$f_{sd}=330\text{MPa}$,$b'_f=1600\text{mm}$,$\gamma_0=1.1$,$\xi_b=0.53$。为了便于进行计算,将图 5-19a)的实际 T 形截面换算成图 5-19b)所示的计算截面 $h'_f=(100+140)/2=120(\text{mm})$,其余尺寸不变。

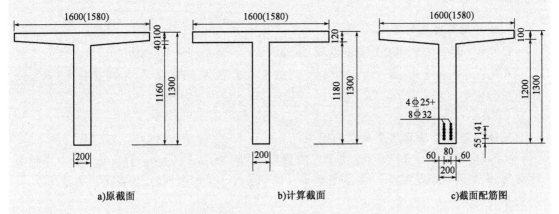

例5-19 某预制钢筋混凝土简支 T 形梁截面(尺寸单位:mm)

1.判断 T 形截面类型

设 $a_s=120\text{mm}$,则 $h_0=h-a_s=1300-120=1180(\text{mm})$。

$$f_{cd}\times b'_f\times h'_f\times\left(h_0-\frac{h'_f}{2}\right)=13.8\times1600\times120\times\left(1180-\frac{120}{2}\right)$$

$$=2967.6(\text{kN}\cdot\text{m})<\gamma_0 M_d=1.1\times2800=3080(\text{kN}\cdot\text{m})$$

可知,该 T 形截面为第二类 T 形截面。

2.计算受拉钢筋面积 A_s

由翼缘部分承受压力所需要受拉钢筋面积 A_{s2} 为

$$A_{s2}=\frac{f_{cd}(b'_f-b)h'_f}{f_{sd}}=\frac{13.8\times(1600-200)\times120}{330}=7025.5(\text{mm}^2)$$

$$M_2=f_{cd}(b'_f-b)h'_f\left(h_0-\frac{h'_f}{2}\right)=13.8\times(1600-200)\times120\times\left(1180-\frac{120}{2}\right)=2596.6(\text{kN}\cdot\text{m})$$

则有

$$M_1=\gamma_0 M_d-M_2=1.1\times2800-2596.6=483.4(\text{kN}\cdot\text{m})$$

求受压区高度 x 为

$$x = h_0 - \sqrt{h_0^2 - \frac{2M_1}{f_{cd}b}} = 1180 - \sqrt{1180^2 - \frac{2 \times 483.4 \times 10^6}{13.8 \times 200}} = 159.2(\text{mm})$$

由式(5-48)可得

$$A_{s1} = \frac{f_{cd}bx}{f_{sd}} = \frac{13.8 \times 200 \times 159.2}{330} = 1331.5(\text{mm}^2)$$

则受拉区所需钢筋面积为

$$A_s = A_{s1} + A_{s2} = 7025.5 + 1331.5 = 8357(\text{mm}^2)$$

3．选择钢筋并进行截面布置

查附表 8 选择 HRB400 钢筋 $8 \, \underline{\Phi} \, 32 + 4 \, \underline{\Phi} \, 25$，$A_s = 6434 + 1964 = 8398(\text{mm}^2)$。

采用两片钢筋骨架,每片骨架钢筋叠高层数为 6 层,粗钢筋在下,细钢筋在上,布置如图 5-19c)所示。

4．检验钢筋保护层厚度及横向间距

取箍筋(HPB300)直径 8mm,水平纵向钢筋(HPB300)直径 6mm。截面底面最外侧钢筋为箍筋,设其保护层厚度为 c_2,截面侧面最外侧钢筋为水平纵向钢筋,设其保护层厚度为 c_3,钢筋骨架间的横向间距为

$$c_2 = 55 - 35.8/2 - 8 = 29.1(\text{mm}) > c_{\min} = 25\text{mm}$$

$$c_3 = 60 - 35.8/2 - 8 - 6 = 28.1(\text{mm}) > c_{\min} = 25\text{mm}$$

$$s_n = 80 - 35.8 = 44.2(\text{mm}) > 40\text{mm} \ \text{且} \ s_n = 1.25d = 1.25 \times 35.8 = 44.75(\text{mm})$$

最外侧钢筋保护层厚度及钢筋间距均满足构造要求。

在已设计的受拉钢筋中,$8 \, \underline{\Phi} \, 32$ 的面积为 6434mm^2,$4 \, \underline{\Phi} \, 25$ 的面积为 1964mm^2。由图 5-29c)钢筋布置图可求得 a_s,则

$$a_s = \frac{6434 \times (55 + 1.5 \times 35.8) + 1964 \times (55 + 3.5 \times 35.8 + 28.4)}{6434 + 1964} = 131.4(\text{mm})$$

则截面实际有效高度为

$$h_0 = h - a_s = 1300 - 131.4 = 1168.6(\text{mm})$$

实际配筋率为

$$\rho = \frac{A_s}{bh_0} = \frac{6434 + 1964}{200 \times 1168.6} = 0.0359 = 3.59(\%)$$

构造要求的最小配筋率为

$$\rho_{\min} = \left\{ 45 \times \frac{f_{td}}{f_{sd}}\% \ \text{和} \ 0.2\% \ \text{的较大者} \right\} = \max\left\{ 45 \times \frac{1.39}{330}\%, 0.2\% \right\} = 0.2\%$$

$\rho > \rho_{\min}$,配筋率满足要求。

在实际工程中,除了一般普通的 T 形截面外,还可遇到多种可用 T 形截面等效代换的

截面,如工字形梁、箱形梁、π形梁、空心板等。如图 5-20 所示,以某空心板为例,说明截面等效的原则及方法。

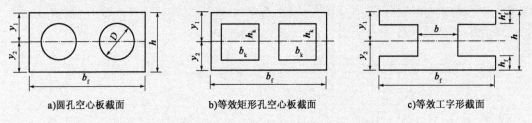

a)圆孔空心板截面　　　　b)等效矩形孔空心板截面　　　　c)等效工字形截面

图 5-20　空心板等效为 T 形截面示意图(空心截面换算成等效工字形截面)

截面等效换算原则:
(1)等效前后的截面面积相等。
(2)等效前后的截面惯性矩相等。
(3)等效前后的截面形心位置不发生变化。

下面以板宽为 b_f 的空心板截面为例,将其换算成等效工字形截面,计算中可按 T 形截面处理。设空心板截面高度为 h,圆孔直径为 D,孔洞面积形心轴距板截面上、下边缘距离分别为 y_1 和 y_2。

根据截面等效换算原则,将空心板截面换算成等效的工字形截面的方法,是先根据面积、惯性矩不变的原则,将空心板的圆孔(直径为 D)换算成 $b_k \times h_k$ 的矩形孔,可按下列各式计算

按面积相等
$$b_k h_k = \frac{\pi}{4} D^2 \tag{5-55}$$

按惯性矩相等
$$\frac{1}{12} b_k h_k^3 = \frac{\pi}{64} D^4 \tag{5-56}$$

联立求解上述两式,可得到
$$h_k = \frac{\sqrt{3}}{2} D, b_k = \frac{\sqrt{3}}{6} \pi D \tag{5-57}$$

然后,在圆孔的形心位置和空心板截面宽度、高度都保持不变的条件下,可进一步得到等效工字形截面尺寸。

上翼缘板厚度
$$h'_f = y_1 - \frac{1}{2} h_k = y_1 - \frac{\sqrt{3}}{4} D \tag{5-58}$$

下翼缘板厚度
$$h_f = y_2 - \frac{1}{2} h_k = y_2 - \frac{\sqrt{3}}{4} D \tag{5-59}$$

腹板厚度
$$b = b_f - 2 b_k = b_f - \frac{\sqrt{3}}{3} \pi D \tag{5-60}$$

换算工字形截面如图 5-20c)所示。

当截面为小箱梁、箱形梁等截面形状时,可参照上述方法对其进行截面等效换算。在多数有限元分析软件中,如 Midas、桥梁博士等,在进行承载能力计算分析时,均可根据构件实际计算截面形状在软件内完成截面等效计算。

例5-8 某钢筋混凝土空心板梁，截面尺寸如图5-21a)所示。预制宽度 $b=99$cm，计算宽度 $b'_f=100$cm，截面高度 $h=40$cm，采用 C35 混凝土，主筋采用 HRB400 级带肋钢筋，箍筋采用 HPB300 级光圆钢筋，I 类环境条件，安全等级为一级，设计使用年限为 50 年，跨中截面基本组合弯矩设计值 $M_d=450$kN·m。试进行截面配筋计算。

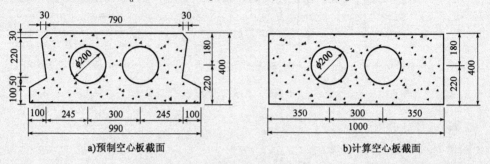

a)预制空心板截面   b)计算空心板截面

图 5-21　空心板截面尺寸图(尺寸单位:mm)

解：

根据已知条件由附表查得：$f_{cd}=16.1$MPa，$f_{sd}=330$MPa，$b'_f=1000$mm，$\gamma_0=1.1$，$\xi_b=0.53$，$\gamma_0 M_d=1.1\times450=495$kN·m。

为了便于计算，需先将空心板截面等效换算成工字形截面，之后按照 T 形截面正截面承载力设计计算方法进行配筋计算。

1.截面等效换算

已知条件：空心板孔洞面积形心轴距板截面上、下边缘距离分别为 $y_1=180$mm 和 $y_2=220$mm；由截面等效换算原则的面积相等、惯性矩相等，利用式(5-57)，计算得到换算 $b_k\times h_k$ 的矩形孔尺寸为

$$h_k=\frac{\sqrt{3}}{2}D=\frac{\sqrt{3}}{2}\times200=173(\text{mm})$$

$$b_k=\frac{\sqrt{3}}{6}\pi D=\frac{\sqrt{3}}{6}\pi\times200=181(\text{mm})$$

根据形心位置不变原则，得：

上翼缘板厚度 $h'_f=y_1-\frac{1}{2}h_k=180-\frac{1}{2}\times173=93.5(\text{mm})\approx94$mm

下翼缘板厚度 $h_f=y_2-\frac{1}{2}h_k=220-\frac{1}{2}\times173=133.5(\text{mm})\approx134$mm

腹板厚度　$b=b_f-2b_k=b_f-\frac{\sqrt{3}}{3}\pi D=1000-2\times181=638(\text{mm})$

原空心板截面等效换算后的工字形截面如图5-22a)所示。

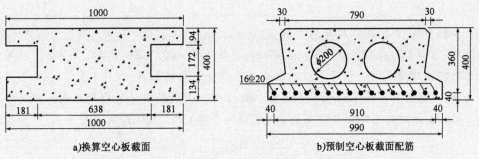

a)换算空心板截面   b)预制空心板截面配筋

图5-22 等效换算后的工字形截面尺寸图(尺寸单位:mm)

2.判断 T 形截面类型

因等效换算后的截面下翼缘板较宽,暂按照布设一层受拉主筋考虑,设 $a_s = 40$mm,则 $h_0 = h - a_s = 400 - 40 = 360$(mm)。

$$f_{cd} \times b'_f \times h'_f \times \left(h_0 - \frac{h'_f}{2} \right) = 16.1 \times 1000 \times 94 \times \left(360 - \frac{94}{2} \right)$$
$$= 473.7(\text{kN} \cdot \text{m}) < \gamma_0 M_d = 1.1 \times 450 = 495(\text{kN} \cdot \text{m})$$

可知,该 T 形截面为第二类 T 形截面。

3.计算受拉钢筋面积 A_s

由翼缘部分承受压力所需要受拉钢筋面积 A_{s2} 为

$$A_{s2} = \frac{f_{cd}(b'_f - b)h'_f}{f_{sd}} = \frac{16.1 \times (1000 - 638) \times 94}{330} = 1660.2(\text{mm}^2)$$

$$M_2 = f_{cd}(b'_f - b)h'_f \left(h_0 - \frac{h'_f}{2} \right) = 16.1 \times (1000 - 638) \times 94 \times \left(360 - \frac{94}{2} \right) = 171.5(\text{kN} \cdot \text{m})$$

则有

$$M_1 = \gamma_0 M_d - M_2 = 1.1 \times 450 - 171.5 = 323.5(\text{kN} \cdot \text{m})$$

求受压区高度 x 为

$$x = h_0 - \sqrt{h_0^2 - \frac{2M_1}{f_{cd}b}} = 360 - \sqrt{360^2 - \frac{2 \times 323.5 \times 10^6}{16.1 \times 638}} = 101.9(\text{mm})$$

由式(5-48)可得

$$A_{s1} = \frac{f_{cd}bx}{f_{sd}} = \frac{16.1 \times 638 \times 101.9}{330} = 3171.8(\text{mm}^2)$$

则受拉区所需钢筋面积为

$$A_s = A_{s1} + A_{s2} = 3171.8 + 1660.2 = 4832(\text{mm}^2)$$

4.选择钢筋并进行截面布置

查附表8选择 HRB400 钢筋 16 ϕ 20,$A_s = 5027.2\text{mm}^2$。

5.检验钢筋保护层厚度及横向间距

箍筋(HPB300)直径8mm,取 $a_s = 40mm$,则 $c_2 = 40 - 22.7/2 - 8 = 20.7(mm)$,满足最小混凝土保护层厚度要求。由于本空心板截面为预制装配式结构,在计算纵向受拉主筋的横向净距时,截面总宽度应采用预制宽度 $b = 99cm = 990mm$,通过计算得到纵向主筋的最小净距 $s_n = 38mm$(大于构造要求中的30mm和主筋的公称直径20mm),故满足要求,如图5-22b)所示。

本章小结:钢筋混凝土受弯构件受力全过程分为整体工作阶段、带裂缝工作阶段和破坏阶段,其破坏形态根据配筋情况可分为少筋梁、超筋梁的脆性破坏以及适筋梁的延性破坏。利用三项基本假定和受压区混凝土应力等效为矩形的条件,得到典型截面受弯构件平衡方程;利用平衡方程和配置适筋梁的条件可以解决工程中常见的钢筋混凝土受弯构件正截面承载力的计算与校核。工程中的空心板、箱形梁等截面可以根据面积相等、惯性矩相等、截面形心位置不变等原则换算成工字形截面,再进行设计计算。

❓ 思考题与习题

1. 钢筋混凝土适筋梁正截面受力全过程可划分为几个阶段? 各阶段受力主要特点是什么?

2. 钢筋混凝土梁正截面有哪几种破坏形式? 各有何特点?

3. 适筋梁当受拉钢筋屈服后能否再增加荷载? 为什么?

4. 受弯构件正截面承载力计算有哪些基本假定?

5. 什么是截面相对界限受压区高度 ξ_b? 它在承载力计算中的作用是什么?

6. 在什么情况下会选用双筋矩形截面?

7. T形截面有何优点? 受弯构件正截面的总面积变化是否会影响其承载力大小? 为什么?

8. 两种T形截面的判别条件是什么?

9. 某单筋矩形截面梁,其截面尺寸 $b = 350mm$,$h = 900mm$,承受的计算弯矩 $M_d = 450kN \cdot m$,拟采用HRB400钢筋,C30混凝土,安全等级为一级,Ⅰ类环境条件,设计使用年限为50年。试求受拉钢筋的截面面积 A_s 并配筋。

10. 有一单筋矩形截面受弯构件,其截面尺寸 $b = 250mm$、$h = 500mm$,承受的计算弯矩 $M_d = 185kN \cdot m$,安全等级为二级,Ⅰ类环境条件,设计使用年限为50年。拟采用HRB400钢筋,C30混凝土。试求受拉钢筋截面面积 A_s。

11. 某单筋矩形截面梁,截面尺寸 $b \times h = 240mm \times 500mm$,混凝土为C35,钢筋为HRB400,$A_s = 1256mm^2$(4 ϕ 20),安全等级为二级,Ⅲ类环境条件,设计使用年限为50年。试求此梁所能承受的最大弯矩设计值。

12. 某钢筋混凝土受弯简支板,其跨中最不利的弯矩组合值为 185kN·m,拟采用 HRB400 钢筋,C30 混凝土,安全等级为一级,Ⅱ类环境,设计使用年限为 100 年。试进行此桥的正截面设计。

13. 已知双筋矩形截面梁,其截面尺寸为 $b = 180\text{mm}$,$h = 400\text{mm}$,承受的计算弯矩为 $M_d = 150\text{kN·m}$;混凝土为 C30,钢筋采用 HRB400,受压区配置 2 Φ 18 钢筋,安全等级为二级,Ⅰ类环境条件,设计使用年限为 50 年。试求受拉钢筋截面面积 A_s。

14. 有一钢筋混凝土矩形截面梁,截面尺寸 $b = 220\text{mm}$、$h = 450\text{mm}$,承受的计算弯矩 $M_d = 165\text{kN·m}$;采用 C30 混凝土,HRB400 钢筋,安全等级为二级,Ⅰ类环境条件,设计使用年限为 50 年。试求钢筋截面面积。

15. 已知一双筋矩形截面梁,截面尺寸 $b = 200\text{mm}$,$h = 500\text{mm}$,C30 混凝土,HRB400 钢筋,$A_s = 1900\text{mm}^2$,$a_s = 60\text{mm}$,$A_s' = 1500\text{mm}^2$,$a_s' = 45\text{mm}$,安全等级为一级,Ⅲ类环境条件,设计使用年限为 50 年。试求截面所能承受的最大弯矩设计值。

16. 已知钢筋混凝土 T 形截面梁的翼缘宽 $b_f' = 2000\text{mm}$,$h_f' = 160\text{mm}$,梁肋 $b = 200\text{mm}$,梁高 $h = 650\text{mm}$,混凝土为 C35,钢筋为 HRB400,所需承受的最大弯矩 $M_d = 1276\text{kN·m}$,安全等级为二级,Ⅱ类环境条件,设计使用年限为 100 年。试求此 T 梁受拉钢筋截面面积 A_s,并选择合适钢筋。

17. 某钢筋混凝土简支 T 形截面梁,翼缘宽 $b_f' = 1600\text{mm} = 1600\text{mm}$,$h_f' = 110\text{mm}$,梁肋 $b = 180\text{mm}$,梁高 $h = 1200\text{mm}$,拟采用 C30 混凝土,HRB400 钢筋,作用在其上的最不利弯矩组合值 $M_d = 2680\text{kN·m}$,安全等级为一级,Ⅰ类环境条件,设计使用年限为 100 年。试求此 T 形截面梁受拉钢筋截面面积 A_s,并选择合适钢筋。

18. 已知某 T 形梁的尺寸为 $b_f' = 1100\text{mm}$,$h_f' = 100\text{mm}$,$b = 200\text{mm}$,$h = 1000\text{mm}$,采用 C35 混凝土,HRB400 钢筋,内配置有 6 Φ 32 的钢筋,安全等级为二级,Ⅰ类环境条件,设计使用年限为 100 年。试求截面所能承受的最大弯矩设计值。

19. 某预制钢筋混凝土简支空心板梁,计算截面尺寸如图 5-23 所示。计算宽度 $b_f' = 1000\text{mm}$,截面高度 $h = 450\text{mm}$,采用 C35 混凝土,主筋采用 HRB500 级带肋钢筋,箍筋采用 HPB300 级光圆钢筋,Ⅰ类环境条件,安全等级为一级,设计使用年限为 50 年,跨中截面弯矩组合设计值 $M_d = 500\text{kN·m}$。试进行截面配筋计算。

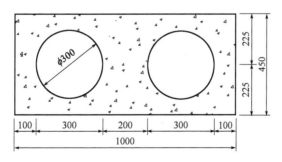

图 5-23 题 19 图(尺寸单位:mm)

第6章
CHAPTER 6

钢筋混凝土受弯构件斜截面承载力计算

斜截面是指与构件轴线呈一定斜角的截面。在受弯构件设计中,首先应使构件的截面具有足够的抗弯承载力,即必须进行正截面抗弯承载力计算。在剪力和弯矩共同作用的区段,构件有可能发生沿斜截面的破坏,故受弯构件还必须进行斜截面承载力计算。

6.1 受弯构件斜截面的破坏形态

在钢筋混凝土梁的钢筋构造中,设置的箍筋和弯起(斜)钢筋都起抗剪作用,一般把箍筋和弯起(斜)钢筋统称为梁的腹筋。通常把配有纵向受力钢筋和腹筋的梁称为有腹筋梁;而把仅有纵向受力钢筋而不设腹筋的梁称为无腹筋梁。

6.1.1 受弯构件斜截面的破坏形态

承受荷载作用的钢筋混凝土受弯构件的斜截面破坏与弯矩和剪力的组合情况有关,这种关系通常由剪跨比来表示。

剪跨比是一个无量纲常数,可表示为

$$m = \frac{M}{Vh_0} \tag{6-1}$$

式中:M、V——剪弯区段中某个竖直截面的弯矩和剪力;

h_0——截面有效高度。

一般把 m 的这个表达式称为广义剪跨比。

对于集中荷载作用下的简支梁,则可用更为简便的形式来表达,如图 6-1 中 BB' 截面的剪跨比 $m = M_B / V_B h_0 = a / h_0$,其中 a 为集中力作用点至简支梁最近的支座之间的距离,称为剪跨。有时将 $m = a / h_0$ 称为狭义剪跨比。

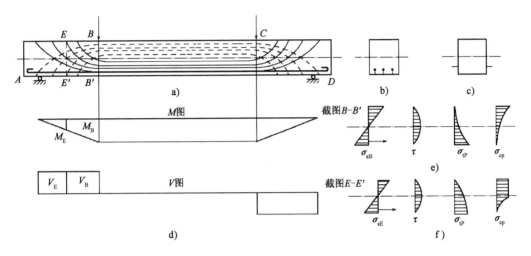

图 6-1　无腹筋梁斜裂缝出现前的应力状态

试验研究表明,由于各种因素影响,梁上斜裂缝的出现和发展以及梁沿斜截面的破坏形态有多种。随着剪跨比 m 的变化,简支梁沿斜截面破坏的主要形态有斜拉破坏、剪压破坏和斜压破坏三种,如图 6-2 所示。

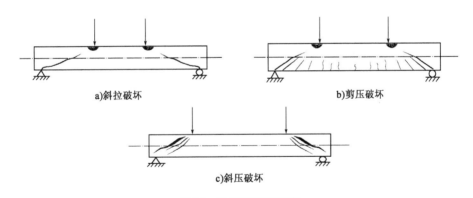

图 6-2　梁斜截面破坏形态

1.斜拉破坏[图 6-2a)]

在荷载作用下,梁的剪跨段产生由梁底竖向裂缝沿主压应力轨迹线向上延伸发展而成的斜裂缝。其中有一条主要斜裂缝(又称临界斜裂缝)很快形成,并迅速延伸至荷载垫板边缘而使梁体混凝土裂通,梁被撕裂成两部分而丧失承载力;同时,沿纵向钢筋往往伴随产生水平撕裂裂缝,这种破坏称为斜拉破坏。这种破坏发生突然,破坏荷载等于或略高于主要斜裂缝出现时的荷载。

斜拉破坏多发生在无腹筋梁或配置较少腹筋的有腹筋梁,且其剪跨比较大($m>3$)。

2.剪压破坏[图6-2b)]

若构件内腹筋配置适当,当荷载作用增加到一定程度后,陆续出现几条斜裂缝,其中一条发展为主要的斜裂缝,该斜裂缝称为临界斜裂缝。斜裂缝末端混凝土截面既承受剪力又承受压力,称为剪压区。当荷载作用继续增加,斜裂缝向上延伸,直到与临界斜裂缝相交的箍筋达到屈服强度,同时剪压区的混凝土在剪应力和压应力共同作用下达到复合应力状态的极限而破坏,梁失去承载力。试验结果表明,剪压破坏的荷载作用一般明显大于斜裂缝出现时的荷载作用。

剪压破坏是有腹筋梁的最常见斜截面破坏形式;对于无腹筋梁,如剪跨比为$1 \leqslant m \leqslant 3$的情况下,也会发生剪压破坏。

3.斜压破坏[图6-2c)]

斜压破坏多发生于剪力大而弯矩较小的区段内,即当集中荷载十分接近支座,剪跨比较小($m<1$),或者当腹筋配置过多时,或者当梁的腹板很薄时,梁腹板部分混凝土往往因为主压应力过大而造成斜压破坏。

总的来看,不同剪跨比简支梁的破坏形态虽有不同,但荷载达到峰值时梁的跨中挠度都不大,而且破坏较突然,均属于脆性破坏,其中斜拉破坏最为明显。

斜截面破坏除以上三种主要形态外,在不同的条件下,还可能出现其他的破坏形态,如局部的挤压破坏、纵筋的锚固破坏等。

对于梁斜截面的不同破坏形态,设计时可以采用不同的方法进行处理,以保证构件在正常工作情况下具有足够的抗剪承载力。

6.1.2 影响受弯构件斜截面抗剪承载力的主要因素

试验研究表明,影响有腹筋梁斜截面抗剪能力的主要因素包括剪跨比、混凝土抗压强度、纵向受拉钢筋配筋率和箍筋数量及其强度等。

1.剪跨比 m

剪跨比m是影响受弯构件斜截面破坏形态和抗剪能力的主要因素,即弯矩与剪力比值的大小决定着梁的斜截面抗剪承载力。无腹筋梁的试验研究表明,当混凝土截面尺寸以及纵向钢筋配筋率均相同时,剪跨比越大,梁的抗剪承载力越小;反之亦然。当剪跨比$m>3$后,斜截面抗剪能力趋于稳定,剪跨比的影响不明显了。在有腹筋梁中,剪跨比m同样显著地影响着梁的抗剪承载力。

2.混凝土抗压强度

梁的斜截面破坏是由于混凝土达到相应受力状态下的极限强度而发生的。因此,混凝土的抗压强度对梁的抗剪能力影响很大。梁的抗剪能力随混凝土抗压强度的提高而提高,其影响大致按线性规律变化。但是,由于在不同剪跨比下梁的破坏形态不同,所以,这种影响的程度也不相同。

3.纵向受拉钢筋配筋率

试验研究表明,梁的抗剪能力随纵向受拉钢筋配筋率 ρ 的提高而增大。一方面,因为纵向钢筋能抑制斜裂缝的开展和延伸,使斜裂缝上端的混凝土剪压区的面积增大,从而提高了剪压区混凝土承受的剪力。另一方面,增加纵筋数量,销栓作用会随之增大,销栓作用所传递的剪力也增大。因此,纵向钢筋的配筋率越大,梁的抗剪承载力越大。

4.箍筋数量及其强度

当有腹筋梁出现斜裂缝后,箍筋不仅能直接承受相当部分的剪力,而且能有效地抑制斜裂缝的开展和延伸,对提高剪压区混凝土的抗剪能力和纵向钢筋的销栓作用都有着积极的影响。

试验研究表明,若箍筋的配置数量适当,则斜裂缝出现后,原来由混凝土承受的拉力转由与斜裂缝相交的箍筋承受,在箍筋尚未屈服时,由于箍筋的存在延缓和限制了斜裂缝的开展和延伸,承载力尚能有较大的增长;当箍筋屈服后,其变形迅速增大,不再能有效地抑制斜裂缝的开展和延伸;最后,斜裂缝上端的混凝土在剪、压复合应力作用下达到极限强度,发生剪压破坏。此时,梁的抗剪能力主要与混凝土强度和箍筋配置数量有关,而剪跨比和纵筋配筋率等因素的影响相对较小。

箍筋用量一般用箍筋配筋率(工程上习惯称配箍率) ρ_{sv} 表示,即

$$\rho_{sv} = \frac{A_{sv}}{bs_v} \tag{6-2}$$

式中: ρ_{sv} ——配箍率;

A_{sv} ——斜截面内配置在沿梁长度方向一个箍筋间距 s_v 范围内的箍筋各肢总截面面积;

b ——截面宽度,对 T 形截面梁取 b 为肋宽;

s_v ——沿梁长度方向箍筋的间距(箍筋轴线之间的距离)。

由于梁斜截面破坏属于脆性破坏,为了提高斜截面延性,不宜采用高强度钢筋作箍筋。

此外,配置在梁内的弯起钢筋(含增配的斜筋,以下统称为弯起钢筋)也承担着梁的抗剪承载力。

6.2 受弯构件的斜截面抗剪承载力

钢筋混凝土梁沿斜截面的主要破坏形态有斜压破坏、斜拉破坏和剪压破坏等。在设计计算时,对于斜压破坏和斜拉破坏,一般采用截面限制条件和一定的构造措施予以避免。对于常见的剪压破坏形态,梁的斜截面抗剪力变化幅度较大,故必须进行斜截面抗剪承载

力的计算。《设计规范》（JTG 3362—2018）中的基本公式就是针对这种破坏形态的受力特征而建立的。

6.2.1 斜截面抗剪承载力计算的基本公式及适用条件

1.基本公式

配有箍筋和弯起钢筋的钢筋混凝土梁,当发生剪压破坏时,其抗剪承载力 V_u 是由剪压区混凝土抗剪力 V_c,箍筋所能承受的剪力 V_{sv} 和弯起钢筋所能承受的剪力 V_{sb} 组成(图6-3),即

$$V_u = V_c + V_{sv} + V_{sb} \tag{6-3}$$

式中:V_c——斜截面顶端剪压区混凝土的抗剪承载力设计值,kN;

V_{sv}——与斜截面相交的箍筋抗剪承载力设计值,kN;

V_{sb}——与斜截面相交的普通弯起钢筋抗剪承载力设计值,kN。

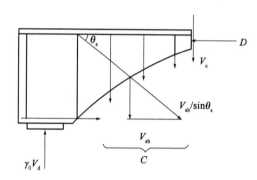

图6-3 斜截面抗剪承载力计算图式

在有腹筋梁中,箍筋的存在抑制了斜裂缝的开展和延伸,使剪压区面积增大,导致了剪压区混凝土抗剪能力的提高,其提高程度与箍筋的抗拉强度和配箍率有关。因而,式(6-3)中的 V_c 与 V_{sv} 是紧密相关的,但两者目前尚无法分别予以精确定量,而只能用 V_{cs} 来表达混凝土和箍筋的综合抗剪承载力,即

$$V_u = V_{cs} + V_{sb} \tag{6-4}$$

式中:V_{cs}——斜截面内混凝土和箍筋共同的抗剪承载力设计值,kN;

其他符号意义同式(6-2)。

1)混凝土与箍筋的综合抗剪承载力 V_{cs}

按《设计规范》（JTG 3362—2018）规定,混凝土与箍筋的综合抗剪承载力计算公式为

$$V_{cs} = (0.45 \times 10^{-3}) \alpha_1 \alpha_2 \alpha_3 bh_0 \sqrt{(2+0.6P)} \sqrt{f_{cu,k}} \rho_{sv} f_{sv} \tag{6-5}$$

式中:α_1——异号弯矩影响系数,计算简支梁和连续梁近边支点梁段的抗剪承载力时,$\alpha_1 = 1.0$;计算连续梁和悬臂梁近中间支点梁段的抗剪承载力时,$\alpha_1 = 0.9$;

α_2——预应力提高系数(见相应章节),对钢筋混凝土受弯构件,$\alpha_2 = 1$;

α_3——受压翼缘的影响系数,对具有受压翼缘的截面,$\alpha_3 = 1.1$;

b——斜截面受压区顶端正截面处矩形截面宽度,或T形和工字形截面腹板宽度,mm;

h_0——斜截面受压区顶端正截面的有效高度,自纵向受拉钢筋合力点至受压边缘的距离,mm;

P——斜截面内纵向受拉钢筋的配筋率，$P = 100\rho$，$\rho = A_s/(bh_0)$，当 $P > 2.5$ 时，取 $P = 2.5$；

$f_{cu,k}$——边长为150mm的混凝土立方体抗压强度标准值，MPa；

ρ_{sv}——斜截面内箍筋配筋率，见式(6-2)；

f_{sv}——箍筋抗拉强度设计值，MPa。

2）弯起钢筋的抗剪承载力 V_{sb}

按《设计规范》（JTG 3362—2018）规定，弯起钢筋的抗剪承载力计算公式为

$$V_{sb} = (0.75 \times 10^{-3})f_{sd}\sum A_{sb}\sin\theta_s \tag{6-6}$$

式中：f_{sd}——弯起钢筋的抗拉强度设计值，MPa；

A_{sb}——斜截面内在同一弯起钢筋平面内的弯起钢筋总截面面积，mm^2；

θ_s——弯起钢筋的切线与构件水平纵向轴线的夹角。

将式(6-5)和式(6-6)代入式(6-4)，配有箍筋和弯起钢筋的钢筋混凝土受弯构件，其斜截面抗剪承载力的计算公式可表达为

$$V_u = (0.45 \times 10^{-3})\alpha_1\alpha_2\alpha_3 bh_0\sqrt{(2 + 0.6P)\ \sqrt{f_{cu,k}}\rho_{sv}f_{sv}} +$$
$$(0.75 \times 10^{-3})f_{sd}\sum A_{sb}\sin\theta_s \tag{6-7}$$

2. 公式的适用条件

式(6-7)是根据钢筋混凝土梁剪压破坏形态发生时的受力特征和试验资料而拟定的，因此它仅在一定的条件下才适用。采用式(6-7)时，必须限定其适用范围，即公式的上、下限值。

1）上限值——截面最小尺寸

当梁的截面尺寸较小而剪力过大时，就可能在梁的肋部产生过大的主压应力，使梁发生斜压破坏。这种梁的抗剪承载力取决于混凝土的抗压强度及梁的截面尺寸，不能用增加腹筋数量来提高抗剪承载力。为了避免梁斜压破坏，《设计规范》（JTG 3362—2018）中规定了截面最小尺寸的限制条件为

$$\gamma_0 V_d \leqslant (0.51 \times 10^{-3})\ \sqrt{f_{cu,k}}bh_0 \tag{6-8}$$

式中：V_d——验算截面位置由作用（或荷载）组合产生的最不利剪力设计值，kN；

b——相应于最不利剪力设计值处的矩形截面宽度，或 T 形和工字形截面腹板宽度，mm；

h_0——相应于最不利剪力设计值处的截面有效高度，mm。

对变高度（承托）连续梁，除验算近边支点梁段的截面尺寸外，还应验算截面急剧变化处的截面尺寸。

2）下限值——按构造要求配置箍筋

钢筋混凝土梁出现斜裂缝后，斜裂缝处原来由混凝土承受的拉力全部传给箍筋承担，使箍筋的拉应力突然增大。如果配置的箍筋数量过少，则斜裂缝一出现，箍筋应力很快达到其屈服强度，不能有效地抑制斜裂缝发展，甚至箍筋被拉断而导致发生斜拉破坏。当梁内配置一定数量的箍筋，其间距适合，且能保证与斜裂缝相交时，即可防止发生斜拉破坏。按《设计规范》

(JTG 3362—2018)中规定,当受弯构件满足式(6-9)的情况下,则不需进行斜截面抗剪承载力的计算,而仅按构造要求配置箍筋:

$$\gamma_0 V_d \leqslant (0.5 \times 10^{-3}) \alpha_2 f_{td} b h_0 \tag{6-9}$$

式中:f_{td}——混凝土抗拉强度设计值,MPa;

其他符号的物理意义及相应取用单位与式(6-8)相同。

对于钢筋混凝土板式受弯构件,式(6-9)右边计算值可乘以 1.25 提高系数。

当满足式(6-9)时,可按照构造要求配置箍筋(具体见第 4 章),且箍筋配筋率 ρ_{sv} 应满足如下规定:

HPB300 钢筋 $\rho_{sv} \geqslant 0.14\%$

HRB400 钢筋 $\rho_{sv} \geqslant 0.11\%$

6.2.2 受弯构件斜截面抗剪承载力设计计算

受弯构件斜截面抗剪配筋设计,一般是在正截面承载力设计计算完成之后进行的。受弯构件正截面承载力计算包括选用材料、确定截面尺寸、布置纵向钢筋等,但是,它们不一定满足混凝土的抗剪上限值要求,需对混凝土斜截面进行抗剪承载力验算。当其不能满足要求时,需通过增加设置抗剪腹筋来实现。

1.计算剪力的取值规定

等高度简支梁腹筋的初步设计,可以按照式(6-5) ~ 式(6-7)进行,即根据梁斜截面抗剪承载力要求配置箍筋、初步确定弯起钢筋的数量及弯起位置。

对于钢筋混凝土简支梁受弯构件,通常已知条件包括梁的计算跨径 l 及截面尺寸、混凝土强度等级、纵向受拉钢筋及箍筋抗拉强度设计值,跨中截面纵向受拉钢筋布置,梁的计算剪力包络图(计算得到的各截面最大剪力设计值 V_d 乘以结构重要性系数 γ_0 后所形成的计算剪力图),如图6-4 所示。

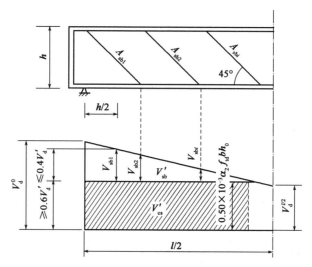

图6-4 简支梁腹筋的初步设计计算图

（1）根据已知条件及支座中心处的最大剪力计算值 $V_d^0 = \gamma_0 V_{d,0}$，其中 $V_{d,0}$ 为支座中心处最大剪力设计值，γ_0 为结构重要性系数。根据式（6-8）对由梁正截面承载力计算已确定的截面尺寸做进一步检查。若不满足，必须修改截面尺寸或提高混凝土强度等级，以满足式（6-8）的要求。

（2）由式（6-9）求得按构造要求配置箍筋的剪力 $V = (0.5 \times 10^{-3}) f_{td} b h_0$，其中 b 和 h_0 可取跨中截面计算值，由计算剪力包络图可得到按构造配置箍筋的区段长度。

（3）在支点和按构造配置箍筋区段之间的计算剪力包络图中的计算剪力应该由混凝土、箍筋和弯起钢筋共同承担。

按《设计规范》（JTG 3362—2018）中规定：最大剪力计算值取用距支座中心 $h/2$（梁高一半）处截面的数值（记作 V_d'），其中混凝土和箍筋共同承担不少于 60%，即 $0.6V_d'$ 的剪力计算值；弯起钢筋（按 45° 弯起）承担不超过 40%，即 $0.4V_d'$ 的剪力计算值。国内外试验研究表明，混凝土和箍筋共同的抗剪作用效果好于弯起钢筋的抗剪作用。

（4）如果需要设置箍筋和弯起钢筋，则按照计算剪力的取值规定分别计算。

2. 箍筋和弯起钢筋的设计计算

1）箍筋的设计计算

根据计算剪力的取值规定，得到混凝土与箍筋承担的剪力计算公式如下

$$V_{cs} = \alpha_1 \alpha_2 \alpha_3 (0.45 \times 10^{-3}) b h_0 \sqrt{(2 + 0.6P) \sqrt{f_{cu,k}} \rho_{sv} f_{sv}} = 0.6V_d' \tag{6-10}$$

由式（6-10）可得斜截面内箍筋配筋率为

$$\rho_{sv} = \frac{1.78 \times 10^6}{(2 + 0.6P) \sqrt{f_{cu,k}} f_{sv}} \left(\frac{V_d'}{\alpha_1 \alpha_3 b h_0} \right)^2 > (\rho_{sv})_{min} \tag{6-11}$$

当选择了箍筋直径（单肢面积为 a_{sv}）及箍筋肢数（n）后，得到箍筋截面面积 $A_{sv} = n a_{sv}$，则箍筋计算间距为

$$s_v = \frac{\alpha_1^2 \alpha_2^2 \alpha_3^2 (0.56 \times 10^{-6})(2 + 0.6P) \sqrt{f_{cu,k}} A_{sv} f_{sv} b h_0^2}{(V_d')^2} \tag{6-12}$$

式中：α_2——预应力提高系数，对钢筋混凝土受弯构件，$\alpha_2 = 1$；

其他符号意义同前。

取整并满足规范要求后，即可确定箍筋间距。

2）弯起钢筋的设计计算

对于钢筋混凝土梁，弯起钢筋是由纵向受拉钢筋弯起而成，常对称于梁跨中线成对弯起，以承担图 6-4 中计算剪力包络图中分配的计算剪力。

根据计算剪力的取值规定，则第 i 个弯起钢筋平面内的弯起钢筋截面面积为

$$V_{sbi} = (0.75 \times 10^{-3}) f_{sd} A_{sbi} \sin\theta_s$$

$$A_{sbi} = \frac{1333.33 V_{sbi}}{f_{sd} \sin\theta_s} \tag{6-13}$$

对于第一排（距支座中心）弯起钢筋的作用（或荷载）效应为

$$V_{sbI} \leq 0.4V_d' \tag{6-14}$$

考虑到梁支座处的支承反力较大以及纵向受拉钢筋的锚固要求，按《设计规范》(JTG 3362—2018)中规定，在钢筋混凝土梁的支点处，应至少有两根并且不少于总数 1/5 的下层受拉主钢筋通过。也就是说，这部分纵向受拉钢筋不能在梁间弯起，而其余的纵向受拉钢筋可以在满足规范要求的条件下弯起。

对于式(6-13)中的计算剪力 V_{sbi} 的取值方法，按《设计规范》(JTG 3362—2018)中规定：

(1)计算第一排(从支座向跨中计算)弯起钢筋(图 6-4 中所示 A_{sb1})时，取用距支座中心 $h/2$ 处由弯起钢筋承担的那部分剪力值 $0.4V'_d$。

(2)计算以后每一排弯起钢筋时，取用前一排弯起钢筋弯起点处由弯起钢筋承担的那部分剪力值。

同时，《设计规范》(JTG 3362—2018)中对弯起钢筋的弯角及弯筋之间的位置关系有以下要求：

①钢筋混凝土梁的弯起钢筋一般与梁纵轴成 45°角。弯起钢筋以圆弧弯折，圆弧半径(以钢筋轴线为准)不宜小于 20 倍钢筋直径。

②简支梁第一排(就支座而言)弯起钢筋的末端弯折点应位于支座中心截面处(图 6-4)，以后各排弯起钢筋的末端弯折点应落在或超过前一排弯起钢筋弯起点截面。

根据《设计规范》(JTG 3362—2018)中的要求及规定，可以初步确定弯起钢筋的位置及要承担的计算剪力值 V_{sbi}，从而由式(6-13)计算得到所需的每排弯起钢筋的数量。

对于简支梁结构，第一排(就支座而言)弯起钢筋的末端弯折点应位于支座中心截面处，以后各排弯起钢筋的末端折点应落在或超过前一排弯起钢筋的弯起点。弯起钢筋不得采用不与主钢筋焊接的斜钢筋(浮筋)。

例 6-1 已知某钢筋混凝土等高度矩形截面梁，截面尺寸 $b = 200\text{mm}$，$h = 600\text{mm}$，采用 C30 混凝土，纵向钢筋采用 HRB400 钢筋，$A_s = 672\text{mm}^2$，$a_s = 40\text{mm}$，$\rho = 0.6\%$；支点处作用组合剪力设计值 $V_d = 237\text{kN}$，距支点 $h/2$ 处剪力 $V'_d = 208\text{kN}$；箍筋拟采用 HPB300 钢筋，双肢 $\phi 8$，安全等级为二级。试求该处斜截面仅配置箍筋时的箍筋间距 s_v。

解：

已知条件：$f_{td} = 1.39\text{MPa}$，$f_{cu,k} = 30\text{MPa}$，HRB400 钢筋：$f_{sd} = 330\text{MPa}$，HPB300 钢筋：$f_{sv} = 250\text{MPa}$。

1.截面尺寸检查

$$h_0 = h - a_s = 600 - 40 = 560(\text{mm})$$

$$(0.51 \times 10^{-3})\sqrt{f_{cu,k}}\,bh_0 = 0.51 \times 10^{-3} \times \sqrt{30} \times 200 \times 560$$
$$= 312.9(\text{kN}) > \gamma_0 V_d = 1.0 \times 237 = 237(\text{kN})$$

截面尺寸符合设计要求。

2.检查是否需要根据计算配置箍筋

$$(0.5 \times 10^{-3})f_{td}bh_0 = 0.5 \times 10^{-3} \times 1.39 \times 200 \times 560 = 77.8(\text{kN}) < \gamma_0 V_d = 237\text{kN}$$

应按计算配置箍筋。

3. 箍筋间距计算

因仅配置箍筋,可得

$$\rho_{sv} = \frac{1.78 \times 10^6}{(2+0.6P)\sqrt{f_{cu,k}} f_{sv}} \left(\frac{V'_d}{\alpha_1 \alpha_3 bh_0}\right)^2$$

$$= \frac{1.78 \times 10^6}{(2+0.6 \times 100 \times 0.6\%) \times \sqrt{30} \times 250} \left(\frac{208}{1.0 \times 1.0 \times 200 \times 560}\right)^2$$

$$= 0.0019 = 0.19\% > (\rho_{sv})_{min} = 0.14\%$$

采用直径为 8mm 的双肢箍筋,箍筋截面面积 $A_{sv} = nA_{sv1} = 2 \times 50.3 = 100.6(\text{mm}^2)$

$$s_v \leqslant \frac{A_{sv}}{b\rho_{sv}} = \frac{100.6}{200 \times 0.0019} = 265(\text{mm})$$

取 $s_v = 200\text{mm}$,小于 $h/2 = 300\text{mm}$ 和 400mm。

6.2.3　受弯构件斜截面抗剪承载力复核

已知受弯构件截面尺寸,弯起钢筋的强度等级、直径、位置及数量,箍筋的强度等级、直径、间距及数量,结构重要性系数,安全等级,构件作用组合剪力设计值。试计算斜截面抗剪承载力。

计算步骤:

(1)首先复核受弯构件的上、下限值,即截面尺寸,如不满足要求,则应加大截面尺寸或提高混凝土强度等级。

(2)当受弯构件中配置有箍筋和弯起钢筋时,按照式(6-7)进行抗剪承载力的验算,即应满足 $\gamma_0 V_d \leqslant V_u = V_{cs} + V_{sb}$;否则,应重新进行斜截面抗剪设计计算。

(3)当受弯构件仅配置箍筋时,按照式(6-4)进行抗剪承载力的验算,即应满足 $\gamma_0 V_d \leqslant V_u = V_{cs}$;否则,应重新进行斜截面抗剪设计计算。

当进行受弯构件斜截面抗剪承载力复核时,需要确定验算截面的位置。一般而言,验算截面应选在构件抗剪承载力薄弱部位,或应力变化加大部位。按《设计规范》(JTG 3362—2018)中规定,计算受弯构件斜截面抗剪承载力时,其计算位置应按下列规定采用。

1. 简支梁和连续梁近边支点梁段

(1)距支座中心 $h/2$ 处截面,如图 6-5a)所示截面 1-1。

(2)受拉区弯起钢筋弯起点处截面,如图 6-5a)所示截面 2-2、3-3。

(3)锚于受拉区的纵向钢筋开始不受力处的截面,如图 6-5a)所示截面 4-4。

(4)箍筋数量或间距改变处的截面,如图 6-5a)所示截面 5-5。

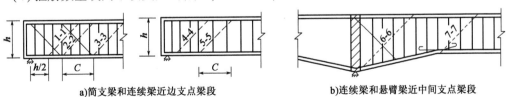

a)简支梁和连续梁近边支点梁段　　　　　　　b)连续梁和悬臂梁近中间支点梁段

图 6-5　斜截面抗剪承载力验算位置示意图

（5）构件腹板宽度变化处的截面。

2.连续梁和悬臂梁近中间支点梁段

（1）支点横隔梁边缘处截面,如图6-5b)所示截面6-6。

（2）变高度梁高度突变处截面,如图6-5b)所示截面7-7。

（3）参照简支梁的要求,需要进行验算的截面。

当进行斜截面抗剪承载力复核时,式(6-8)中的 V_d、b 和 h_0 均指斜截面顶端位置处的数值,但斜截面计算位置为斜截面底端的位置,而此时通过底端的斜截面的方向角是未知的,它受到斜截面投影长度 C 的控制。

如图6-5所示,C 为斜截面投影长度,《设计规范》(JTG 3362—2018)中提供计算公式如下:

$$C = 0.6mh_0 = 0.6\frac{M_d}{V_d} \tag{6-15}$$

$$m = \frac{M_d}{V_d h_0}$$

式中:m——斜截面剪压区对应正截面处的广义剪跨比,当 $m > 3$ 时,取 $m = 3$;

V_d——通过斜截面顶端正截面的剪力设计值;

M_d——相应于上述最大剪力设计值的弯矩设计值。

例6-2 等高度矩形截面简支梁。全长 $L = 15\text{m}$,计算跨径 $l = 14.5\text{m}$。截面尺寸 $b = 250\text{mm}$,$h = 600\text{mm}$,采用 C30 混凝土,纵向钢筋采用 HRB400 钢筋,配筋率 $\rho = 3.0\%$,$a_s = 50\text{mm}$;箍筋采用 HPB300 钢筋,双肢φ8,间距 $S_v = 100\text{mm}$。支点截面剪力设计值 $V_0 = 212\text{kN}$,跨中截面剪力设计值 $V_{l/2} = 45\text{kN}$,其间按线性变化;支点截面弯矩设计值 $M_0 = 0\text{kN·m}$,跨中截面弯矩设计值 $M_{l/2} = 876.2\text{kN·m}$,其间按抛物线变化。梁处于 I 类环境条件,不配置弯起钢筋和斜筋,安全等级为二级。试复核距支点 $h/2$ 处斜截面抗剪承载力。

解:

已知条件:$f_{td} = 1.39\text{MPa}$,$f_{cu,k} = 30\text{MPa}$,HRB400 钢筋:$f_{sd} = 330\text{MPa}$,HPB300 钢筋:$f_{sv} = 250\text{MPa}$。

1.截面尺寸检查

截面有效高度:$h_0 = h - a_s = 600 - 50 = 550(\text{mm})$

距支点 $h/2$ 处截面剪力计算值为

$$V' = 212 - \frac{212-45}{14.5/2} \times 0.3 = 205(\text{kN})$$

$$(0.51 \times 10^{-3})\sqrt{f_{cu,k}}bh_0 = 0.51 \times 10^{-3} \times \sqrt{30} \times 250 \times 550 = 384.1(\text{kN}) > V' = 205\text{kN}$$

$$(0.5 \times 10^{-3})f_{td}bh_0 = 0.5 \times 10^{-3} \times 1.39 \times 250 \times 550 = 95.6(\text{kN}) < V' = 205\text{kN}$$

表明截面尺寸符合要求,但要进行抗剪设计。

2.斜截面顶端位置确定

以距支点 $h/2 = 300\text{mm}$ 处为斜截面底端位置,现向跨中方向取距离为 $h_0 = 550\text{mm}$ 的截面,可以认为验算截面顶端位置就在此正截面上。

下面进行剪跨比 m 的计算。

以梁跨中为原点,水平方向为 x 轴,向左为正,验算截面顶端位置横坐标 $x = 14.5/2 - 0.3 - 0.55 = 6.4(\text{m})$,则可求得验算斜截面顶端截面的弯矩计算值为

$$M_x = M_{l/2}\left(1 - \frac{4x^2}{l^2}\right) = 876.2 \times \left(1 - \frac{4 \times 6.4^2}{14.5^2}\right) = 193.4(\text{kN}\cdot\text{m})$$

验算斜截面顶端截面剪力计算值为

$$V_x = V_{l/2} + (V_0 - V_{l/2})\frac{2x}{l} = 45 + (212 - 45) \times \frac{2 \times 6.4}{14.5} = 192.42(\text{kN})$$

剪跨比 m 计算值为

$$m = \frac{M_x}{V_x h_0} = \frac{193.4}{192.42 \times 0.55} = 1.83 < 3$$

斜截面投影长度 C 为

$$C = 0.6mh_0 = 0.6 \times 1.83 \times 550 = 603.9(\text{mm})$$

验算斜截面的下端距支座中心实际距离为

$$300 + 550 - 603.9 = 246.1(\text{mm})$$

3.斜截面抗剪承载力计算

配箍率为

$$\rho_{sv} = \frac{A_{sv}}{bS_v} = \frac{2 \times 50.3}{250 \times 100} = 0.00402 = 0.402\% > (\rho_{sv})_{\min} = 0.14\%$$

纵向钢筋配筋率:$P = 100\rho = 3.0 > 2.5$,取 $P = 2.5$

故有斜截面的抗剪承载力为

$$V_u = (0.45 \times 10^{-3})\alpha_1\alpha_2\alpha_3 bh_0\sqrt{(2 + 0.6P)\,\sqrt{f_{cu,k}}\,\rho_{sv}f_{sv}}$$

$$= (0.45 \times 10^{-3}) \times 1.0 \times 1.0 \times 1.0 \times 250 \times 550 \times \sqrt{(2 + 0.6 \times 2.5) \times \sqrt{30} \times 0.00402 \times 250}$$

$$= 271.6(\text{kN}) > V_x = 192.42\text{kN}$$

距支点 $h/2$ 处斜截面抗剪承载力满足要求。

6.3 受弯构件的斜截面抗弯承载力

受弯构件中纵向钢筋的数量是按控制截面最大弯矩计算值计算的,实际弯矩沿梁长通常

是变化的。从正截面抗弯角度来看,沿梁长各截面纵筋数量随弯矩的减小而减少。所以,在实际工程中,可以把纵筋弯起或截断,但如果弯起或截断的位置不恰当,会引起斜截面的受弯破坏。因此,还必须研究斜截面受弯承载力和纵筋弯起及截断对斜截面受弯承载力的不利影响。

试验研究表明,斜裂缝的开展与延伸,除可能引起前述的剪切破坏外,还可能使与斜裂缝相交的箍筋、弯起钢筋及纵向受拉钢筋的应力达到屈服强度,这时,梁被斜裂缝分开的两部分将绕位于斜裂缝顶端受压区的公共铰转动,最后,受压区混凝土被压碎而破坏。

图6-6为斜截面抗弯承载力的计算图式。

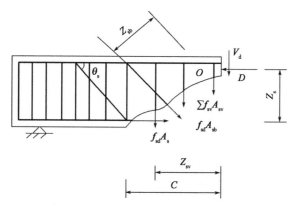

图6-6　斜截面抗弯承载力计算图式

由力的平衡得斜截面抗弯承载力计算的基本公式为

$$M_u = f_{sd}A_sZ_s + \sum f_{sd}A_{sb}Z_{sb} + \sum f_{sv}A_{sv}Z_{sv} \tag{6-16}$$

式中:A_s、A_{sv}、A_{sb}——分别为与斜截面相交的纵向受拉钢筋、箍筋与弯起钢筋的截面面积;

$\quad$ Z_s、Z_{sv}、Z_{sb}——分别为钢筋 A_s、A_{sv} 和 A_{sb} 的合力点对混凝土受压区中心点 O 的力臂。

而式(6-16)中的 Z_s、Z_{sv} 和 Z_{sb} 值与混凝土受压区中心点位置 O 有关。斜截面顶端受压区高度 x 可由作用于斜截面内所有的力对构件纵轴的投影之和为零的平衡条件得到

$$A_c f_{cd} = f_{sd}A_s + f_{sd}A_{sb}\cos\theta_s \tag{6-17}$$

式中:A_c——受压区混凝土面积;矩形截面为 $A_c = bx$;T 形截面为 $A_c = bx + (b'_f - b)h_f$ 或 $A_c = b'_f x$;

$\quad$ f_{cd}——混凝土抗压强度设计值;

$\quad$ A_s——与斜截面相交的纵向受拉钢筋面积;

$\quad$ A_{sb}——与斜截面相交的同一弯起平面内弯起钢筋总面积;

$\quad$ θ_s——与斜截面相交的弯起钢筋切线与梁水平纵轴的交角;

$\quad$ f_{sd}——纵向钢筋或弯起钢筋的抗拉强度设计值。

当进行斜截面抗弯承载力计算时,应在验算截面处,自下而上沿斜向计算几个不同角度的斜截面,按下式确定最不利的斜截面位置:

$$\gamma_0 V_d = \sum f_{sd}A_{sb}\sin\theta_s + \sum f_{sv}A_{sv} \tag{6-18}$$

式中:V_d——斜截面受压端正截面内相应于最大弯矩设计值时的剪力设计值。

根据设计经验,在正截面抗弯承载力得到保证的情况下,一般受弯构件斜截面抗弯承载力

满足《设计规范》（JTG 3362—2018）中关于弯起钢筋规定的构造要求情况下均能得到保证。因此,通常可不进行斜截面抗弯承载力的计算。

6.4 全梁承载能力校核与构造要求

全梁承载能力校核,是指进一步检查梁截面的正截面抗弯承载力、斜截面的抗剪和抗弯承载力是否满足要求。

6.4.1 梁的弯矩包络图与抵抗弯矩图

在梁斜截面抗剪设计中已初步确定了弯起钢筋的弯起位置,但是纵向钢筋能否在这些位置弯起,显然应考虑同时满足截面的正截面及斜截面抗弯承载力的要求。这个问题一般采用梁的抵抗弯矩图应覆盖计算弯矩包络图的原则来解决。

弯矩包络图是沿梁长度的截面上弯矩设计值 M_d 的分布图,其纵坐标表示该截面上作用的最大弯矩设计值。简支梁的弯矩包络图一般可近似为一条二次抛物线,若以梁跨中截面处为横坐标原点,则简支梁弯矩包络图方程如下

$$M_{d,x} = M_{d,l/2}\left(1 - \frac{4x^2}{l^2}\right) \tag{6-19}$$

式中:$M_{d,x}$——距跨中截面为 x 处截面上的基本组合弯矩设计值;

$M_{d,l/2}$——跨中截面处的基本组合弯矩设计值;

l——简支梁的计算跨径。

对于简支梁的剪力包络图,可用直线方程来描述:

$$V_{d,x} = V_{d,l/2} + \left(V_{d,0} - V_{d,l/2}\right)\frac{2x}{l} \tag{6-20}$$

式中:$V_{d,0}$——支座中心处截面的基本组合剪力设计值;

$V_{d,l/2}$——简支梁跨中截面的基本组合剪力设计值;

l——简支梁的计算跨径。

梁的抵抗弯矩图指沿梁长各个正截面按实际配置的总受拉钢筋面积能产生的抵抗弯矩图,即表示各正截面所具有的抗弯承载力。在确定纵向钢筋弯起位置时,需使用抵抗弯矩图,如图 6-7 所示的阶梯状折线。

某简支梁计算跨径为 l,跨中截面布置有 4 根纵向受拉钢筋（2N1 + N2 + N3）,其正截面抗弯承载力为 $M_{u,l/2} > \gamma_0 M_{d,l/2}$;假定底层两根①纵向受拉钢筋必须伸过支座中心线,不得在梁跨间弯起,而②和③钢筋可考虑在梁跨间弯起或截断;由于部分纵向受拉钢筋弯起或截断,因而正截面抗弯承载力发生变化;在跨中截面,设全部钢筋提供的抗弯承载力为 $M_{u,l/2}$;根据截面的承载能力和使用弯矩,③钢筋在 E 点后可截断,因此在 E 点梁的抵抗弯矩图发生突变,考虑到钢筋传力锚固需要一定的距离,故实际的截断位置应是考虑了《设计规范》（JTG 3362—2018）

中规定的最小锚固长度(4-3)；②钢筋在 B 点弯起，该钢筋在 B 点开始退出工作，水平线终止，又因②钢筋与梁纵轴相交于 C 点后才完全退出抗弯工作，故 BC 段用斜线相连。以上就是梁的抵抗弯矩图基本原理和做法。

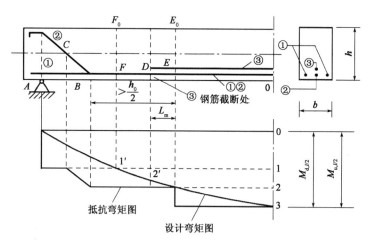

图 6-7　简支梁设计弯矩图与抵抗弯矩图（对称结构的一半）

在钢筋混凝土梁设计中，考虑梁斜截面抗剪承载力时，实际上已初步确定了各弯起钢筋的弯起位置。因此，可以按设计弯矩图和抵抗弯矩图来检查已定的弯起钢筋初步弯起位置，若满足前述的各项要求，则确认所设计的弯起位置合理，否则要进行调整，必要时可加设斜筋或附加弯起钢筋，最终使得梁中各弯筋(斜筋)的水平投影能相互有重叠部分，至少相接。

工程上，通常将梁的设计弯矩图与梁的抵抗弯矩图置于同一坐标系中，采用同一比例，两图叠加，用于确定纵向主筋的弯起与截断，或者用于校核全梁正截面的抗弯承载力。为了保证梁的正截面抗弯承载力，必须要求抵抗弯矩图将设计弯矩图全部包含在内。如果抵抗弯矩图离开设计弯矩图，且离开的距离较大，说明梁的承载力超过设计弯矩较多，即梁内配置的纵向钢筋较多。

6.4.2　构造要求

构造要求及其措施是结构设计中的重要组成部分。结构计算一般只能确定构件的截面尺寸及钢筋数量和布置，但是对于一些不易详细计算的因素往往要通过构造措施来弥补，这样也便于满足施工要求。构造措施对防止斜截面破坏显得尤其重要。

关于钢筋混凝土受弯构件的构造要求见本书第 4 章，其他相关构造要求可参考《设计规范》(JTG 3362—2018)中有关规定。

> **本章小结**：受弯构件斜截面破坏有斜拉破坏、剪压破坏和斜压破坏。斜截面抗剪承载力由混凝土、箍筋和弯起钢筋(斜筋)共同承担，对于承受弯矩和剪力共同作用的梁段，除进行正截面抗弯承载力设计计算外，还需进行斜截面抗剪承载力和抗弯承载力设计，并满足《设计规范》(JTG 3362—2018)中规定的构造要求。

❓思考题与习题

1. 钢筋混凝土受弯构件沿斜截面破坏的形态有哪几种？各自产生的条件是什么？

2. 影响钢筋混凝土受弯构件斜截面抗弯承载力的主要因素有哪些？

3. 解释剪跨比、配箍率、剪压破坏、斜截面投影长度、弯矩包络图、抵抗弯矩图等名词。

4. 在进行钢筋混凝土受弯构件抗剪承载力复核时,如何选择复核截面？

5. 钢筋混凝土受弯构件抗剪承载力由哪几部分组成？

6. 钢筋混凝土受弯构件中有哪些钢筋可以抵抗剪力？

7. 钢筋混凝土受弯构件中为什么纵向主筋可以弯起？

8. 计算跨径 $l = 4.8\text{m}$ 的钢筋混凝土矩形截面简支梁,$b \times h = 200\text{mm} \times 500\text{mm}$,C30 混凝土;Ⅰ类环境条件,安全等级为二级,设计使用年限为 50 年。已知简支梁跨中截面弯矩设计值 $M_{\text{d},0} = 147.0\text{kN} \cdot \text{m}$,支点处剪力设计值 $V_{\text{d},0} = 124.8\text{kN}$,跨中处剪力设计值 $V_{\text{d},l/2} = 25.2\text{kN}$。试求所需的纵向受拉钢筋 A_{s}(HRB400 级钢筋)和仅配置箍筋(HPB300 级钢筋)时其布置间距 s_{v},并画出配筋图。

第7章
CHAPTER 7

预应力混凝土受弯构件基本原理
与预加应力方法

7.1 预应力混凝土结构的基本原理

普通钢筋混凝土结构是结构中最为常用的结构形式,具有许多优点。然而钢筋混凝土结构在使用中也存在诸多缺点:一是混凝土的抗拉强度过低,结构是需要带裂缝工作的,裂缝的存在不仅使构件刚度下降,而且使得钢筋混凝土结构不能应用于不允许开裂的场合;二是无法充分利用高强材料的性能,当荷载作用增加时,需增加构件的截面尺寸或增加钢筋用量的方法提高结构的承载力、控制裂缝和变形,这必然使构件自重(恒载)增加,特别是对于桥梁结构,随着跨度的增大,自重作用所占的比例也增大。钢筋混凝土结构本身的缺陷使得其在桥梁工程中的使用范围受到很大限制。要使钢筋混凝土结构得到进一步的发展与应用,必须克服混凝土抗拉强度低这一缺点。

7.1.1 预应力混凝土结构的基本原理

下文以图7-1所示受弯构件的简支梁为例,说明预应力混凝土结构的基本原理。

设混凝土矩形梁计算跨径为 L,截面为 $b \times h$,承受均布荷载 q(含自重在内),其跨中最大弯矩为 $M = qL^2/8$,此时跨中截面上、下缘的应力[图7-1c)]为

上缘(压应力) $$\sigma_{cu} = \frac{6M}{bh^2}$$

下缘(拉应力) $$\sigma_{cb} = -\frac{6M}{bh^2}$$

假如预先在离该梁下缘 $h/3$（偏心距 $e = h/6$）处，设置高强钢丝束，并在梁的两端对拉锚固[图 7-1a)]，使钢束中产生拉力 N_p，其弹性回缩的压力将作用于梁端混凝土截面与钢束同高的水平处[图 7-1b)]，回缩力的大小为 N_p。如令 $N_p = 3M/h$，则同样可求得 N_p 作用下，梁上、下缘所产生的应力[图 7-1d)]为

上缘
$$\sigma_{cpu} = \frac{N_p}{bh} - \frac{N_p e}{bh^2/6} = \frac{3M}{bh^2} - \frac{1}{bh^2/6} \cdot \frac{3M}{h} \cdot \frac{h}{6} = 0$$

下缘（压应力）
$$\sigma_{cpb} = \frac{N_p}{bh} + \frac{N_p e}{bh^2/6} = \frac{6M}{bh^2}$$

将上述两项应力叠加，即可求得梁在 q 和 N_p 共同作用下，跨中截面上、下缘的总应力[图 7-1e)]为

上缘（压应力）
$$\sigma_u = \sigma_{cu} + \sigma_{cpu} = 0 + \frac{6M}{bh^2} = \frac{6M}{bh^2}$$

下缘
$$\sigma_b = \sigma_{cb} + \sigma_{cpb} = \frac{6M}{bh^2} - \frac{6M}{bh^2} = 0$$

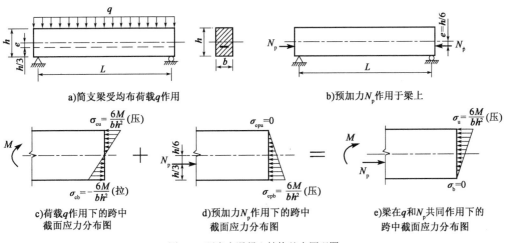

a)简支梁受均布荷载q作用　　　　b)预加力N_p作用于梁上

c)荷载q作用下的跨中截面应力分布图　　d)预加力N_p作用下的跨中截面应力分布图　　e)梁在q和N_p共同作用下的跨中截面应力分布图

图 7-1　预应力混凝土结构基本原理图

由此可见，由于预先给混凝土梁施加了预压应力，使混凝土梁在均布荷载 q 作用时其下边缘所产生的拉应力全部被抵消，因此可避免混凝土出现裂缝，混凝土梁可以全截面参加工作，提高了构件的抗裂性，为充分利用高强钢材提供了可能，这就是预应力混凝土结构的基本原理。

综上所述，这种配置预应力钢筋并通过张拉或其他方法建立预加应力的混凝土结构称为预应力混凝土结构。预应力混凝土结构在构件内部产生的内部应力能够抵消结构自重及部分使用荷载作用产生的应力，进而避免或推迟了构件裂缝的产生，提升了结构刚度，改善了结构性能。

7.1.2　预应力混凝土受弯构件受力三阶段

预应力混凝土受弯构件从预加应力到承受外荷载，直至最后破坏，可分为三个主要阶段，即施工阶段、使用阶段和破坏阶段。在实际工程中，主要经历的是施工阶段和使用阶段。

1.施工阶段

预应力混凝土构件在制作、运输和安装施工过程中，将承受不同的荷载作用。

在施工阶段，构件在预应力作用下，全截面参与工作，材料一般处于弹性工作阶段，可采用材料力学的方法并根据《设计规范》（JTG 3362—2018）规定的要求进行设计计算。根据构件受力条件不同，施工阶段又可分为预加应力阶段和运输、安装阶段两个阶段。

1）预加应力阶段

预加应力阶段是指从预加应力开始，直至预加应力结束（传力锚固）的受力阶段。在预加应力阶段，构件所承受的作用主要是偏心预压力（预加应力的合力）N_p。对于简支梁，由于 N_p 的偏心作用，构件将产生向上的反拱，形成以梁两端为支点的简支梁，因此此梁的自重荷载 G_1 也在施加预加力 N_p 的同时一起参加作用（图7-2）。

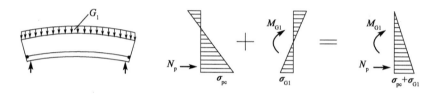

图7-2　预加应力阶段截面应力分布

预加应力阶段的设计计算要求：①受弯构件控制截面上、下缘混凝土的最大拉应力和压应力都不应超出《设计规范》（JTG 3362—2018）的规定值；②控制预应力钢筋的最大张拉应力；③保证锚固区混凝土局部承压承载力大于实际承受的压力并有足够的安全度，且保证梁体不出现水平纵向裂缝。

预加应力阶段由于各种因素的影响，预应力钢筋中的预拉应力将产生部分损失，通常把扣除应力损失后的预应力钢筋中实际存余的应力，称为有效预应力。

2）运输、安装阶段

在运输、安装阶段，混凝土梁所承受的荷载仍是预加力 N_p 和梁的自重恒载。但由于引起预应力损失的因素相继增加，使 N_p 要比预加应力阶段小；同时，梁的自重恒载作用应根据《设计规范》（JTG 3362—2018）中的规定计入 1.20 或 0.85 的动力系数。

2.使用阶段

使用阶段是指桥梁建成运营通车的整个工作阶段。在使用阶段，构件除承受偏心预加力 N_p 和梁的一期自重荷载 G_1 外，还要承受桥面铺装、人行道、栏杆等后加的二期恒载 G_2 和车辆、人群等荷载 Q。在使用阶段，预应力混凝土梁基本处于弹性工作阶段，因此，梁截面的正应力为偏心预加力 N_p 与以上各项荷载所产生的应力之和，如图7-3所示。

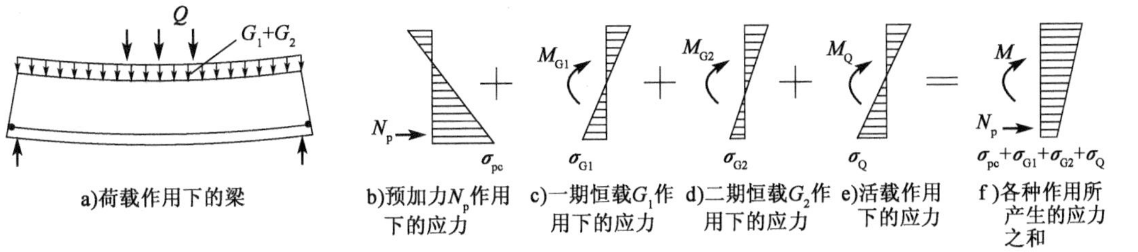

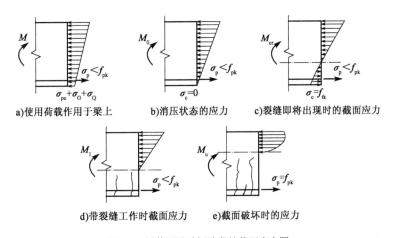

图 7-3　使用阶段各种作用下的截面应力分布

　　使用阶段各项预应力损失将相继发生并全部完成,最后在预应力钢筋中建立相对不变的预拉应力(扣除全部预应力损失后所存余的预应力)——永存预应力 σ_{pe}。显然,永存预应力要小于施工阶段的有效预应力值。

　　根据构件受力后的特征,使用阶段又可分为图 7-4 所示的几个受力过程。

a)使用荷载作用于梁上　　**b)消压状态的应力**　　**c)裂缝即将出现时的截面应力**

d)带裂缝工作时截面应力　　**e)截面破坏时的应力**

图 7-4　梁使用及破坏阶段的截面应力图

1)加载至受拉边缘混凝土预压应力为零

　　构件仅在永存预加力 N_p(永存预应力 σ_{pe} 的合力)作用下,其下边缘混凝土的有效预压应力为 σ_{pc}。当构件加载至某一特定荷载时,其下边缘混凝土的预压应力 σ_{pc} 恰被抵消为零,此时在控制截面上所产生的弯矩 M_0 称为消压弯矩,如图 7-4b)所示,则

$$\sigma_{pc} - \frac{M_0}{W_0} = 0 \tag{7-1}$$

或

$$M_0 = \sigma_{pc} W_0 \tag{7-2}$$

式中:σ_{pc}——由永存预加力 N_p 引起的梁下边缘混凝土的有效预压应力;

　　　　W_0——换算截面对受拉边的弹性抵抗矩。

　　一般把在 M_0 作用下控制截面上的应力状态,称为消压状态。值得注意的是,受弯构件在消压弯矩 M_0 和预加力 N_p 的共同作用下,只有控制截面下边缘纤维的混凝土应力为零(消压),而截面上其他点的应力都不为零(并非全截面消压)。

2）加载至受拉区裂缝即将出现

当构件在消压后继续加载,并使受拉区混凝土应力达到抗拉极限强度 f_{tk} 时的应力状态,即称为裂缝即将出现状态[图7-4c)]。构件出现裂缝时的理论临界弯矩称为开裂弯矩 M_{cr}。

如果把受拉区边缘混凝土应力从零增加到应力 f_{tk} 为所需的外弯矩用 $M_{cr,c}$ 表示,则

$$M_{cr} = M_0 + M_{cr,c} \tag{7-3}$$

式中: $M_{cr,c}$——相当于同截面钢筋混凝土梁的开裂弯矩。

3）带裂缝工作

继续增大荷载,则主梁截面下缘开始开裂,裂缝向截面上缘发展,梁进入带裂缝工作阶段[图7-4d)]。

可以看出,在消压状态出现后,预应力混凝土梁的受力情况,就与普通钢筋混凝土梁一样了。但是由于预应力混凝土梁的开裂弯矩 M_{cr} 要比同截面、同材料的普通钢筋混凝土梁的开裂弯矩 $M_{cr,c}$ 大一个消压弯矩 M_0,故预应力混凝土梁在外荷载作用下裂缝的出现被大大推迟。

3. 破坏阶段

预应力混凝土受弯构件在破坏时预加应力已经丧失殆尽,因此,其截面的应力状态与钢筋混凝土受弯构件相似,其计算方法也基本相同。

7.1.3 预应力混凝土结构的主要特点及配筋混凝土结构的分类

1. 配筋混凝土结构的分类

国内通常把钢筋混凝土及预应力混凝土结构总称为配筋混凝土结构。

按工程习惯,我国将配筋混凝土结构按其预应力度分为全预应力混凝土、部分预应力混凝土和钢筋混凝土三种结构。

1）预应力度的定义

预应力度(λ)是指由预加应力大小确定的消压弯矩 M_0 与外荷载产生的弯矩 M_s 的比值,即

$$\lambda = \frac{M_0}{M_s} \tag{7-4}$$

式中: M_0——消压弯矩,即构件抗裂边缘预压应力抵消为零时的弯矩;

M_s——按作用(或荷载)效应频遇组合计算的弯矩值;

λ——预应力混凝土构件的预应力度。

2）配筋混凝土构件的分类

(1)当 $\lambda \geqslant 1$ 时,施加了预应力,但在作用(荷载)效应频遇组合下控制的正截面受拉边缘不允许出现拉应力(不得消压),称为全预应力混凝土构件。

(2)当 $1 > \lambda > 0$ 时,施加了预应力,但在作用(荷载)效应频遇组合下控制的正截面受拉边缘出现拉应力或出现不超过规定宽度的裂缝,称为部分预应力混凝土构件。

(3)当 $\lambda = 0$ 时,不施加预应力的混凝土构件,即前文中提及的钢筋混凝土构件。

3)部分预应力混凝土构件的分类

按《设计规范》(JTG 3362—2018)规定:

(1)在作用(荷载)效应频遇组合下控制的正截面受拉边缘允许出现拉应力的部分预应力混凝土构件分为以下两类:

A类预应力混凝土构件:当对构件控制截面受拉边缘的拉应力加以限制时的构件;

B类预应力混凝土构件:当构件控制截面受拉边缘拉应力超过限值或出现不超过宽度限值的裂缝时的构件。

(2)跨径大于100m桥梁的主要受力构件,不宜进行部分预应力混凝土设计。

2.预应力混凝土结构的主要特点

预应力混凝土结构具有下列主要优点:

(1)提高了构件的抗裂度和刚度。对构件施加预应力后,使构件在使用荷载作用下可不出现裂缝或可使裂缝大大推迟出现,有效地改善了构件的使用性能,提高了构件的刚度,增加了结构的耐久性。

(2)可以节省材料,减少自重。预应力混凝土由于采用高强材料,因而可减少构件截面尺寸,节省钢材与混凝土用量,降低结构物的自重。这对自重比例很大的大跨径桥梁来说,具有显著的优越性。大跨径和重荷载结构,采用预应力混凝土结构一般是经济合理的。

(3)可以减小混凝土梁的竖向剪力和主拉应力。预应力混凝土梁的曲线钢筋(束),可使梁中支座附近的竖向剪力减小;又由于混凝土截面上预压应力的存在,使荷载作用下的主拉应力也相应减小,有利于减小梁的腹板厚度,使预应力混凝土梁的自重可以进一步减小。

(4)结构质量安全可靠。当施加预应力时,钢筋(束)与混凝土都同时经受了一次强度检验。如果在张拉钢筋时构件质量表现良好,那么,在使用时也可以认为是安全可靠的。因此,有人称预应力混凝土结构是经过预先检验的结构。

(5)预应力可作为结构构件连接的手段,促进了桥梁结构新体系与施工方法的发展。

(6)提高结构的耐疲劳性能。因为具有强大预应力的钢筋,在使用阶段由加荷或卸荷所引起的应力变化幅度相对较小,所以引起疲劳破坏的可能性也小。这对承受动荷载的桥梁结构来说是很有利的。

预应力混凝土结构存在以下缺点:

(1)工艺较复杂,对施工质量要求甚高,因而需要配备一支技术较熟练的专业队伍。

(2)需要有专门设备,如张拉机具、灌浆设备等。先张法需要有张拉台座;后张法还要耗用数量较多、质量可靠的锚具等。

(3)预应力反拱度不易控制。它随混凝土徐变的增加而加大,如存梁时间过久再进行安装,就可能使反拱度很大,造成桥面不平顺。

(4)预应力混凝土结构的开工费用较大,对于跨径小、构件数量少的工程,成本较高。

但是,以上缺点是可以设法克服的。例如,应用于跨径较大的结构或跨径虽不大,但构件数量很多时,采用预应力混凝土结构就比较经济了。

总之,只要从实际出发,因地制宜地进行合理设计和妥善安排,预应力混凝土结构就能充分发挥其优越性。所以它在近数十年来得到了迅猛的发展,尤其对桥梁新体系的发展起到重要的推动作用,这是一种极有发展前途的工程结构。

7.2 构件预加应力方法及特种制品

7.2.1 预加应力方法

公路桥涵预应力混凝土结构施加预应力的方法根据施加应力的时间和方式可分为先张法和后张法两种。

1.先张法构件

所谓先张法,是指先张拉钢筋、后浇筑构件混凝土的方法,如图 7-5 所示。

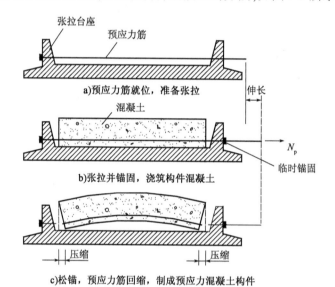

图 7-5　先张法工艺流程示意图

先在张拉台座上,按设计规定的拉力张拉预应力钢筋,并进行临时锚固,再浇筑构件混凝土,待混凝土达到要求强度(一般不低于强度设计值的 75%)后,放张(将临时锚固松开,缓慢放松张拉力),让预应力钢筋产生回缩,通过预应力钢筋与混凝土间的黏结作用,传递给混凝土,使混凝土获得预压应力。这种在台座上先张拉预应力钢筋后浇筑混凝土并通过黏结力传递而建立预加应力的混凝土构件就是先张法预应力混凝土构件。

先张法构件所用的预应力筋,一般可用高强钢丝、钢绞线等;构件通常不专设永久锚具,借助与混凝土的黏结力,以获得较好的自锚性能。

先张法施工工序简单,预应力筋靠黏结力自锚,临时固定所用的锚具(一般称为工具式锚具或夹具)可以重复使用,因此大批量生产先张法构件比较经济,质量也比较稳定。目前,先张法在我国仅用于生产直线配筋的中小型构件。大型构件因需配合弯矩与剪力沿梁长度的分布而采用曲线配筋,这将使施工设备和工艺复杂化,且需配备庞大的张拉台座,因而很少采用先张法。

2.后张法构件

所谓后张法,是指先浇筑构件混凝土,并在其中预留孔道(或设套管),待混凝土达到设计要求强度后,将预应力钢筋穿入预留的孔道内,用千斤顶张拉预应力筋并锚固,在预留孔道内压注水泥浆的方法,如图7-6所示。这种在混凝土硬结后通过张拉预应力筋并锚固而建立预加应力的构件称为后张法预应力混凝土构件。

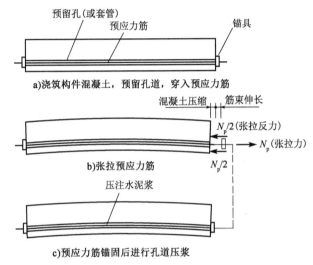

图7-6 后张法工艺流程示意图

由上可知,施工工艺不同,建立预应力的方法也不同。后张法是靠锚具来传递和保持预加应力的;先张法则是靠黏结力来传递并保持预加应力的。

7.2.2 预应力筋用锚具、夹具和连接器

锚具是指在后张法结构或构件中,为保持预应力筋的拉力并将其传递到混凝土上所用的永久性锚固装置。锚具可分为以下两类:

(1)张拉端锚具。张拉端锚具安装在预应力钢筋端部且可用于张拉的锚具。

(2)固定端锚具。固定端锚具安装在预应力钢筋端部,通常埋入混凝土中且不用于张拉的锚具。

夹具是指在先张法构件施工时,为保持预应力钢筋的拉力并将其固定在生产台座(或设备)上的临时性锚固装置;在后张法结构或构件施工时,在张拉千斤顶或其他设备上夹持预应力筋的临时性锚固装置(又称工具锚)。

连接器是指用于连接预应力筋的装置。

1.对锚具、夹具和连接器的要求

在给预应力混凝土结构施加预应力的过程中,无论是采用先张法对预应力筋的临时固定,

还是采用后张法对预应力筋的永久性锚固,都需要使用锚具或夹具。因此,锚具、夹具是保证预应力混凝土结构安全可靠的关键之一,它们必须满足受力安全可靠、预应力损失小、张拉锚固方便迅速等要求。

锚具、夹具和连接器的技术要求可参见现行的国家标准或行业标准。

2.分类及代号

《公路桥梁预应力钢绞线用锚具、夹具和连接器》(JT/T 329—2010)中将锚具、连接器按其结构形式分为张拉端锚具、固定端锚具两类;《预应力钢筋用锚具、夹具和连接器》(GB/T 14370—2015)按锚固方式不同,将锚具、夹具和连接器分为夹片式(单孔和多孔夹片锚具)、支承式(镦头锚具、螺母锚具等)、锥塞式(钢质锥形锚具等)和握裹式(挤压锚具、压花锚具等)四种基本类型。

(1)锚具、夹具或连接器的总代号可以分别用汉语拼音字母 M、J、L 表示;各类锚固方式的分类及代号见表7-1。

锚具、夹具和连接器的产品分类及代号

表7-1

标　准　号	分　类　代　号		锚　　具	夹　　具	连　接　器
JT/T 329—2010	张拉端锚具	圆形	YM	YJ	YMJ
		扁形	YBM	—	—
	固定端锚具	圆锚压花锚具	YMH	—	—
		扁锚压花锚具	YMHB	—	—
		圆锚挤压式锚具	YMP	—	—
		扁锚挤压式锚具	YMPB	—	—
GB/T 14370—2015	夹片式	圆形	YJM	YJJ	YJL
		扁形	BJM	BJJ	BJL
	支承式	镦头	DTM	DTJ	DTL
		螺母	LMM	LMJ	LML
	握裹式	挤压	JYM	—	JYL
		压花	YHM	—	—
	组合式	冷铸	LZM	—	—
		热铸	RZM	—	—

注:连接器的代号以续接段端部锚固方式命名。

(2)标记方法。

锚具、夹具或连接器的标记由产品代号、预应力钢材直径、预应力钢材根数三部分组成。交通运输行业标准《公路桥梁预应力钢绞线用锚具、夹具和连接器》(JT/T 329—2010)标记如下:

①锚固12根直径15.2mm预应力混凝土用钢绞线的张拉端圆形锚具,标记为"YM15-12"。

②预应力筋为 12 根直径 12.7mm 钢绞线,用于固定端的圆形挤压式锚具,标记为"YMP13-12",需要时可续注企业体系代号。

国家标准《预应力钢筋用锚具、夹具和连接器》(GB/T 14370—2015)标记如下:

①锚固12根直径15.2mm预应力混凝土用钢绞线的圆形夹片式群锚锚具,标记为"YJM15-12"。

②预应力钢筋为12根直径12.7mm钢绞线,用于固定端的挤压式锚具,标记为"JYM13-12",需要时可续注企业体系代号。

③用挤压头方法连接12根直径15.2mm钢绞线的连接器,标记为"JYL15-12"。

如有特殊产品或有必要阐明特点的新产品,可增加文字或图样以准确表达。

3.目前桥梁结构中几种常用的锚具、夹具和连接器

1)锥形锚

锥形锚(又称为弗式锚,图7-7),是指通过张拉钢束时顶压锚塞,把预应力钢丝楔紧在锚圈与锚塞之间,借助摩阻力锚固的锚具。锥形锚主要用于钢丝束的锚固。它由锚圈和锚塞(又称锥销)两部分组成。

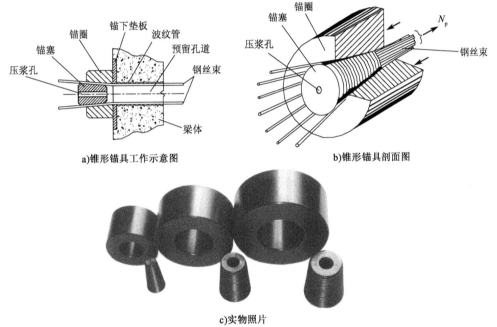

a)锥形锚具工作示意图   b)锥形锚具剖面图

c)实物照片

图7-7 锥形锚具

锥形锚的特点:锚固方便,锚具面积小,便于在梁体上分散布置。但锚固时钢丝的回缩量较大,应力损失较其他锚具大。同时,它不能重复张拉和接长,使预应力筋设计长度受到千斤顶行程的限制。为防止受震松动,必须及时给预留孔道压浆。

2)镦头锚

镦头锚主要用于锚固钢丝束,也可用于锚固直径14mm以下的预应力钢丝束。钢丝的根数和锚具的尺寸依设计张拉力的大小选定,镦头锚的工作原理如图7-8所示。先以钢丝逐一穿过锚杯的蜂窝眼,然后用镦头机将钢丝端头镦粗如蘑菇形,借镦头直接承压将钢丝锚固于锚杯上。锚杯的外圆车有螺纹,穿束后,在固定端将锚圈(大螺母)拧上,即可将钢丝束锚固于梁端。在张拉端,先将与千斤顶连接的拉杆旋入锚杯内,然后用千斤顶支承于梁体上进行张拉,

待达到设计张拉力时,将锚圈(螺母)拧紧,再慢慢放松千斤顶,退出拉杆,于是钢丝束的回缩力就通过锚圈、垫板传递到梁体混凝土,从而获得锚固。

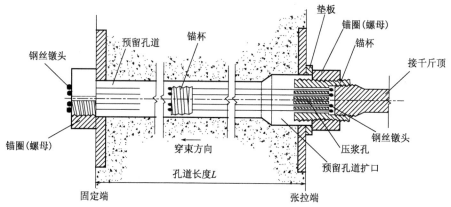

图7-8　镦头锚锚具工作原理示意图

镦头锚锚固可靠,锚固后应力损失很小;镦头工艺操作简便迅速。但预应力筋张拉吨位过大,钢丝数很多,施工也比较麻烦。此外,镦头锚对钢丝的下料长度要求很精确,误差不得超过1/300,如误差过大,张拉时可能由于受力不均匀发生断丝现象。

3）钢筋螺纹锚具

当采用高强粗钢筋作为预应力钢筋时,可采用螺纹锚具固定,即借助粗钢筋两端的螺纹,在钢筋张拉后直接拧上螺母进行锚固,钢筋的回缩力由螺母经支承垫板承压传递给梁体,从而获得预应力。钢筋螺纹锚具如图7-9所示。

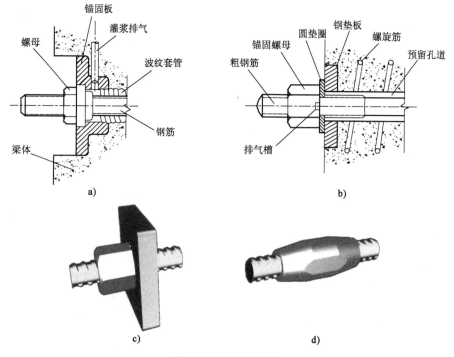

图7-9　钢筋螺纹锚具

钢筋螺纹锚具的特点:受力明确,锚固可靠;构造简单,施工方便;能重复张拉、放松或拆卸,并可以简便地采用套筒接长,多用于直线预应力筋且长度不大的构件中。

4)夹片锚具

夹片锚具主要用于锚固钢绞线。由于钢绞线与周围接触的面积小,且强度高、硬度大,故对其锚具的锚固性能要求很高。夹片锚具由带锥孔的锚板和夹片组成,夹片锚具根据适应锚固截面尺寸不同有圆形和扁形两种,如图7-10所示。

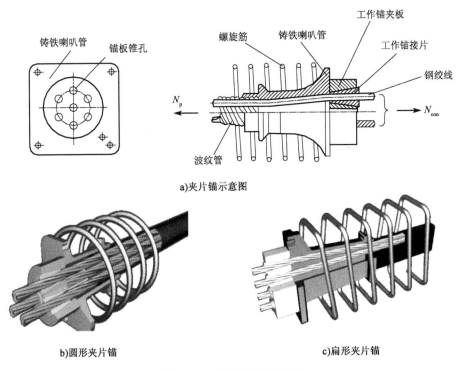

a)夹片锚示意图

b)圆形夹片锚　　　　　　　　　　　　　c)扁形夹片锚

图7-10　夹片锚具配套示意图

张拉时,每个锥孔放置1根钢绞线,张拉后各自用夹片将孔中的该根钢绞线抱夹锚固,每个锥孔各自成为一个独立的锚固单元。每个夹片锚具一般是由多个独立锚固单元所组成,它能锚固由(1~55)根不等的ϕ_s15.2mm与ϕ_s12.7mm钢绞线所组成的预应力钢束,其最大锚固吨位可达到11000kN,故夹片锚又称为大吨位钢绞线群锚体系。夹片锚具的特点是各根钢绞线均为单独工作,即1根钢绞线锚固失效也不会影响全锚,只需对失效锥孔的钢绞线进行补拉即可。但预留孔端部,因锚板锥孔布置的需要,必须扩孔,故工作锚下的一段预留孔道一般需设置成喇叭形,或配套设置专门的铸铁喇叭形锚垫板。

扁形夹片锚具是为适应扁薄截面构件(如桥面板梁等)预应力钢筋锚固的需要而研制的,简称扁锚。其工作原理与一般夹片锚具相同,只是工作锚板、锚下钢垫板和喇叭管,以及形成预留孔道的波纹管等均为扁形而已。每个扁锚一般锚固2~5根钢绞线,采用单根逐一张拉,施工方便。

5)固定端锚具

当采用一端张拉时,其固定端锚具除可采用与张拉端相同的夹片锚具外,还可采用挤压锚具和压花锚具。

挤压锚具是指利用压头机（图7-11），将套在钢绞线端头上的软钢（一般为45号钢）套筒，与钢绞线一起，强行顶压通过规定的模具孔挤压而成。为增加套筒与钢绞线间的摩阻力，挤压前在钢绞线与套筒之间衬置一硬钢丝螺旋圈，以便在挤压后使硬钢丝分别压入钢绞线与套筒内壁之内。

压花锚具是指用压花机将钢绞线端头压制成梨形花头的一种黏结型锚具，张拉前预先埋入构件混凝土中，如图7-12所示。

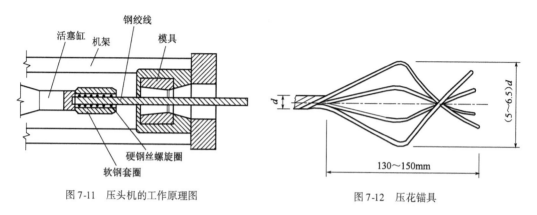

图7-11　压头机的工作原理图　　　　　　　图7-12　压花锚具

6）连接器

连接器有两种：钢绞线束N1锚固后，用于再连接钢绞线束N2的，称为锚头连接器；当两段未张拉的钢绞线束N1、N2需直接接长时，则可采用接长连接器。连接器构造如图7-13所示。

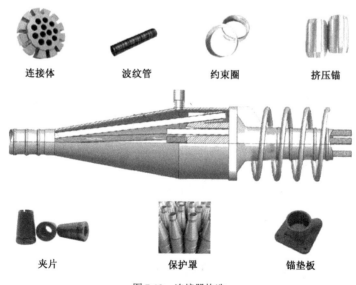

图7-13　连接器构造

应特别指出的是，为保证施工与结构的安全，锚具必须按《预应力钢筋用锚具、夹具和连接器》（GB/T 14370—2015）中规定的要求进行试验验收，验收合格后方可使用。

7.2.3　张拉千斤顶和其他设备

1.张拉千斤顶

各种锚具都必须配置相应的张拉设备,才能顺利地进行张拉、锚固。与夹片锚具配套的张拉设备是一种大直径的穿心单作用千斤顶(图7-14)。它常与夹片锚具配套研制。其他各种锚具也都有各自适用的张拉千斤顶,需要时可查阅各生产厂家的产品目录。为了精准控制预应力钢筋张拉,当前均采用基于自动控制的智能张拉设备。

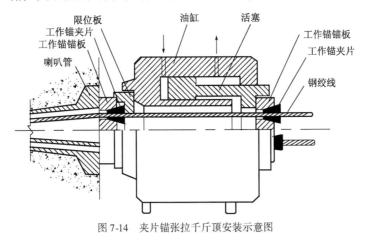

图7-14　夹片锚张拉千斤顶安装示意图

2.张拉台座

当采用先张法生产预应力混凝土构件时,则需设置用作张拉和临时锚固预应力筋的张拉台座。它因需要承受张拉预应力筋产生的巨大回缩力,设计时应保证它具有足够的强度、刚度和稳定性。进行批量生产时,有条件的尽量设计成长线式台座,以提高生产效率。例如,张拉台座的台面(预制构件的底模),为了提高产品质量,有的构件厂已采用预应力混凝土滑动台面,可防止在使用过程中台面开裂。

台座由台面、横梁和承力结构组成(图7-15)。按构造形式不同,台座可分为墩式台座、槽形台座和桩式台座等。台座可成批生产预应力构件。

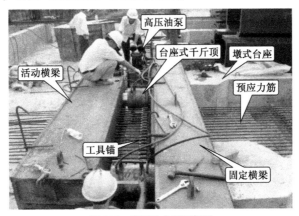

图7-15　先张法台座局部图

台座承受全部预应力筋的拉力,故台座应具有足够的强度、刚度和稳定性,以免因台座变形、倾覆和滑移而引起预应力损失。

3.制孔器

在预制后张法构件时,需预先留好待混凝土结硬后穿入预应力筋的孔道。目前,国内桥梁构件预留孔道所用的制孔器主要有抽拔橡胶管与波纹管。

1)抽拔橡胶管

在钢丝网胶管内事先穿入钢筋(称芯棒),再将胶管(连同芯棒一起)放入模板内,待浇筑混凝土达到一定强度后,抽去芯棒,再拔出胶管,则预留孔道形成。

2)波纹管

在浇筑混凝土之前,将波纹管按预应力钢筋设计位置,绑扎于与箍筋焊连的钢筋托架上,再浇筑混凝土,结硬后即可形成穿束的孔道。波纹管有金属波纹管和塑料波纹管两种(图7-16)。其中,金属波纹管的重量轻,纵向弯曲性能好,径向刚度较大,连接方便,与混凝土黏结良好,但容易渗漏。塑料波纹管与金属波纹管相比,其密封性好、易于连接,但其径向刚度相对较小,与混凝土黏结不如金属波纹管好。

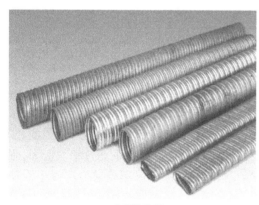

a)金属波纹管

b)塑料波纹管

图7-16　预应力波纹管

波纹管需经检验满足《预应力混凝土用金属波纹管》(JG/T 225—2020)和《预应力混凝土桥梁用塑料波纹管》(JT/T 529—2016)规定的要求后方可使用。

4.穿索（束）机

在桥梁悬臂施工和尺寸较大的构件中,一般都采用后穿法穿束。对于大跨桥梁,有的预应力筋很长,人工穿束十分吃力,故采用穿索(束)机。

穿索(束)机有两种类型:一是液压式;二是电动式。桥梁工程中多用液压式穿索机。它一般采用单根钢绞线穿入,穿束时应在钢绞线前端套一子弹形帽子,以减小穿束阻力。穿索机由电动机带动用四个托轮支承的链板,钢绞线置于链板上,并用四个与托轮相对应的压紧轮压紧,则钢绞线就可借链板的转动向前穿入构件的预留孔中。穿索机的最大推力为3kN,最大水平传送距离可达150m。

5.压浆机

1)孔道压浆料

孔道压浆料是由水泥与孔道压浆剂干拌而成的压浆材料,在施工现场按一定比例加水并搅拌均匀后,用于后张预应力孔道的压浆。孔道压浆剂是由高效减水剂、微膨胀剂、矿物掺合料等多种材料干拌而成的混合料。

水泥应采用性能稳定,强度等级不低于42.5级低碱硅酸盐水泥或低碱普通硅酸盐水泥;压浆剂应采用性能稳定的产品,与水泥、水拌和后,具备不离析、不泌水、微膨胀、高流动性等技术性能;压浆料应采用性能稳定的产品,与水拌和后,具备不离析、不泌水、微膨胀、高流动性等技术性能。

孔道压浆料现场采用高速制浆机进行制浆,高速制浆机是转速不低于1000r/min,可以将水泥、压浆剂(压浆料)与水混合制成压浆浆液的施工设备。

在后张法预应力混凝土构件中,预应力钢筋张拉锚固后必须给预留孔道压注压浆料,以免钢筋锈蚀并使预应力钢筋与梁体混凝土结合为一整体。

2)压浆机

压浆机是孔道灌浆的主要设备,它主要由灰浆搅拌桶、储浆桶和压送灰浆的灰浆泵以及供水系统组成(图7-17)。压浆机一般应采用活塞式压浆泵,其压力表最小分度值不应大于0.02MPa,可进行0.5MPa以上的恒压作业;压浆泵应具有压浆量、进浆压力可调功能,实际工作压力应在压力表25%~75%的量程范围内;压力表应有隔膜装置。

图7-17　预应力孔道现场压浆现场示意

孔道压浆相关内容可参考《公路桥涵施工技术规范》(JTG/T 3365—2020)有关规定。

7.2.4　张拉控制力(应力)

张拉控制应力σ_{con}是指在张拉预应力筋时,张拉设备的总拉力除以预应力筋截面面积所求得的钢筋应力值。

按《设计规范》(JTG 3362—2018)规定,σ_{con}为张拉预应力筋的锚下控制应力(扣除锚圈口摩擦损失后的锚下拉应力值)。

对于钢丝与钢绞线,因拉伸应力-应变曲线无明显的屈服台阶,其σ_{con}与抗拉强度标准值f_{pk}的比值应定得相应低些;而预应力螺纹钢筋,一般具有较明显的屈服台阶,塑性性能较好,故其比值可定得相应高些。按《设计规范》(JTG 3362—2018)规定,构件预加应力时预应力钢筋在构件端部(锚下)的控制应力σ_{con}应符合下列规定:

钢丝、钢绞线 $\qquad\qquad\qquad \sigma_{con} \leqslant 0.75 f_{pk}$ (7-5)

预应力螺纹钢筋 $\qquad\qquad \sigma_{con} \leqslant 0.85 f_{pk}$ (7-6)

式中:f_{pk}——预应力钢筋的抗拉强度标准值。

当对构件进行超张拉或计入锚圈口摩擦损失时,钢筋中最大控制应力(千斤顶油泵上反映)对钢丝和钢绞线不应超过$0.8f_{pk}$,对预应力螺纹钢筋不应超过$0.90f_{pk}$。

后张法预应力筋张拉现场示意如图7-18所示。

图7-18 后张法预应力筋张拉现场示意

在实际工程中,通常用张拉控制力来代替张拉控制应力,张拉控制力等于张拉控制应力与被张拉预应力钢筋截面面积的乘积,一般通过智能张拉设备(千斤顶)自动实施。

本章小结:配置预应力筋并通过张拉或其他方法建立预加应力的混凝土结构称为预应力混凝土结构。预应力混凝土构件根据施加的预应力度可分为全预应力构件和部分预应力构件。其中,部分预应力构件又分为A类预应力混凝土构件和B类预应力混凝土构件。施加预应力的方法有先张法和后张法,施加预应力需要专门的预应力筋和张拉锚固设备。预应力混凝土结构整体性好,适合跨径较大的构件。

🅀 思考题

1. 简述预应力混凝土结构的基本原理。

2. 预应力混凝土受弯构件在施工阶段和使用阶段的受力有何特点?

3. 预应力混凝土结构相比普通钢筋混凝土结构的优越性是什么?

4. 什么是先张法? 先张法构件应按什么样的工序施工? 先张法构件如何实现预应力筋的锚固? 先张法构件有何特点?

5. 什么是后张法? 后张法构件应按什么样的工序施工? 后张法构件如何实现预应力筋的锚固? 后张法构件有何特点?

6. 预应力混凝土构件对锚具有何要求? 按传力锚固的受力原理划分,锚具如何分类?

7. 简述《设计规范》(JTG 3362—2018)对预应力筋张拉控制应力和具体规定。

第 8 章
CHAPTER 8

预应力混凝土受弯构件承载力设计计算

预应力混凝土受弯构件设计计算需要考虑构件受力全过程中经历不同的受力阶段,因此,必须根据预应力混凝土结构或构件采用的施工方法以及预应力钢筋布置,确定设计状况及相应的极限状态后进行设计计算,以反映结构或构件的实际受力阶段和受力状况。

对预应力混凝土受弯构件持久状况承载力的设计计算,计算内容如下:

(1)受弯构件的正截面承载力计算。确定所需要的纵向受力钢筋(预应力钢筋和非预应力钢筋)数量及在正截面上的布置。

(2)受弯构件的斜截面承载力计算。确定受弯构件所需要的箍筋数量及布置间距、预应力钢筋的弯起位置以及截面尺寸是否符合要求。

(3)端部锚固区承载力计算。对后张法预应力混凝土构件主要是端部锚固区局部区和总体区的设计计算;对先张法预应力混凝土构件,主要是预应力钢筋的锚固长度及传递长度计算。

预应力混凝土受弯构件持久状况承载能力极限状态计算包括正截面承载力计算和斜截面承载力计算,作用组合采用基本组合。本章介绍全预应力混凝土和 A 类预应力混凝土构件承载力设计与计算方法,B 类预应力混凝土构件的设计和计算方法参考《设计规范》(JTG 3362—2018)中规定或有关文献。

8.1 预应力损失的估算

预应力混凝土构件由于施工因素、材料性能和环境条件等的影响,预应力钢筋中的预拉应力会逐渐减少,这种预应力钢筋的预应力随着张拉、锚固过程和时间推移而降低的应力称为预应力损失。设计中所需的钢筋预应力值,应是扣除相应阶段的预应力损失后,钢筋中实际存余的预应力(有效预应力 σ_{pe})值,按照式(8-1)计算:

$$\sigma_{pe} = \sigma_{con} - \sigma_l \tag{8-1}$$

式中:σ_{pe}——有效预应力;

$\quad\sigma_{con}$——钢筋初始张拉的预应力(一般称为张拉控制应力),施工中按照设计文件规定或按照《设计规范》(JTG 3362—2018)的规定进行控制,参考本书第7章;

$\quad\sigma_l$——预应力损失值。

8.1.1 钢筋预应力损失的估算

预应力损失与施工工艺、材料性能及环境影响等有关,影响因素复杂,一般应根据试验数据确定,如无可靠试验资料,可按《设计规范》(JTG 3362—2018)的规定进行估算。

1.预应力钢筋与管道壁之间摩擦引起的预应力损失(σ_{l1})

在后张法构件中,预应力钢筋一般由直线段和曲线段组成。当预应力钢筋张拉时,将沿管道壁滑移而产生摩擦力[图8-1a)],使钢筋中的预拉应力形成张拉端高,向构件跨中方向逐渐减小[图8-1b)]的情况。钢筋在任意两个截面间的应力差值,就是这两个截面间由摩擦所引起的预应力损失值。从张拉端至计算截面的摩擦应力损失值以 σ_{l1} 表示。

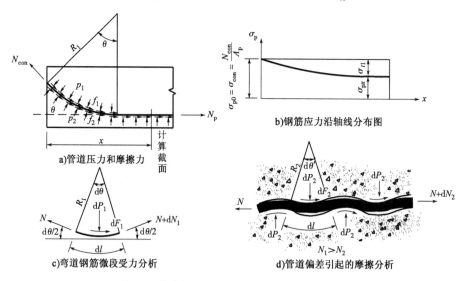

图 8-1　管道摩阻引起的钢筋预应力损失计算简图

按《设计规范》(JTG 3362—2018)中的规定,后张法构件预应力钢筋与管道壁之间摩擦引起的预应力损失,可按下式计算

$$\sigma_{l1} = \sigma_{con}\left[1 - e^{-(\mu\theta + kx)}\right] \tag{8-2}$$

式中:σ_{con}——预应力钢筋锚下的张拉控制应力,MPa;

$\quad\mu$——预应力钢筋与管道壁的摩擦系数,按表8-1采用;

θ——从张拉端至计算截面曲线管道部分切线的夹角之和,rad;

k——管道每米局部偏差对摩擦的影响系数,按表8-1采用;

x——从张拉端至计算截面的管道长度,可近似取该段管道在构件纵轴上的投影长度,m。

系数 k 和 μ 值 表8-1

管道成型方式	k	μ	
		钢绞线、钢丝束	预应力螺纹钢筋
预埋金属波纹管	0.0015	0.20 ~ 0.25	0.50
预埋塑料波纹管	0.0015	0.15 ~ 0.20	—
预埋铁皮管	0.0030	0.35	0.40
预埋钢管	0.0010	0.25	—
抽芯成型	0.0015	0.55	0.60

在实际工程中,为减少后张法构件预应力钢筋与管道壁之间摩擦引起的预应力损失,一般可采取如下措施:

(1)采用两端张拉,以减小 θ 值及管道长度 x 值;两端张拉宜同时进行,或者先在一端张拉锚固后,再在另一端补足预应力值进行锚固。

(2)采用超张拉。对于后张法构件预应力钢筋,若设计文件中有规定,可参照设计文件执行,若无规定,可按下列要求进行:

①对于钢绞线

$$0 \rightarrow 初应力 \rightarrow 1.05\sigma_{con}(持荷\ 5min) \rightarrow \sigma_{con}(锚固)$$

②对于钢丝束

$$0 \rightarrow 初应力 \rightarrow 1.05\sigma_{con}(持荷\ 5min) \rightarrow 0 \rightarrow \sigma_{con}(锚固)$$

注意:对于一般夹片式等具有自锚性能的锚具,不宜采用超张拉工艺。因为它是一种钢筋回缩自锚式锚具,超张拉后的钢筋拉应力无法在锚固前回降至 σ_{con},一回降,钢筋就回缩,同时会带动夹片进行锚固。这样就相当于提高了 σ_{con} 值,而与超张拉的本质要求不符。

2.锚具变形、钢筋回缩和接缝压缩引起的应力损失(σ_{l2})

后张法构件,当预应力钢筋张拉结束并进行锚固时,锚具将受到巨大的压力并使锚具自身及锚下垫板压密而变形,同时有些锚具的预应力钢筋还要向内回缩。此外,拼装式构件的接缝,在锚固后也将继续被压密变形,所有这些变形都将使锚固后的预应力钢筋放松,因而引起应力损失,用 σ_{l2} 表示,可按式(8-3)计算。

按《设计规范》(JTG 3362—2018)的规定,锚具变形、钢筋回缩和接缝压缩引起的预应力损失,可按如下方法进行计算。

1)预应力直线钢筋

$$\sigma_{l2} = \frac{\sum \Delta l}{l} E_p \tag{8-3}$$

式中：Δl——张拉端锚具变形、钢筋回缩和接缝压缩值，mm，按表8-2采用；

　　　l——张拉端至锚固端之间的距离，mm；

　　　E_p——预应力钢筋的弹性模量。

锚具变形、钢筋回缩和接缝压缩值（mm）　　　　　　　　　表8-2

锚具、接缝类型		Δl
钢丝束的钢制锥形锚具		6
夹片式锚具	有顶压时	4
	无顶压时	6
带螺母锚具的螺母缝隙		1～3
镦头锚具		1
每块后加垫板的缝隙		2
水泥砂浆接缝		1
环氧树脂砂浆接缝		1

注：带螺母锚具采用一次张拉锚固时，Δl宜取2～3mm，采用二次张拉锚固时，Δl可取1mm。

减小预应力直线钢筋由锚具变形、钢筋回缩和接缝压缩引起的预应力损失σ_{l2}值的方法：

（1）采用超张拉工艺。

（2）注意选用$\sum\Delta l$值小的锚具，对于短小构件尤为重要。

2）预应力曲线钢筋

预应力曲线钢筋可参考《设计规范》（JTG 3362—2018）中附录推荐的方法进行计算。

3. 钢筋与台座间的温差引起的应力损失（σ_{l3}）

当采用先张法制作预应力混凝土构件时，张拉钢筋是在常温下进行的。当混凝土采用加热养护时，会形成预应力钢筋与预制构件台座间的温度差。预应力钢筋与预制构件台座间的温度差引起的预应力损失如下：

假设张拉时钢筋与台座的温度均为t_1，混凝土加热养护时的最高温度为t_2，此时钢筋尚未与混凝土黏结，温度由t_1升为t_2后钢筋可在混凝土中自由变形，产生了一温差变形Δl_t，即

$$\Delta l_t = \alpha(t_2 - t_1)l \qquad (8\text{-}4)$$

式中：α——钢筋的线膨胀系数，$℃^{-1}$一般可取$\alpha = 1\times10^{-5}℃^{-1}$；

　　　l——钢筋的有效长度；

　　　t_1——张拉钢筋时，制造场地的温度，℃；

　　　t_2——混凝土加热养护时，已张拉钢筋的最高温度，℃。

如果在对构件加热养护时，台座长度也能因升温而相应地伸长一个Δl_t，则锚固于台座上的预应力钢筋的拉应力将保持不变，仍与升温之前的拉应力相同。但是，张拉台座一般埋置于土中，其长度并不会因对构件加热而伸长，而是保持原长不变，并约束预应力钢筋的伸长，这就相当于将预应力钢筋压缩了一个Δl_t长度，使其预应力下降。当停止升温养护时，混凝土已与钢筋黏结在一起，钢筋和混凝土将同时随温度变化而共同伸缩，因养护升温所降低的应力已不可恢复，于是形成温差应力损失σ_{l3}，即

$$\sigma_{l3} = \frac{\Delta l_t}{l} E_p = \alpha(t_2 - t_1) E_p \qquad (8\text{-}5)$$

取预应力钢筋的弹性模量 $E_p = 2 \times 10^5 \text{MPa}$，则有

$$\sigma_{l3} = 2(t_2 - t_1) \qquad (8\text{-}6)$$

减小钢筋与台座间的温差引起的应力损失（σ_{l3}）方法有：

（1）对构件采取分阶段的养护措施。

（2）当台座与构件共同受热时，不考虑温差引起的预应力损失。

4.混凝土弹性压缩引起的应力损失（σ_{l4}）

当预应力混凝土构件受到预压应力而产生压缩变形时，对于已张拉并锚固于该构件上的预应力钢筋来说，将产生一个与该预应力钢筋重心水平处混凝土同样大小的压缩应变 $\varepsilon_p = \varepsilon_c$，因此也将产生预应力损失，这就是混凝土弹性压缩损失 σ_{l4}，它与构件预加应力的方式有关。

1）先张法构件

在先张法构件中，预应力钢筋张拉与对混凝土施加预压应力是先后完全分开的两个工序，当预应力钢筋被放松（称为放张）对混凝土预加压力时，混凝土所产生的全部弹性压缩应变将引起预应力钢筋的应力损失，其值为

$$\sigma_{l4} = \alpha_{Ep} \sigma_{pc}$$
$$\sigma_{pc} = \frac{N_{p0}}{A_0} + \frac{N_{p0} e_p^2}{I_0} \qquad (8\text{-}7)$$

式中：α_{Ep}——预应力钢筋弹性模量 E_p 与混凝土弹性模量 E_c 的比值；

σ_{pc}——在先张法构件计算截面钢筋重心处，由预加力 N_{p0} 产生的混凝土预压应力；

N_{p0}——全部钢筋的预加力（扣除相应阶段的预应力损失）；

A_0、I_0——构件全截面的换算截面面积和换算截面惯性矩，见本书第 9 章；

e_p——预应力钢筋重心至换算截面重心轴间的距离。

2）后张法构件

在后张法构件中，预应力钢筋张拉时混凝土所产生的弹性压缩是在张拉过程中完成的，故对于一次张拉完成的后张法构件，混凝土弹性压缩不会引起应力损失。但是，由于后张法构件预应力钢筋的根数往往较多，一般是采用分批张拉锚固并且多数情况是采用逐束进行张拉锚固的。因此，张拉后批钢筋所产生的混凝土弹性压缩变形将使得先批已张拉并锚固的预应力钢筋产生应力损失，通常称为分批张拉应力损失，也以 σ_{l4} 表示。

按《设计规范》（JTG 3362—2018）规定：当后张法预应力混凝土构件采用分批张拉时，张拉后批钢筋所引起的混凝土弹性压缩在先张拉的钢筋上产生的预应力损失，可按下列公式计算：

$$\sigma_{l4} = \alpha_{Ep} \sum \Delta \sigma_{pc} \qquad (8\text{-}8)$$

式中：$\Delta \sigma_{pc}$——在计算截面先张拉的钢筋重心处，由后张拉各批钢筋产生的混凝土法向应力，MPa；

α_{Ep}——预应力钢筋弹性模量与混凝土弹性模量的比值。

后张法构件多为曲线配筋,钢筋在各截面的相对位置不断变化,使各截面的 $\sum \Delta \sigma_{pc}$ 也不相同,要详细计算,非常麻烦。为使计算简便,对于简支梁,当同一截面的预应力钢筋逐束张拉时,由混凝土弹性压缩引起的预应力损失可采用如下近似简化方法进行:

$$\sigma_{l4} = \frac{m-1}{2m}\alpha_{Ep}\sigma_{pc} \tag{8-9}$$

式中:m——预应力钢筋的束数;

$\quad\sigma_{pc}$——计算截面全部钢筋重心处由张拉所有预应力钢筋产生的混凝土法向应力,MPa,取各束的平均值。

对于分批张拉的后张法构件,施工时须严格按照设计文件规定执行,由于每批预应力钢筋的应力损失不同,则实际有效预应力不等。补救方法如下:

(1)重复张拉先张拉过的预应力钢筋。

(2)超张拉先张拉过的预应力钢筋。

5.钢筋松弛引起的应力损失(σ_{l5})

钢筋在持续拉应力作用下,其应力随时间的增长而逐渐降低,这种现象为钢筋的应力松弛。应力松弛将引起预应力钢筋的应力损失,即钢筋应力松弛损失 σ_{l5}。这种现象是钢筋的一种塑性特征,其值因钢筋的种类而异,并随着应力的增加和作用(或荷载)持续的时间而增加,一般在第一小时最大,两天后可完成大部分,一个月后这种现象基本停止。

按《设计规范》(JTG 3362—2018)规定:预应力钢筋由于钢筋松弛引起的预应力损失终极值,可按下列公式计算。

1)预应力钢丝、钢绞线

$$\sigma_{l5} = \psi\zeta\left(0.52\frac{\sigma_{pe}}{f_{pk}} - 0.26\right)\sigma_{pe} \tag{8-10}$$

式中:ψ——张拉系数,一次张拉时,$\psi = 1.0$;超张拉时,$\psi = 0.9$;

$\quad\zeta$——钢筋松弛系数,Ⅰ级松弛(普通松弛),$\zeta = 1.0$;Ⅱ级松弛(低松弛),$\zeta = 0.3$;

$\quad\sigma_{pe}$——传力锚固时的钢筋应力,对后张法构件 $\sigma_{pe} = \sigma_{con} - \sigma_{l1} - \sigma_{l2} - \sigma_{l4}$;对先张法构件,$\sigma_{pe} = \sigma_{con} - \sigma_{l2}$。

2)预应力螺纹钢筋

一次张拉 $\qquad\qquad\qquad\qquad\sigma_{l5} = 0.05\sigma_{con}$ $\qquad\qquad$ (8-11)

超张拉 $\qquad\qquad\qquad\qquad\sigma_{l5} = 0.035\sigma_{con}$ $\qquad\qquad$ (8-12)

6.混凝土收缩和徐变引起的应力损失(σ_{l6})

混凝土收缩和徐变会使预应力混凝土构件缩短,因而引起应力损失。混凝土收缩、徐变的变形性质相似,影响因素也大致相同,故将混凝土收缩与徐变引起的应力损失值综合在一起进行计算。

按《设计规范》(JTG 3362—2018)规定:由混凝土收缩和徐变引起的预应力损失,可按下列公式计算:

$$\sigma_{l6}(t) = \frac{0.9\left[E_p\varepsilon_{cs}(t,t_0) + \alpha_{Ep}\sigma_{pc}\varphi(t,t_0)\right]}{1 + 15\rho\rho_{ps}} \tag{8-13}$$

$$\sigma'_{l6}(t) = \frac{0.9\left[E_p\varepsilon_{cs}(t,t_0) + \alpha_{Ep}\sigma'_{pc}\varphi(t,t_0)\right]}{1 + 15\rho'\rho'_{ps}} \tag{8-14}$$

$$\rho = \frac{A_p + A_s}{A}, \rho' = \frac{A'_p + A'_s}{A} \tag{8-15a}$$

$$\rho_{ps} = 1 + \frac{e_{ps}^2}{i^2}, \rho'_{ps} = 1 + \frac{e_{ps}'^2}{i^2} \tag{8-15b}$$

$$e_{ps} = \frac{A_p e_p + A_s e_s}{A_p + A_s}, e'_{ps} = \frac{A'_p e'_p + A'_s e'_s}{A'_p + A'_s} \tag{8-15c}$$

式中：$\sigma_{l6}(t)$、$\sigma'_{l6}(t)$——构件受拉区、受压区全部纵向钢筋截面重心处由混凝土收缩和徐变引起的预应力损失；

σ_{pc}、σ'_{pc}——构件受拉区、受压区全部纵向钢筋截面重心处由预应力产生的混凝土法向压应力，MPa；此时，预应力损失值仅考虑预应力钢筋锚固时（第一批）的损失，普通钢筋应力 σ_{l6}、σ'_{l6} 应取为零；σ_{pc}、σ'_{pc} 值不得大于传力锚固时混凝土立方体抗压强度 f'_{cu} 的 0.5 倍；当 σ'_{pc} 为拉应力时，应取为零；计算 σ_{pc}、σ'_{pc} 时，可根据构件制作情况考虑自重的影响；

E_p——预应力钢筋的弹性模量；

α_{Ep}——预应力钢筋弹性模量与混凝土弹性模量的比值；

ρ、ρ'——构件受拉区、受压区全部纵向钢筋配筋率；

A——构件截面面积，对于先张法构件，$A = A_0$；对于后张法构件，$A = A_n$，其中，A_0 为换算截面面积，A_n 为净截面面积；

i——截面回转半径，$i^2 = I/A$，先张法构件取 $I = I_0$，$A = A_0$；后张法构件取 $I = I_n$，$A = A_n$，其中 I_0、I_n 为换算截面惯性矩和净截面惯性矩；

e_p、e'_p——构件受拉区、受压区预应力钢筋截面重心至构件截面重心轴的距离；

e_s、e'_s——构件受拉区、受压区纵向普通钢筋截面重心至构件截面重心轴的距离；

e_{ps}、e'_{ps}——构件受拉区、受压区预应力钢筋和普通钢筋截面重心至构件截面重心轴的距离；

$\varepsilon_{cs}(t,t_0)$——预应力钢筋传力锚固龄期为 t_0，计算考虑的龄期为 t 时的混凝土收缩应变，其终极值 $\varepsilon_{cs}(t_u,t_0)$ 可按表 8-4 取用；

$\varphi(t,t_0)$——加载龄期为 t_0，计算考虑的龄期为 t 时的徐变系数，其终极值 $\varphi(t_u,t_0)$ 可按表 8-3 取用。

混凝土收缩应变和徐变系数终极值　　　　　　　　　　　　表 8-3

传力锚固龄期（d）	混凝土收缩应变终极值 $\varepsilon_{cs}(t_u,t_0) \times 10^3$							
	40%≤RH<70%				70%≤RH<99%			
	理论厚度 h(mm)				理论厚度 h(mm)			
	100	200	300	≥600	100	200	300	≥600
3~7	0.50	0.45	0.38	0.25	0.30	0.26	0.23	0.15
14	0.43	0.41	0.36	0.24	0.25	0.24	0.21	0.14

续上表

混凝土收缩应变终极值 $\varepsilon_{cs}(t_u,t_0) \times 10^3$								
传力锚固龄期 (d)	40%≤RH<70%				70%≤RH<99%			
	理论厚度 h(mm)				理论厚度 h(mm)			
	100	200	300	≥600	100	200	300	≥600
28	0.38	0.38	0.34	0.23	0.22	0.22	0.20	0.13
60	0.31	0.34	0.32	0.22	0.18	0.20	0.19	0.12
90	0.27	0.32	0.30	0.21	0.16	0.19	0.18	0.12
混凝土徐变系数终极值 $\varphi(t_u,t_0)$								
加载龄期 (d)	40%≤RH<70%				70%≤RH<99%			
	理论厚度 h(mm)				理论厚度 h(mm)			
	100	200	300	≥600	100	200	300	≥600
3	3.78	3.36	3.14	2.79	2.73	2.52	2.39	2.20
7	3.23	2.88	2.68	2.39	2.32	2.15	2.05	1.88
14	2.83	2.51	2.35	2.09	2.04	1.89	1.79	1.65
28	2.48	2.20	2.06	1.83	1.79	1.65	1.58	1.44
60	2.14	1.91	1.78	1.58	1.55	1.43	1.36	1.25
90	1.99	1.76	1.65	1.46	1.44	1.32	1.26	1.15

注:1. 表中 RH 代表桥梁所处环境的年平均相对湿度,%。

2. 表中理论厚度 $h=2A/u$,其中,A 为构件截面面积,u 为构件与大气接触的周边长度;当构件为变截面时,A 和 u 均可取其平均值。

3. 本表适用于由一般的硅酸盐类水泥或快硬水泥配制而成的混凝土;对 C50 及以上混凝土,表列数值应乘以 $\sqrt{32.4/f_{ck}}$,其中,f_{ck} 为混凝土轴心抗压强度标准值,MPa。

4. 本表适用于季节性变化的平均温度为 $-20^\circ\text{C} \sim +40^\circ\text{C}$ 的情形。

5. 构件的实际传力锚固龄期、加载龄期或理论厚度为表列数值中间值时,混凝土收缩应变和徐变系数终极值可按直线内插法取值;

6. 在分阶段施工或结构体系转换中,当需计算阶段混凝土收缩应变和徐变系数时,可按《设计规范》(JTG 3362—2018)中附录 F 提供的方法进行。

以上各项预应力损失的估算,可以作为一般设计的计算依据。由于构件的材料、施工条件等不同,实际的预应力损失值与按照《设计规范》(JTG 3362—2018)中的计算结果会有所差异,为了确保预应力混凝土构件的施工、使用阶段的安全,除加强施工管理外,还应做好预应力损失的测试,用实测预应力损失来调整预应力混凝土结构的张拉力。

8.1.2　钢筋的有效预应力计算

预应力钢筋的有效预应力 σ_{pe} 等于预应力钢筋锚下控制应力 σ_{con} 扣除相应阶段的应力损失 σ_l 后实际存余的预拉应力值。由于应力损失在各个阶段出现的项目是不同的,故应按受力阶段进行组合,然后才能确定不同受力阶段的有效预应力。

1. 预应力损失值组合

根据预应力损失出现的先后次序以及完成终值所需的时间,先张法、后张法构件按两个阶段进行组合,具体见表 8-4。

134

各阶段预应力损失值的组合　　　　　　　　　　　　　　　　表 8-4

预应力损失值的组合	先张法构件	后张法构件
传力锚固时的损失(第一批)σ_{lI}	$\sigma_{l2} + \sigma_{l3} + \sigma_{l4} + 0.5\sigma_{l5}$	$\sigma_{l1} + \sigma_{l2} + \sigma_{l4}$
传力锚固后的损失(第二批)σ_{lII}	$0.5\sigma_{l5} + \sigma_{l6}$	$\sigma_{l5} + \sigma_{l6}$

2. 预应力钢筋的有效预应力 σ_{pe}

在预加应力阶段,预应力钢筋中的有效预应力为

$$\sigma_{pe} = \sigma_{pI} = \sigma_{con} - \sigma_{lI} \tag{8-16}$$

在使用阶段,预应力钢筋中的有效预应力为

$$\sigma_{pe} = \sigma_{pII} = \sigma_{con} - (\sigma_{lI} + \sigma_{lII}) \tag{8-17}$$

8.2 正截面承载力设计计算

　　预应力混凝土受弯构件正截面破坏时的受力状态与普通钢筋混凝土受弯构件类似。当预应力钢筋的含筋量适当时,其正截面破坏形态一般表现为适筋梁破坏。预应力混凝土受弯构件正截面承载力计算图式中的受拉区预应力钢筋和普通钢筋的应力将分别取其抗拉强度设计值 f_{pd} 和 f_{sd};受压区的混凝土应力用等效的矩形应力分布图代替实际的曲线分布图并取轴心抗压强度设计值 f_{cd};受压区普通钢筋则取其抗压强度设计值 f'_{sd}。但是受压区如果配置了预应力钢筋,当预应力混凝土受弯构件破坏时,受压区预应力钢筋 A'_p 的应力可能是拉应力,也可能是压应力,因而将其应力称为计算应力 σ'_{pa}。

1. 受压区不配置钢筋的矩形截面受弯构件

　　对于仅在受拉区配置预应力钢筋和普通钢筋的矩形截面(包括翼缘位于受拉边的 T 形截面)受弯构件,这种构件在桥梁结构中比较常见,如预应力混凝土简支梁,其正截面抗弯承载力的计算采用图 8-2 的计算图式。

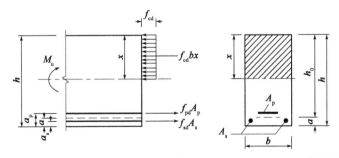

图 8-2　受压区不配置预应力钢筋的矩形截面受弯构件正截面承载力计算图式

1）基本公式

根据图8-2，依据钢筋混凝土受弯构件正截面承载能力计算基本假定等条件，建立平衡方程见式（8-18）~式（8-20）。

$$f_{sd}A_s + f_{pd}A_p = f_{cd}bx \tag{8-18}$$

$$M_u = f_{cd}bx\left(h_0 - \frac{x}{2}\right) \tag{8-19}$$

$$M_u = f_{pd}A_p(h_0 - a_p) + f_{sd}A_s(h_0 - a_s) \tag{8-20}$$

式中：$A_s \backslash f_{sd}$——受拉区纵向普通钢筋的截面面积和抗拉强度设计值；

$\quad\quad A_p \backslash f_{pd}$——受拉区预应力钢筋的截面面积和抗拉强度设计值；

$\quad\quad f_{cd}$——混凝土轴心抗压强度设计值。

$\quad\quad h_0$——截面有效高度，$h_0 = h - a$；

$\quad\quad h$——构件全截面高度；

$\quad\quad a$——受拉区钢筋 A_s 和 A_p 的合力作用点至受拉区边缘的距离，当不配非预应力钢筋（$A_s = 0$）时，则以 a_p 代替 a，a_p 为受拉区预应力钢筋 A_p 的合力作用点至截面最近边缘的距离。

2）公式适用条件

为了防止出现超筋梁脆性破坏，预应力混凝土受弯构件的截面受压区高度 x 同钢筋混凝土受弯构件一样应满足式（8-21）的规定

$$x \leqslant \xi_b h_0 \tag{8-21}$$

式中：ξ_b——预应力混凝土受弯构件相对界限受压区高度，按《设计规范》（JTG 3362—2018）规定，预应力混凝土受弯构件相对界限受压区高度 ξ_b 按表8-5采用。

预应力混凝土受弯构件相对界限受压区高度 ξ_b 表8-5

预应力钢筋种类	混凝土强度等级			
	C50 及以下	C55、C60	C65、C70	C75、C80
钢绞线、钢丝	0.40	0.38	0.36	0.35
预应力螺纹钢筋	0.40	0.38	0.36	—

注：1. 截面受压区内配置不同种类钢筋的受弯构件，其 ξ_b 值应选用相应于各种钢筋的较小者。

$\quad\quad$2. $\xi_b = x_b/h_0$，x_b 为纵向受拉钢筋和受压区混凝土同时达到其强度设计值时的受压区高度。

根据基本公式和公式的适用条件，一般可以不考虑按局部受力需要和按构造要求配置的纵向普通钢筋截面面积，即可参照钢筋混凝土受弯构件一样的方法进行截面设计和截面复核计算。

2. 受压区配置预应力钢筋和普通钢筋的矩形截面受弯构件

对于受压区配置预应力钢筋的矩形截面构件，抗弯承载力的计算与普通钢筋混凝土双筋矩形截面构件的抗弯承载力计算相似。

当预应力混凝土梁破坏时，受压区预应力钢筋 A'_p 的应力可能是拉应力，也可能是压应力，因而将其应力称为计算应力 σ'_{pa}。当 σ'_{pa} 为压应力时，其值也较小，一般达不到钢筋 A'_p 的抗压设计强度 $f'_{pd} = \varepsilon_c E'_p = 0.002E'_p$，$\sigma'_{pa}$ 值主要决定于 A'_p 中预应力的大小。

预应力混凝土受弯构件在承受外荷载前,钢筋 A'_p 中已存在有效预拉应力 σ'_p(扣除全部预应力损失),钢筋 A'_p 重心水平处的混凝土有效预压应力为 σ'_c,相应的混凝土压应变为 σ'_c/E_c;在构件破坏时,受压区混凝土应力为 f_{cd},相应的压应变增加至 ε_c。因此,在预应力混凝土受弯构件从开始承受荷载作用到破坏的过程中,A'_p 重心处的混凝土水平压应变增量也即钢筋 A'_p 的压应变增量为 $(\varepsilon_c - \sigma'_c/E_c)$,也相当于在钢筋 A'_p 中增加了一个压应力 $E'_p(\varepsilon_c - \sigma'_c/E_c)$,将此与 A'_p 中的预拉应力 σ'_p 相叠加可求得 σ'_{pa}。设压应力为正号,拉应力为负号,则

$$\sigma'_{pa} = E'_p\left(\varepsilon_c - \frac{\sigma'_c}{E_c}\right) - \sigma'_p = f'_{pd} - \alpha'_{Ep}\sigma'_c - \sigma'_p \tag{8-22}$$

或

$$\sigma'_{pa} = f'_{pd} - (\alpha'_{Ep}\sigma'_c + \sigma'_p) = f'_{pd} - \sigma'_{p0} \tag{8-23}$$

式中:σ'_{p0}——钢筋 A'_p 当其重心水平处混凝土应力为零时的有效预应力(扣除不包括混凝土弹性压缩在内的全部预应力损失);对于先张法构件,$\sigma'_{p0} = \sigma'_{con} - \sigma'_l + \sigma'_{l4}$;对于后张法构件,$\sigma'_{p0} = \sigma'_{con} - \sigma'_l + \alpha'_{Ep}\sigma'_{pc}$,其中 σ'_{con} 为受压区预应力钢筋的控制应力,σ'_l 为受压区预应力钢筋的全部预应力损失,σ'_{l4} 为先张法构件受压区弹性压缩损失,σ'_{pc} 为受压区预应力钢筋重心处由预应力产生的混凝土法向压应力;

α'_{Ep}——受压区预应力钢筋与混凝土的弹性模量之比。

由上可知,建立式(8-22)的前提条件是构件破坏时,A'_p 重心处混凝土应变达到 $\varepsilon_c = 0.002$。

1)矩形截面或翼缘位于受拉边的 T 形截面受弯构件

在明确了破坏阶段混凝土、预应力钢筋的应力值后,则可得到受压区配置预应力钢筋和普通钢筋的矩形截面受弯构件受力图式,如图 8-3 所示。

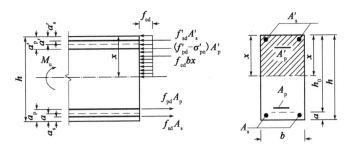

图 8-3　受压区配置预应力钢筋的矩形截面受弯构件正截面承载力计算图

根据图 8-3,参照受弯构件正截面承载力计算的基本假定,由静力平衡方程可得预应力混凝土受弯构件正截面承载力计算公式如下

$$M_u = f_{cd}bx\left(h_0 - \frac{x}{2}\right) + f'_{sd}A'_s(h_0 - a'_s) + (f'_{pd} - \sigma'_{p0})A'_p(h_0 - a'_p) \tag{8-24}$$

混凝土受压区高度 x 计算公式如下:

$$f_{sd}A_s + f_{pd}A_p = f_{cd}bx + f'_{sd}A'_s + (f'_{pd} - \sigma'_{p0})A'_p \tag{8-25}$$

式中:A'_p、f'_{pd}——受压区预应力钢筋的截面面积和抗压强度设计值;

其他符号意义同前。

2）T形截面或I形截面受弯构件

翼缘位于受压区的T形截面或I形截面受弯构件，其受力图式如图8-4所示。

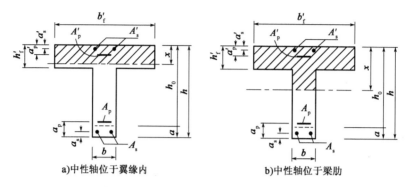

a）中性轴位于翼缘内   b）中性轴位于梁肋

图8-4　T形截面预应力梁受弯构件中性位置图

根据图8-4，参照基本假定，由静力平衡方程可得预应力混凝土受弯构件正截面承载力计算方法如下：

同普通钢筋混凝土梁一样，先按下列条件判断属于哪一类T形截面。

截面复核时

$$f_{sd}A_s + f_{pd}A_p \leqslant f_{cd}b'_f h'_f + f'_{sd}A'_s + (f'_{pd} - \sigma'_{p0})A'_p \tag{8-26}$$

截面设计时

$$\gamma_0 M_d \leqslant f_{cd}b'_f h'_f \left(h_0 - \frac{h'_f}{2}\right) + f'_{sd}A'_s(h_0 - a'_s) + (f'_{pd} - \sigma'_{p0})A'_p(h_0 - a'_p) \tag{8-27}$$

当符合上述条件时为第一类T形截面（中性轴位于翼缘内），可按宽度为 b'_f 的矩形截面计算［图8-4a)］；否则为第二类T形截面，计算时需考虑梁肋受压区混凝土的工作［图8-4b)］。

根据图8-4，参照基本假定，由静力平衡方程可得预应力混凝土受弯构件正截面承载力计算公式如下

$$f_{sd}A_s + f_{pd}A_p = f_{cd}[bx + (b'_f - b)h'_f] + f'_{sd}A'_s + (f'_{pd} - \sigma'_{p0})A'_p \tag{8-28}$$

$$\gamma_0 M_d \leqslant f_{cd}\left[bx\left(h_0 - \frac{x}{2}\right)b'_f h'_f\left(h_0 - \frac{h'_f}{2}\right)\right] + f'_{sd}A'_s(h_0 - a'_s) + (f'_{pd} - \sigma'_{p0})A'_p(h_0 - a'_p) \tag{8-29}$$

式中：h'_f——T形截面或I形截面受压翼缘厚度；

b'_f——T形截面或I形截面受压翼缘的有效宽度；

其他符号意义同前。

3）公式适用条件

为防止出现超筋梁及脆性破坏，预应力混凝土梁的截面受压区高度 x 应满足 $x \leqslant \xi_b h_0$ 的规定，预应力混凝土梁相对界限受压区高度 ξ_b 取值见表8-4。

当受压区预应力钢筋受压，即 $(f'_{pd} - \sigma'_{p0}) > 0$ 时，应满足

$$x \geqslant 2a' \tag{8-30a}$$

当受压区预应力钢筋受拉,即$(f'_{pd} - \sigma'_{p0}) < 0$时,应满足

$$x \geqslant 2a'_s \tag{8-30b}$$

式中:a'——受压区钢筋A'_s和A'_p的合力作用点至截面最近边缘的距离;当预应力钢筋A'_p中的应力为拉应力时,则以a'_s代替a';

a'_s——钢筋A'_p的合力作用点至截面最近边缘的距离。

由预应力混凝土受弯构件正截面承载力计算公式可以看出,受弯构件的正截面承载力与受拉区钢筋是否施加预应力无关,但对受压区钢筋A'_p施加预应力后,钢筋A'_p应力f'_{pd}下降为σ'_{pa}(或为拉应力),导致构件正截面承载力和抗裂性有所降低。因此,只有在受压区确有需要设置预应力钢筋A'_p时,才予以设置。

预应力混凝土受弯构件正截面承载力复核与普通钢筋混凝土受弯构件类似,此处不再赘述。

8.3 斜截面承载力设计计算

1. 斜截面抗剪承载力计算

如图 8-5 所示,对配置箍筋和弯起预应力钢筋的矩形、T 形和 I 形截面的预应力混凝土受弯构件,斜截面抗剪承载力 V_u 的基本计算公式及应满足的要求为

$$\gamma_0 V_d \leqslant V_u = V_{cs} + V_{sb} + V_{pb} \tag{8-31}$$

式中:V_d——斜截面受压端上由作用(或荷载)产生的最不利剪力设计值,kN;对变高度(承托)的连续梁和悬臂梁,当该截面处于变高度梁段时,还应考虑作用于截面的弯矩引起的附加剪应力的影响;

V_{cs}——斜截面内混凝土和箍筋共同的抗剪承载力设计值,kN;

V_{sb}——与斜截面相交的普通弯起钢筋抗剪承载力设计值,kN;

V_{pb}——与斜截面相交的预应力弯起钢筋抗剪承载力设计值,kN。

注意:变高度(承托)的钢筋混凝土连续梁和悬臂梁,在变高度梁段内当考虑附加剪应力影响时,其换算剪力设计值按下列公式计算:

$$V_d = V_{cd} - \frac{M_d}{h_0}\tan\alpha$$

式中:V_{cd}——按等高度梁计算的计算截面的作用组合剪力设计值;

M_d——相应于剪力设计值 V_{cd} 的作用组合弯矩设计值;

h_0——计算截面的有效高度;

α——计算截面处梁下缘切线与水平线的夹角。当弯矩绝对值增加而梁高减小时,公式中的"$-$"改为"$+$"。

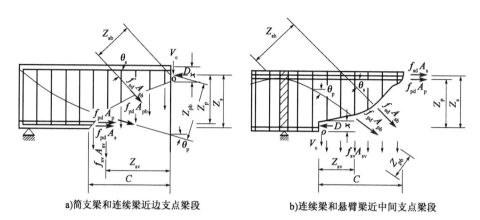

a)简支梁和连续梁近边支点梁段 b)连续梁和悬臂梁近中间支点梁段

图8-5　斜截面抗剪承载力计算图式

1)斜截面内混凝土和箍筋共同的抗剪承载力设计值(V_{cs})

构件的预应力能够阻滞斜裂缝的开展和延伸,使混凝土的剪压区高度增大,从而提高混凝土所承担的抗剪能力。

按《设计规范》(JTG 3362—2018)规定:矩形、T形和I形截面的受弯构件,当配置箍筋和弯起钢筋时,其斜截面抗剪承载力采用的斜截面内混凝土和箍筋共同的抗剪承载力(V_{cs})的计算公式为

$$V_{cs} = \alpha_1 \alpha_2 \alpha_3 0.45 \times 10^{-3} b h_0 \sqrt{(2 + 0.6P)\ \sqrt{f_{cu,k}} \rho_{sv} f_{sv}} \tag{8-32}$$

式中:α_1——异号弯矩影响系数,计算简支梁和连续梁近边支点梁段的抗剪承载力时,$\alpha_1 = 1.0$;计算连续梁和悬臂梁近中间支点梁段的抗剪承载力时,$\alpha_1 = 0.9$;

α_2——预应力提高系数,对钢筋混凝土受弯构件,$\alpha_2 = 1.0$;对预应力混凝土受弯构件,$\alpha_2 = 1.25$,但当由钢筋合力引起的截面弯矩与外弯矩的方向相同时,或允许出现裂缝的预应力混凝土受弯构件,取 $\alpha_2 = 1.0$;

α_3——受压翼缘的影响系数,取 $\alpha_3 = 1.1$;

b——斜截面受压端正截面处矩形截面宽度,或 T 形和 I 形截面腹板宽度,mm;

h_0——斜截面受压端正截面的有效高度,自纵向受拉钢筋合力点至受压边缘的距离,mm;

P——斜截面内纵向受拉钢筋的配筋百分率,$P = 100\rho$,$\rho = (A_p + A_{pd} + A_s)/bh_0$,当 $P > 2.5$时,取 $P = 2.5$;

$f_{cu,k}$——边长为150mm 的混凝土立方体抗压强度标准值,MPa,即混凝土强度等级;

ρ_{sv}——斜截面内箍筋配筋率,$\rho_{sv} = A_{sv}/s_v b$;

f_{sv}——箍筋抗拉强度设计值,MPa;

A_{sv}——斜截面内配置在同一截面的箍筋各肢总截面面积,mm²;

s_v——斜截面内箍筋的间距,mm。

在实际工程中,预应力混凝土箱梁也有采用腹板内设置竖向预应力钢筋的情况,这时 ρ_{sv} 应换为竖向预应力钢筋的配筋率 ρ_{pv},其中 s_v 为斜截面内竖向预应力钢筋的间距,mm;f_{sv} 为竖

向预应力钢筋抗拉强度设计值;A_{sv} 为斜截面内配置在同一截面的竖向预应力钢筋截面面积。

2)普通弯起钢筋的抗剪承载力设计值(V_{sb})

普通弯起钢筋的斜截面抗剪承载力计算按下式进行

$$V_{sb} = 0.75 \times 10^{-3} f_{sd} \sum A_{sb} \sin\theta_s \tag{8-33}$$

3)预应力弯起钢筋的抗剪承载力设计值(V_{pb})

预应力弯起钢筋的斜截面抗剪承载力计算按下式进行

$$V_{pb} = 0.75 \times 10^{-3} f_{pd} \sum A_{pb} \sin\theta_p \tag{8-34}$$

式中:A_{sb}、A_{pb}——斜截面内在同一弯起平面的普通弯起钢筋、预应力弯起钢筋的截面面积,mm^2;

θ_s、θ_p——普通弯起钢筋、预应力弯起钢筋(在斜截面受压端正截面处)的切线与水平线的夹角;

其他符号意义同前。

进行预应力混凝土受弯构件抗剪承载力计算时,所需满足的上、下限值与普通钢筋混凝土受弯构件相同。

2. 斜截面抗弯承载力计算

根据斜截面的受弯破坏形态,仍取斜截面以左部分为脱离体(图8-6),并以受压区混凝土合力作用点 O(转动铰)为中心取矩,由 $\sum M_0 = 0$,得到矩形、T 形和 I 形截面的受弯构件斜截面抗弯承载力计算公式及应满足的要求为

$$\gamma_0 M_d \leq M_u = f_{sd} A_s Z_s + f_{pd} A_p Z_p + \sum f_{pd} A_{pb} Z_{pb} + \sum f_{sv} A_{sv} Z_{sv} \tag{8-35}$$

式中:M_d——斜截面受压端正截面的最不利作用组合弯矩设计值;

M_u——斜截面受压端正截面抗弯承载力;

Z_s、Z_p——纵向普通受拉钢筋合力点、纵向预应力受拉钢筋合力点至受压区中心点 O 的距离;

Z_{pb}——与斜截面相交的同一弯起平面内预应力弯起钢筋合力点至受压区中心点 O 的距离;

Z_{sv}——与斜截面相交的同一平面内箍筋合力点至斜截面受压端的水平距离。

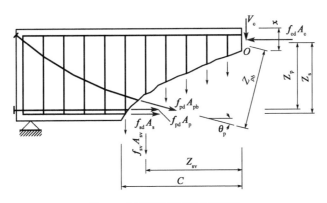

图 8-6 斜截面抗弯承载力计算图

当计算斜截面抗弯承载力时,其最不利斜截面的位置,需选在预应力钢筋数量变少、箍筋截面与间距的变化处,以及构件混凝土截面腹板厚度的变化处等进行。

斜截面水平投影长度 C(图8-6)按下列公式计算:

$$C = 0.6mh_0$$
$$m = M_d/V_d h_0 \qquad\qquad (8\text{-}36)$$

式中：m——斜截面受压端正截面处的广义剪跨比，当 $m > 3.0$ 时，取 $m = 3.0$；

M_d——相应于最不利作用组合剪力设计值的弯矩设计值。

预应力混凝土受弯构件斜截面抗弯承载力的计算方法和步骤与普通钢筋混凝土受弯构件一致，但比较烦琐。因受弯构件斜截面抗弯承载力用构造措施基本可以保证，需要计算（或验算）时，可参考钢筋混凝土受弯构件相关内容或《设计规范》（JTG 3362—2018）中有关规定。

8.4　预应力端部锚固区计算

8.4.1　先张法构件预应力钢筋的传递长度与锚固长度

先张法构件预应力钢筋的两端通常是通过钢筋与混凝土之间的黏结力作用来达到锚固的。在预应力钢筋放张时，构件端部外露处的钢筋应力由原有的预拉应力变为零，钢筋在该处的拉应变也相应变为零，钢筋将向构件内部产生内缩、滑移，但钢筋与混凝土间的黏结力将阻止钢筋内缩。经过自端部起至某一截面的 l_{tr} 长度后，钢筋内缩将被完全阻止，说明 l_{tr} 长度范围内黏结力之和正好等于钢筋中的有效预拉力 $N_{pe} = \sigma_{pe} A_p$，且钢筋在 l_{tr} 以后的各截面将保持有效预应力 σ_{pe}。钢筋从应力为零的端面到应力为 σ_{pe} 的这一长度 l_{tr} 称为预应力钢筋的传递长度。

按《设计规范》（JTG 3362—2018）规定：对先张法预应力混凝土构件端部区段进行正截面、斜截面抗裂验算时，预应力传递长度 l_{tr} 范围内预应力钢筋的实际应力值，在构件端部取为零，在预应力传递长度末端取有效预应力值 σ_{pe}，两点之间按直线变化取值（图 8-7）。预应力钢筋的预应力传递长度应按表 8-6 采用。

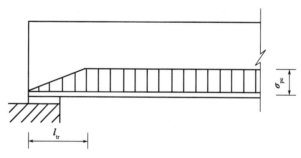

图 8-7　预应力钢筋传递长度内有效应力值

当计算先张法预应力混凝土构件端部锚固区的正截面和斜截面抗弯承载力时，锚固区内预应力钢筋的抗拉强度设计值，在锚固起点处取为零，在锚固终点处取为 f_{pd}，两点之间按直线内插法取值。

预应力传递长度 l_{tr} 与锚固长度 l_a 按表 8-6 采用。

预应力钢筋的预应力传递长度 l_{tr} 与锚固长度 l_a（mm） 表 8-6

预应力钢筋种类	混凝土强度等级	传递长度 l_{tr}	锚固长度 l_a
1×7 钢绞线 $\sigma_{pe} = 1000\,\text{MPa}$ $f_{pd} = 1260\,\text{MPa}$	C40	67d	130d
	C45	64d	125d
	C50	60d	120d
	C55	58d	115d
	C60	58d	110d
	≥C65	58d	105d
螺旋肋钢丝 $\sigma_{pe} = 1000\,\text{MPa}$ $f_{pd} = 1200\,\text{MPa}$	C40	58d	95d
	C45	56d	90d
	C50	53d	85d
	C55	51d	83d
	C60	51d	80d
	≥C65	51d	80d

注:1. 预应力钢筋的预应力传递长度 l_{tr} 按有效预应力值 σ_{pe} 查表;锚固长度 l_a 按抗拉强度设计值 f_{pd} 查表。

2. 预应力传递长度应根据预应力钢筋放松时混凝土立方体抗压强度 f'_{cu} 确定,当 f'_{cu} 在表列混凝土强度等级之间时,预应力传递长度按直线内插取用。

3. 当采用骤然放松预应力钢筋的施工工艺时,锚固长度的起点及预应力传递长度的起点应从离构件末端 $0.25l_{tr}$ 处开始,l_{tr} 为预应力钢筋的预应力传递长度。

4. 当预应力钢筋的抗拉强度设计值 f_{pd} 或有效预应力值 σ_{pe} 与表值不同时,其锚固长度或预应力传递长度应根据表值按比例增减。

先张法构件的端部锚固区也需采取局部加强措施。对预应力钢筋端部周围混凝土,通常采取的加强措施是:当其为单根钢筋时,其端部宜设置长度不小于 150mm 的螺旋筋;当其为多根预应力钢筋时,其端部在 $10d$（d 为预应力钢筋直径）范围内,设置 3～5 片钢筋网。

8.4.2 后张法构件端部锚固区计算

1.后张法构件端部锚固区范围

在后张法构件端部或其他布置锚具的地方,巨大的预加压力 N_p 将通过锚具及其下锚垫板、螺旋筋、钢筋网片传递给混凝土。根据弹性力学中的圣维南原理和试验可知,要将这个集中预加力均匀地传递到梁体的整个截面,需要一个过渡区段才能完成。试验和理论研究表明,这个过渡区段长度约等于构件的高度 h,此区域称为构件的端部锚固区,如图 8-8 所示。

针对后张预应力混凝土构件的端部锚固区的以上受力特点,《设计规范》(JTG 3362—2018)中规定了后张法预应力锚固区范围如下:

(1)预应力锚固区的范围。对于端部锚固区,横向取梁端全截面,纵向取 1.0～1.2 倍的梁高或梁宽的较大值;对于三角齿块锚固区,横向取齿块宽度的 3 倍,纵向取齿块长度外加 2 倍壁板厚度。

(2)局部区的范围。横向取锚下局部受压面积(图 8-9),纵向取 1.2 倍的锚垫板较长边尺寸。

图 8-8　后张法构件梁端锚固区

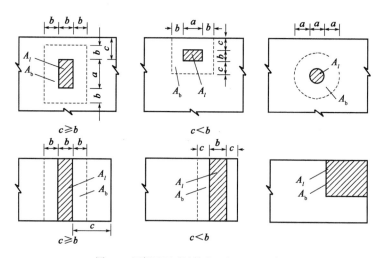

图 8-9　局部承压时计算底面积 A_b 的示意图

（3）端部锚固区的总体区范围是局部区以外的端部锚固区域。

2.后张法构件端部锚固局部区计算

端部锚固区的局部区是指锚具垫板及附近周围混凝土的区域。局部区主要涉及锚具垫板下混凝土局部承压计算与间接钢筋配置设计问题。

对于后张预应力混凝土构件，其预应力锚固局部区的锚下抗压承载力计算方法如下。

1）端部锚固局部区的截面尺寸

按《设计规范》（JTG 3362—2018）规定，配置间接钢筋的混凝土构件，其局部受压区的截面尺寸应满足下列要求

$$\gamma_0 F_{ld} \leq 1.3\eta_s \beta f_{cd} A_{ln}$$

$$\beta = \sqrt{\dfrac{A_b}{A_l}} \tag{8-37}$$

式中:F_{ld}——局部受压面积上的局部压力设计值;对后张法构件的锚头局压区,应取 1.2 倍张拉时的最大压力;

f_{cd}——混凝土轴心抗压强度设计值,对后张法预应力混凝土构件,应根据张拉时混凝土立方体抗压强度 f'_{cu} 值按附表 1 规定以直线内插求得;

η_s——混凝土局部承压修正系数,C50 及以下,取 $\eta_s = 1.0$;C50 ~ C80 取 $\eta_s = 1.0$ ~ 0.76,中间直线插入取值;

β——混凝土局部承压强度提高系数;

A_{ln}、A_l——混凝土局部受压面积;当局部受压面有孔洞时,A_{ln} 为扣除孔洞后的面积,A_l 为不扣除孔洞的面积;当受压面积设有钢垫板时,局部受压面积应计入在垫板中按 45°刚性角扩大的面积;对于具有喇叭管并与垫板连成整体的锚具,A_{ln} 可取垫板面积扣除喇叭管尾端内孔面积;

A_b——局部受压时的计算底面积,可由计算底面积与局部受压面积按同心、对称原则确定;常用情况,可按图 8-9 确定。

2)端部锚固局部区的抗压承载力计算

按《设计规范》(JTG 3362—2018)规定,配置间接钢筋的局部受压构件(图 8-10),其局部抗压承载力应按下列规定计算

$$\gamma_0 F_{ld} \leqslant 0.9(\eta_s \beta f_{cd} + k\rho_v \beta_{cor} f_{sd})A_{ln} \tag{8-38}$$

$$\beta_{cor} = \sqrt{\dfrac{A_{cor}}{A_l}}$$

间接钢筋体积配筋率(核心面积 A_{cor} 范围内单位混凝土体积所含间接钢筋的体积)按下列公式计算

方格网
$$\rho_v = \dfrac{n_1 A_{s1} l_1 + n_2 A_{s2} l_2}{A_{cor} s} \tag{8-39}$$

此时,在钢筋网两个方向的钢筋截面面积相差不应大于 50%。

螺旋筋
$$\rho_v = \dfrac{4A_{ss1}}{d_{cor} s} \tag{8-40}$$

式中:β_{cor}——配置间接钢筋时局部抗压承载力提高系数,当 $A_{cor} > A_b$ 时,应取 $A_{cor} = A_b$;

k——间接钢筋影响系数;混凝土强度等级 C50 及以下时,取 $k = 2.0$;C50 ~ C80 取 $k = 2.0$ ~ 1.7,中间直接插值取用;

A_{cor}——方格网或螺旋形间接钢筋内表面范围内的混凝土核芯面积,其重心应与 A_l 的重心相重合,计算时按同心、对称原则取值;

n_1、A_{s1}——方格网沿 l_1 方向的钢筋根数、单根钢筋的截面面积;

n_2、A_{s2}——方格网沿 l_2 方向的钢筋根数、单根钢筋的截面面积;

A_{ss1}——单根螺旋形间接钢筋的截面面积;

d_{cor}——螺旋形间接钢筋内表面范围内混凝土核芯面积的直径;

s——方格网或螺旋形间接钢筋的层距。

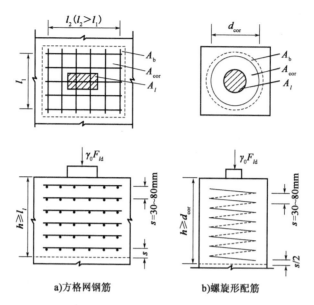

a)方格网钢筋　　　　　b)螺旋形配筋

图 8-10　局部承压配筋图

3）端部锚固局部区的抗裂性计算

为了防止端部锚固局部区段出现沿构件长度方向的裂缝,保证端部锚固局部区混凝土的防裂要求,对于在端部锚固局部区中配有间接钢筋的情况,按《设计规范》(JTG 3362—2018)规定,端部锚固局部区的截面尺寸应满足

$$\gamma_0 F_{ld} \leqslant F_{ck} = 1.3\eta_s \beta f_{cd} A_{ln} \tag{8-41}$$

式中:F_{ck}——局部受压面积上的局部压力标准值;对后张法构件的锚头局部受压区,可取张拉
　　　　　时的最大压力;

其他符号意义同前。

3.后张法构件端部锚固总体区计算

后张法构件端部锚固总体区各受拉部位承载力的计算应符合式(8-42)要求。

$$\gamma_0 T_{(.),d} \leqslant f_{sd} A_s \tag{8-42}$$

式中:$T_{(.),d}$——总体区各受拉部位的拉力设计值;对于端部锚固区,锚下劈裂力 $T_{b,d}$、剥裂力
　　　　　$T_{s,d}$ 和边缘拉力 $T_{et,d}$,对于三角齿块锚固区 5 个受拉部位的拉力设计值,可按
　　　　　《设计规范》(JTG 3362—2018)规定的方法计算或采用拉压杆模型计算;

　　　f_{sd}——普通钢筋抗拉强度设计值;

　　　A_s——拉杆中的普通钢筋面积,按《设计规范》(JTG 3362—2018)规定布置范围内的
　　　　　钢筋计算。

1）端部锚固区的锚下劈裂力设计值 $T_{b,d}$

单个锚头引起的锚下劈裂力设计值为

$$T_{b,d} = 0.25 P_d (1 + \gamma)^2 \left[(1 - \gamma) - \frac{a}{h} \right] + 0.5 P_d |\sin\alpha| \tag{8-43}$$

劈裂力作用位置至锚固端面的水平距离为

$$d_{\text{b}} = 0.5(h - 2e) + e\sin\alpha \qquad (8\text{-}44)$$

式中：P_{d}——预应力锚固力设计值，取 1.2 倍张拉控制力；

　　　a——锚垫板宽度；

　　　h——锚固端截面高度；

　　　e——锚固力偏心距，即锚固力作用点距截面形心的距离；

　　　γ——锚固力在截面上的偏心率，$\gamma = 2e/h$；

　$\sin\alpha$——力筋倾角，一般为 $-5° \sim +20°$；当锚固力作用线从起点指向截面形心时取正值，逐渐远离截面形心时取负值。

　　按《设计规范》(JTG 3362—2018)规定：当相邻锚垫板的中心距小于 2 倍锚垫板宽度时（图 8-11），该锚头为密集锚头；否则，该锚头为非密集锚头。一组密集锚头引起的锚下劈裂力设计值，宜采用其锚固力的合力值代入式(8-43)计算。非密集锚头引起的锚下劈裂力设计值，宜按单个锚头分别计算，取各劈裂力的最大值。

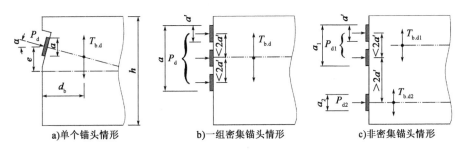

| a)单个锚头情形 | b)一组密集锚头情形 | c)非密集锚头情形 |

图 8-11　端部锚固区的锚下劈裂力

　　2)由锚垫板局部压陷引起的周边剥裂力 $T_{\text{s,d}}$（图 8-12）

$$T_{\text{s,d}} = 0.02\max\{P_{\text{di}}\}$$

式中：P_{di}——同一端面上，第 i 个锚固力设计值。

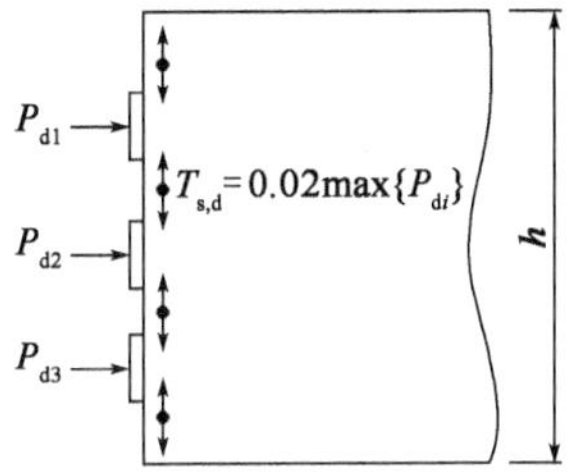

　　当两个锚固力的中心距大于 1/2 锚固端截面高度时，该组大间距锚头间的端面剥裂力（图 8-13）宜按下式计算，且不小于最大锚固力设计值的 0.02 倍。

$$T_{\text{s,d}} = 0.45\,\overline{P}_{\text{d}}\left(\frac{2s}{h} - 1\right) \qquad (8\text{-}45)$$

图 8-12　锚头的周边剥裂力

式中：$\overline{P}_{\text{d}}$——锚固力设计值的平均值，即 $\overline{P}_{\text{d}} = (P_{\text{d1}} + P_{\text{d2}})/2$；

　　　s——两个锚固力的中心距；

　　　h——锚固端截面高度。

　　3)端部锚固区的边缘拉力设计值 $T_{\text{et,d}}$（图 8-14）

$$T_{\text{et,d}} = \begin{cases} 0 & (\gamma \leq 1/3) \\ \dfrac{(3\gamma - 1)^2}{12\gamma}P_{\text{d}} & (\gamma > 1/3) \end{cases} \qquad (8\text{-}46)$$

式中：γ——锚固力在截面上的偏心率，$\gamma = 2e/h$，其中 e 和 h 按前述的规定取值。

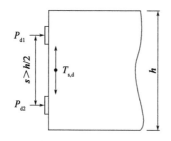 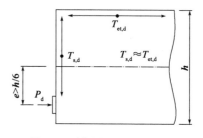

图8-13　大间距锚头间的剥裂力　　　　　图8-14　端部锚固区的边缘拉力

4）三角齿块锚固区内五个受拉部位的拉力设计值（图8-15）

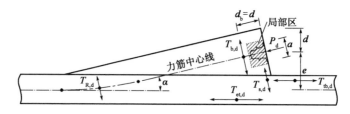

图8-15　后张预应力构件齿块锚固区的受拉效应

（1）锚下劈裂力设计值为

$$T_{b,d} = 0.25P_d\left(1 - \frac{a}{2d}\right) \tag{8-47}$$

式中：d——锚固力中心至齿板上边缘的垂直距离。

（2）齿块端面根部的拉力设计值为

$$T_{s,d} = 0.04P_d \tag{8-48}$$

（3）锚后牵拉力设计值为

$$T_{tb,d} = 0.20P_d \tag{8-49}$$

（4）边缘局部弯曲引起的拉力设计值为

$$T_{et,d} = \frac{(2e - d)^2}{12e(e + d)}P_d \tag{8-50}$$

式中：e——锚固力作用点至壁板中心的距离。

（5）径向力作用引起的拉力设计值为

$$T_{R,d} = P_d\alpha \tag{8-51}$$

式中：α——预应力钢筋转向前后的切线夹角，rad。

在后张预应力混凝土构件端部锚固区的设计上，除设计计算外，更重要的是锚固面上锚具布置和端部锚固区设计的构造要求：

（1）对于后张预应力混凝土构件，应该力求只在构件端面并沿截面高度均匀地布置锚具；当锚具数量少且预加应力较大时，宜在端部锚固区范围内加厚混凝土截面。

（2）总体区抵抗混凝土拉应力主要采用配置非预应力钢筋。抵抗锚下劈裂力的非预应力钢筋长度（以箍筋形式时其长肢）必须贯通端部锚固区高度，钢筋沿受弯构件纵向的布置应根据锚下劈裂应力图形来决定。

按《设计桥规》（JTG 3362—2018）规定：

（1）锚下总体区应配置抵抗锚下劈裂力的闭合式箍筋，钢筋间距不应大于120mm；梁端截面应配置抵抗表面剥裂力的抗裂钢筋。当采用大偏心锚固时，锚固端面钢筋宜弯起并延伸至纵向受拉边缘。

（2）锚下局部区应配置间接钢筋。当采用平板式锚垫板时，应配置不少于4层的方格网钢筋或不少于4圈的螺旋筋；当采用带喇叭管的锚垫板时，应配置螺旋筋，其圈数的长度不应小于喇叭管长度。

8.5 预应力混凝土受弯构件设计及构造要求

预应力混凝土受弯构件的设计计算步骤和钢筋混凝土受弯构件类似。以后张法简支梁为例，其设计计算步骤如下：

（1）根据设计要求，参考已有工程资料，选定构件的截面形式与相应尺寸；或者直接对弯矩最大截面，根据截面抗弯要求初步估算构件混凝土截面尺寸。

（2）根据结构可能出现的作用组合，计算构件控制截面最大的设计内力（包含弯矩、剪力、扭矩等）。

（3）根据构件正截面抗弯要求和已初定的混凝土截面尺寸，估算预应力钢筋的数量，并进行合理地布置。

（4）计算主梁截面几何特性。

（5）进行正截面与斜截面承载力计算。

（6）确定预应力钢筋的张拉控制应力，估算各项预应力损失并计算各阶段相应的有效预应力。

（7）按短暂状况和持久状况进行构件的应力验算。

（8）进行正截面与斜截面的抗裂验算。

（9）主梁的变形计算。

（10）端部锚固区设计计算。

8.5.1 预应力混凝土简支梁的截面设计

1.预应力混凝土梁抗弯效率指标

预应力混凝土梁抵抗外弯矩的机理与钢筋混凝土梁不同。钢筋混凝土梁的抵抗弯矩主要为变化的钢筋应力的合力或变化的混凝土压应力的合力与固定的内力偶臂 Z 的乘积；而预应力混凝土梁为基本不变的预加力 N_{pe} 或混凝土预压应力的合力与随外弯矩变化而变化的内力偶臂 Z 的乘积。因此，对于预应力混凝土梁，其内力偶臂 Z 所能变化的范围越大，则在预加力 N_{pe} 相同的条件下，其所能抵抗外弯矩的能力也就越大，抗弯效率也越高。在保证上、下缘混凝土不产生拉应力的条件下，内力偶臂 Z 可能变化的最大范围只能是上核心距 K_u 和下核心距

K_b 之间。因此，截面抗弯效率可用参数 $\rho = (K_u + K_b)/h$（h 为梁的全截面高度）来表示，并将 ρ 称为抗弯效率指标，ρ 值越高，表示所设计的预应力混凝土梁截面经济效率越高。ρ 值实际上也是反映截面混凝土材料沿梁高分布的合理性，它与截面形式有关。例如，矩形截面的 ρ 值为 1/3，而空心板梁则随挖空率而变化，一般为 0.4～0.55，T 形截面梁也可达到 0.50 左右。故在预应力混凝土梁截面设计时，应在设计与施工要求的前提下考虑选取合理的截面形式。

2. 预应力混凝土构件的常用截面形式

在实际工程中，预应力混凝土构件常用的一些截面形式有预应力混凝土空心板、T 形梁、小箱梁和箱形梁等。

1）预应力混凝土空心板

预应力混凝土空心板的芯模可采用圆形、圆端形、矩形等形式，跨径较大的后张法空心板则向薄壁箱形截面靠拢，仅顶板做成拱形。施工方法一般采用场制直线配筋的先张法（多用长线法生产）或后张法。装配式预应力混凝土空心板桥的跨径不大于 20m；整体现浇预应力混凝土板桥，简支时跨径不大于 20m，连续时跨径不大于 25m。

2）预应力混凝土 T 形梁

预应力混凝土 T 形梁是我国最常用的预应力混凝土简支梁截面形式，一般采用后张法施工，通常按照全预应力或 A 类预应力混凝土构件进行设计。在梁肋下部，为了布置筋束和承受强大预压力的需要，常加厚成"马蹄"形。T 梁的腹板主要是承受剪应力和主应力，一般做得较薄；但构造上要求应能满足布置预留孔道的需要，一般最小为 160mm，而梁端锚固区段（约等于梁高的范围）内，应满足布置锚具和局部承压的需要，故常将其做成与"马蹄"同宽。其上翼缘宽度，一般为 1.6～2.5m，随跨径增大而增加。装配式预应力混凝土 T 形截面梁的跨径不大于 50m。

3）预应力混凝土小箱梁

装配式预应力混凝土小箱梁一般采用后张法且按照部分预应力混凝土 A 类构件设计。小箱梁采用斜腹板，通常采用标准跨径，一般用于先简支后连续的结构，标准跨径通常为 20m、25m、30m、35m 和 40m。

4）预应力混凝土箱形梁

箱形梁的截面为闭口截面，其抗扭刚度和横向刚度比一般开口截面（如 T 形截面梁）大得多，可使梁的荷载分布比较均匀，箱壁一般做得较薄，材料利用合理，自重较轻，跨越能力大。箱形截面梁更多地用于连续梁，T 形刚构等大跨度桥梁中。

对于跨径大于 100m 桥梁的混凝土主梁，宜按全预应力混凝土构件设计。

3. 预应力钢筋数量的选定

预应力混凝土受弯构件截面尺寸一般是参考已有设计资料、经验方法及桥梁设计中的具体要求事先拟定的，然后根据有关规范的要求进行配筋验算，如计算结果表明预估的截面尺寸不符合要求时，则须做必要的修改。

预应力混凝土受弯构件应进行承载能力极限状态计算和正常使用极限状态设计计算，并满足《设计规范》(JTG 3362—2018)中对不同受力状态下规定的设计要求(如承载力、应力、抗裂性和变形等),预应力钢筋截面积估计就是根据这些限值条件进行的。预应力混凝土梁一般以抗裂性(全预应力混凝土或 A 类预应力混凝土构件)控制设计。在截面尺寸确定以后,结构的抗裂性主要与预加力的大小有关。因此,预应力混凝土梁钢筋数量估算的一般方法是,先根据结构正截面抗裂性确定预应力钢筋的数量(A 类预应力混凝土构件),然后再由构件承载能力极限状态要求确定非预应力钢筋数量。预应力钢筋数量估算时截面特性可取全截面特性。

1)按构件正截面抗裂性要求估算预应力钢筋数量

全预应力混凝土梁按作用(荷载)频遇组合进行正截面抗裂性验算,计算所得的正截面混凝土法向拉应力应满足式(8-51)的要求

$$\sigma_{st} - 0.85\sigma_{pc} \leq 0 \tag{8-52}$$

由式(8-51)可得到

$$\frac{M_s}{W} - 0.85N_{pe}\left(\frac{1}{A} + \frac{e_p}{W}\right) \leq 0 \tag{8-53}$$

式(8-53)稍做变化,即可得全预应力混凝土梁满足作用(或荷载)频遇组合抗裂验算所需的有效预加应力为

$$N_{pe} \geq \frac{\dfrac{M_s}{W}}{0.85\left(\dfrac{1}{A} + \dfrac{e_p}{W}\right)} \tag{8-54}$$

式中:M_s——按作用(或荷载)频遇组合计算的弯矩值;

N_{pe}——使用阶段预应力钢筋永存应力的合力;

A——构件混凝土全截面面积;

W——构件全截面对抗裂验算边缘弹性抵抗矩;

e_p——预应力钢筋的合力作用点至截面重心轴的距离。

对于 A 类预应力混凝土构件,正截面混凝土法向拉应力应满足式(8-55)

$$\sigma_{st} - \sigma_{pc} \leq 0.7f_{tk} \tag{8-55}$$

根据式(8-55)可以得到类似的计算式,即

$$N_{pe} \geq \frac{\dfrac{M_s}{W} - 0.7f_{tk}}{\dfrac{1}{A} + \dfrac{e_p}{W}} \tag{8-56}$$

求得 N_{pe} 的值后,再确定适当的张拉控制应力 σ_{con} 并扣除相应的应力损失 σ_l(对于配高强钢丝或钢绞线的后张法构件 σ_l 约为 $0.2\sigma_{con}$),就可以估算出所需要的预应力钢筋的总面积 $A_p = N_{pe}/(1-0.2)\sigma_{con}$。

当 A_p 确定之后,则可按一束预应力钢筋的面积 A_{p1} 求得所需的预应力钢筋束数 n_1,则

$$n_1 = \frac{A_p}{A_{p1}} \tag{8-57}$$

式中:A_{p1}——一束预应力钢筋的截面面积。

2) 按构件承载能力极限状态要求估算非预应力钢筋数量

在确定预应力钢筋的数量后,非预应力钢筋根据正截面承载能力极限状态的要求来确定。对仅在受拉区配置预应力钢筋和非预应力钢筋的预应力混凝土梁(以 T 形截面梁为例),对两类 T 形截面,其正截面承载能力极限状态计算式分别如下。

第一类 T 形截面

$$f_{sd}A_s + f_{pd}A_p = f_{cd}b'_f x \tag{8-58}$$

$$M_u f_{cd}b'_f x \left(h_0 - \frac{x}{2} \right) \tag{8-59}$$

第二类 T 形截面

$$f_{sd}A_s + f_{pd}A_p = f_{cd}\left[bx + (b'_f - b)h'_f \right] \tag{8-60}$$

$$M_u f_{cd}\left[bx\left(h_0 - \frac{x}{2} \right) + (b'_d - b)h'_f\left(h_0 - \frac{h'_f}{2} \right) \right] \tag{8-61}$$

在估算时,先假定为第一类 T 形截面,按式(8-58)计算受压区高度 x,若计算所得 x 满足 $x \leqslant h'_f$,则由式(8-58)可得受拉区非预应力钢筋截面面积 A_s,则

$$A_s = \frac{f_{cd}b'_f x - f_{pd}A_p}{f_{sd}} \tag{8-62}$$

若按式(8-59)计算所得的受压区高度为 $x > h'_f$,则为第二类 T 形截面,须按式(8-61)重新计算受压区高度 x,若所得 $x > h'_f$ 且满足 $x \leqslant \xi_b h_0$ 的限值条件,则由式(8-62)可得受拉区非预应力钢筋截面面积 A_s,则

$$A_s = \frac{f_{cd}\left[bx + (b'_f - b)h'_f \right] - f_{pd}A_p}{f_{sd}} \tag{8-63}$$

若按式(8-59)计算所得的受压区高度为 $x > h'_f$ 且满足 $x > \xi_b h_0$,则须修改截面尺寸,增大梁高。

矩形截面梁按正截面承载能力极限状态估算非预应力钢筋的方法与第一类 T 形截面梁方法相同,只需将式(8-58)和式(8-59)中的 b'_f 改为 b。

注意:上述式中各符号意义同前。

3) 最小配筋率的要求

按上述方法估算所得的钢筋数量,必须满足最小配筋率的要求。按《设计规范》(JTG 3362—2018)规定,预应力混凝土受弯构件的最小配筋率应满足下列条件

$$\frac{M_u}{M_{cr}} \geqslant 1.0 \tag{8-64}$$

$$M_{cr} = (\sigma_{pc} + \gamma f_{tk})W_0$$

式中:M_u——受弯构件正截面抗弯承载力设计值;按式(8-59)或式(8-61)中不等号右边的式子计算;

M_{cr}——受弯构件正截面开裂弯矩值;

σ_{pc}——扣除全部预应力损失预应力钢筋和普通钢筋合力 N_{p0} 在构件抗裂边缘产生的混凝土预压应力;

W_0——换算截面抗裂边缘的弹性抵抗矩;

γ——计算参数,按式 $\gamma = 2S_0/W_0$ 计算,其中 S_0 为全截面换算截面重心轴以上(或以下)部分面积对重心轴的面积矩。

按《设计规范》(JTG 3362—2018)规定,部分预应力混凝土受弯构件中受拉普通钢筋的截面积不应小于 $0.003bh_0$,其中 b 为截面宽度,h_0 为受弯构件截面有效高度。

8.5.2　预应力钢筋的布置

1.束界

合理确定预加力作用点(一般近似地取为预应力钢筋截面重心)的位置对预应力混凝土梁是很重要的。以全预应力混凝土简支梁为例,在弯矩最大的跨中截面处,应尽可能使预应力钢筋的重心降低(尽可能增大偏心距 e_p 值),使其产生较大的预应力负弯矩 $M_p = -N_p e_p$ 来平衡外荷载引起的正弯矩。如令 N_p 沿梁近似不变,则对于弯矩较小的其他截面,应相应地减小偏心距 e_p 值,以免由于过大的预应力负弯矩 M_p 而引起构件上缘的混凝土出现拉应力。

根据全预应力混凝土构件截面上、下缘混凝土不出现拉应力的原则,可以按照在最小外荷载(构件一期恒载 G_1)作用下和最不利荷载(一期恒载 G_1、二期恒载 G_2 和可变荷载)作用下的两种情况,分别确定 N_p 在各个截面上偏心距的极限。由此可以绘出图 8-16 所示的两条 e_p 的限值线 E_1 和 E_2。只要 N_p 作用点(近似地取为预应力钢筋的截面重心)的位置,落在由 E_1 及 E_2 所围成的区域内,就能保证构件在最小外荷载和最不利荷载作用下,其上、下缘混凝土均不会出现拉应力。因此,把由 E_1 和 E_2 两条曲线所围成的布置预应力钢筋时的钢筋重心界限,称为束界或索界。

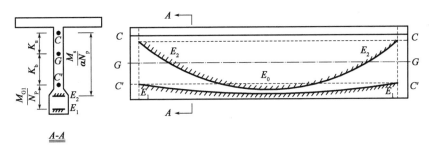

图 8-16　全预应力混凝土简支梁的束界图

根据上述原则,可以很容易地按下列方法绘制全预应力混凝土等截面简支梁的束界。为使计算方便,近似地略去孔道削弱和灌浆后黏结力的影响,均按混凝土全截面特性计算,并设压应力为正,拉应力为负。

在预加应力阶段,保证梁的上缘混凝土不出现拉应力的条件为

$$\sigma_{ct} = \frac{N_{pI}}{A} - \frac{N_{pI}e_{pI}}{W_u} + \frac{M_{G1}}{W_u} \geq 0 \qquad (8\text{-}65)$$

由此求得到

$$e_{pI} \leq E_1 = K_b + \frac{M_{G1}}{N_{pI}} \qquad (8\text{-}66)$$

式中:e_{pI}——预加力合力的偏心距;当合力点位于截面重心轴以下时 e_{pI} 取正值,反之取负值;

K_b——混凝土截面下核心距，$K_b = W_u/A$；

W_u——构件全截面对截面上缘的弹性抵抗矩；

N_{pI}——传力锚固时预加力的合力。

同理，在作用(荷载)频遇组合计算的弯矩值作用下，根据构件下缘不出现拉应力的条件，同样可以求得预加力合力偏心距 e_{p2} 为

$$e_{p2} \geq E_2 = \frac{M_s}{\alpha N_{pI}} - K_u \tag{8-67}$$

式中：M_s——按作用(或荷载)频遇组合计算的弯矩值；

　　　α——使用阶段的永存预加力 N_{pe} 与传力锚固时的有效预加力 N_{pI} 之比值，可近似地取 $\alpha = 0.8$；

　　　K_u——混凝土截面上核心距：$K_u = W_b/A$；

　　　W_b——构件全截面对截面下缘的弹性抵抗矩。

由式(8-65)、式(8-66)可以看出：e_{p1}、e_{p2} 分别具有与弯矩 M_{G1} 和弯矩 M_s 相似的变化规律，都可视为沿跨径而变化的抛物线，其上、下限值 E_2、E_1 之间的区域就是束筋配置范围。由此可知，预应力钢筋重心位置(e_p)所应遵循的条件为

$$\frac{M_s}{\alpha N_{pI}} - K_u \leq e_p \leq K_b + \frac{M_{G1}}{N_{pI}} \tag{8-68}$$

只要预应力钢筋重心线的偏心距 e_p，满足式(8-68)的要求，就可以保证构件在预加力阶段和使用荷载阶段，其上、下缘混凝土都不会出现拉应力。这对于检验预应力钢筋配置是否得当，无疑是一个简便而直观的方法。

显然，对于允许出现拉应力或允许出现裂缝的部分预应力混凝土构件，只要根据构件上、下缘混凝土拉应力(包括名义拉应力)的不同限制值做相应的演算，则其束界也同样不难确定。

2.预应力钢筋的布置原则

(1)预应力钢筋的布置，应使其重心线不超出束界范围。因此，大部分预应力钢筋在靠近支点时，均须逐步弯起。只有这样，才能保证构件无论是在施工阶段，还是在使用阶段，其任意截面上、下缘混凝土的法向应力都不致超过规定的限制值。同时，构件端部逐步弯起的预应力钢筋将产生预剪力，这对抵消支点附近较大的外荷载剪力也是非常有利的；而且从构造上来说，预应力钢筋的弯起，可使锚固点分散，有利于锚具的布置。锚具的分散，使梁端部承受的集中力也相应地分散，这对改善锚固区的局部承压也是有利的。

(2)预应力钢筋弯起的角度，应与所承受的剪力变化规律相配合。根据受力要求，预应力钢筋弯起后所产生的预剪力 V_p 应能抵消作用(荷载)产生的剪力组合设计值 V_d 的一部分。抵消后所剩余的外剪力，通常称为减余剪力；将其绘制成图，则称为减余剪力图，它是配置抗剪钢筋的依据。

(3)预应力钢筋的布置应符合构造要求。许多构造规定，一般虽未经详细计算，但却是根据长期设计、施工和使用的实践经验而确定的。这对保证构件的耐久性和满足设计、施工的具体要求，都是必不可少的。

3.预应力钢筋弯起点的确定

预应力钢筋的弯起点,应从兼顾剪力与弯矩两方面的受力要求来考虑。

(1)从受剪方面考虑,理论上应从 $\gamma_0 V_d \geqslant V_{cs}$ 的截面开始起弯,以提供一部分预剪力 V_p 来抵抗作用产生的剪力。但实际上,受弯构件跨中部分的梁腹混凝土已足够承受荷载作用的剪力。因此一般是根据经验,在跨径的三分点到四分点之间开始弯起。

(2)从受弯方面考虑,由于预应力钢筋弯起后,其重心线将往上移,使偏心距 e_p 变小,即预加力弯矩 M_p 将变小。因此,应注意预应力钢筋弯起后的正截面抗弯承载力的要求。

(3)预应力钢筋的起弯点还应考虑满足斜截面抗弯承载力的要求,即保证预应力钢筋弯起后斜截面上的抗弯承载力不低于斜截面顶端所在的正截面的抗弯承载力。

4.预应力钢筋弯起角度

从减小曲线预应力钢筋预拉时摩阻应力损失出发,弯起角度 θ_p 不宜大于20°,一般在梁端锚固时都不会达到此值,而对于弯出梁顶锚固的钢筋,则往往超过20°,θ_p 常在25°~30°范围内。对于 θ_p 角较大的预应力钢筋,应注意采取减小摩擦系数值的措施,以减小由此而引起的摩擦应力损失。

5.预应力钢筋弯起的曲线形状

预应力钢筋弯起的曲线可采用圆弧线、抛物线或悬链线三种形式。在公路桥梁中则多采用圆弧线。按《设计规范》(JTG 3362—2018)规定,后张法构件预应力构件的曲线形预应力钢筋,其曲率半径应符合下列规定:

(1)当钢丝束、钢绞线束的钢丝直径 $d \leqslant 5\text{mm}$ 时,不宜小于4m;当钢丝直径 $d > 5\text{mm}$ 时,不宜小于6m。

(2)当预应力螺纹钢筋直径 $d \leqslant 25\text{mm}$ 时,不宜小于12m;当钢丝直径 $d > 25\text{mm}$ 时,不宜小于15m。

对于具有特殊用途的预应力钢筋(如斜拉桥桥塔中围箍用的半圆形预应力钢筋,其半接在1.5m左右),应采取特殊的措施,可不受此限。

6.预应力钢筋布置的具体要求

1)后张法构件

对于后张法构件,预应力钢筋预留孔道之间的水平净距,应保证混凝土中最大集料在浇筑混凝土时能顺利通过,同时也要保证预留孔道间不致串孔(金属预埋波纹管除外)和锚具布置的要求等。后张法构件预应力钢筋管道的设置应符合下列规定:

(1)直线管道之间的水平净距不应小于40mm,且不宜小于管道直径的0.6倍;对于预埋的金属波纹管或塑料波纹管和铁皮管,在竖直方向可将两管道叠置。

(2)曲线形预应力钢筋管道在曲线平面内相邻管道间的最小距离(图8-17)计算式为

$$c_{in} \geqslant \frac{P_d}{0.266r \sqrt{f'_{cu}}} - \frac{d_s}{2} \tag{8-69}$$

$$r = \frac{l}{2}\left(\frac{1}{4\beta} + \beta\right) \tag{8-70}$$

式中：c_{in}——相邻两曲线管道外缘在曲线平面内净距，mm；

$\quad\quad d_s$——管道外缘直径，mm；

$\quad\quad P_d$——相邻两管道曲线半径较大的一根预应力钢筋的张拉力设计值，N；张拉力可取扣除锚圈口摩擦、钢筋回缩及计算截面处管道摩擦损失后的张拉力乘以 1.2；

$\quad\quad r$——相邻两管道曲线半径较大的一根预应力钢筋的曲线半径 mm；

$\quad\quad l$——曲线弦长 mm；

$\quad\quad \beta$——曲线矢高 f 与弦长 l 之比；

f'_{cu}——预应力钢筋张拉时，边长为 150mm 立方体混凝土抗压强度 MPa。

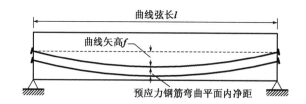

图 8-17　曲线形预应力钢筋弯曲平面内净距

当按上述计算的净距小于相应直线管道净距时，应取用直线管道最小净距。

（3）曲线形预应力钢筋管道在曲线平面外相邻管道间的最小距离 c_{out} 计算式为

$$c_{out} \geqslant \frac{P_d}{0.266\pi r \sqrt{f'_{cu}}} - \frac{d_s}{2} \tag{8-71}$$

式中：c_{out}——相邻两曲线管道外缘在曲线平面外净距，mm；

其他符号意义同前。

（4）管道内径的截面面积不应小于预应力钢筋截面面积的两倍。

（5）按计算需要设置预拱度时，预留管道应同时起拱。

（6）后张法预应力混凝土构件，其预应力管道的混凝土保护层厚度，应符合《设计规范》（JTG 3362—2018）规定的下列要求：

普通钢筋和预应力直线形钢筋的最小混凝土保护层厚度（钢筋外缘或管道外缘至混凝土表面的距离）不应小于钢筋公称直径，后张法构件预应力直线形钢筋不应小于管道直径的 1/2 且应符合附表 11 的规定。

对外形呈曲线形且布置有曲线预应力钢筋的构件（图 8-18），其曲线平面内的管道的最小混凝土保护层厚度，应根据施加预应力时曲线预应力钢筋的张拉力，按式（8-69）计算，其中 c_{in} 为管道外边缘至曲线平面内混凝土表层的距离，mm；当按式（8-69）计算的保护层厚度过多地超过上述规定的直线管道保护层厚度时，也可按直线管道设置最小混凝土保护层厚度，但应在管道曲线段弯曲平面内设置箍筋（图 8-18），箍筋单肢的截面面积计算式为

$$A_{sv1} \geqslant \frac{P_d s_v}{2rf_{sv}} \qquad (8\text{-}72)$$

式中:A_{sv1}——箍筋单肢截面面积,mm^2;

      s_v——箍筋间距,mm;

      f_{sv}——箍筋抗拉强度设计值,MPa。

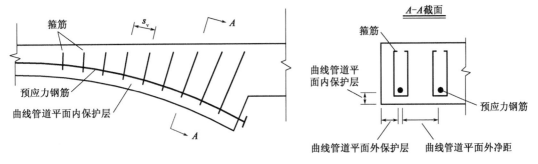

图 8-18 预应力钢筋曲线管道保护层示意图

曲线平面外的管道最小混凝土保护层厚度按式(8-70)计算,其中 c_{out} 为管道外边缘至曲线平面外混凝土表面的距离,mm。

按上述公式计算的保护层厚度,如小于各类环境的直线管道的保护层厚度,应取相应环境条件下直线管道的保护层厚度。

2)先张法构件

先张法预应力混凝土构件宜采用钢绞线、螺旋肋钢丝或刻痕钢丝作预应力钢筋。当采用光面钢丝作预应力钢筋时,应采取适当措施(如钢丝刻痕、提高混凝土强度等级及施工中采用缓慢放张的工艺等)保证钢丝在混凝土中可靠地锚固,防止因钢丝与混凝土间黏结力不足而使钢丝滑移,丧失预应力。

在先张法预应力混凝土构件中,预应力钢绞线之间的净距不应小于其直径的 1.5 倍,且对二股、三股钢绞线不应小于 20mm,对七股钢绞线不应小于 25mm;预应力钢丝间净距不应小于 15mm。

在先张法预应力混凝土构件中,对于单根预应力钢筋,其端部应设置长度不小于 150mm 的螺旋筋;对于多根预应力钢筋,在构件端部 10 倍预应力钢筋直径范围内,应设置 3~5 片钢筋网。

8.5.3 其他构造要求

在预应力混凝土受弯构件中,除预应力钢筋外,还需要配置各种形式的非预应力钢筋。

1.箍筋

箍筋与弯起预应力钢筋同为预应力混凝土梁的腹筋,与混凝土共同承担荷载剪力,故应按抗剪要求来确定箍筋数量(包括直径和间距的大小)。在剪力较小的梁段,按计算要求的箍筋数量很少,但为了防止混凝土受剪时的意外脆性破坏,《设计规范》(JTG 3362—2018)仍要求按下列规定配置构造箍筋：

（1）预应力混凝土 T 形、I 形和箱形截面梁腹板内应分别设置直径不小于 10mm 和 12mm 的箍筋，且应采用带肋钢筋，间距不应大于 250mm；自支座中心起长度不小于一倍梁高范围内，应采用闭合式箍筋，间距不应大于 100mm。

（2）在 T 形、I 形截面梁下缘的"马蹄"内，应另设置直径不小于 8mm 的闭合式箍筋，间距不应大于 200mm。另外，"马蹄"内还应设置直径不小于 12mm 的定位钢筋。这是因为"马蹄"在预加应力阶段承受着很大的预压应力，为防止混凝土横向变形过大和沿梁轴方向发生纵向水平裂缝，应予以局部加强。

2. 水平纵向辅助钢筋

对于 T 形截面预应力混凝土梁，截面上缘有翼缘、下缘有"马蹄"，它们在梁横向的尺寸，都比腹板厚度大，当混凝土硬化或温度骤降时，腹板将受到翼缘与"马蹄"的钳制作用（因翼缘和"马蹄"部分尺寸较大，温度下降引起的混凝土收缩较慢），而不能自由地收缩变形，因而有可能产生裂缝。经验表明，对于未设水平纵向辅助钢筋的薄腹板梁，其下缘因有密布的纵向钢筋，出现的裂缝细而密，而过下缘（"马蹄"）与腹板的交界处进入腹板后，其裂缝就常显得粗而稀。梁的截面越高，这种现象越明显。例如，采用蒸汽养护的预应力混凝土 T 形梁，由于施工未注意到梁体温度较高、大气温度较低的情况，结束蒸汽养护就使梁体暴露在空气中而导致在梁体的三分点处出现这种裂缝，且裂缝宽度较大。为了缩小裂缝间距，防止腹板裂缝较宽，一般需要在腹板两侧设置水平纵向辅助钢筋，通常称为防裂钢筋。对于预应力混凝土梁，这种钢筋宜采用小直径的钢筋网，紧贴箍筋布置于腹板两侧，以增加与混凝土的黏结力，使裂缝的间距和宽度均减小。从这个意义上来讲，将这种构造钢筋称为裂缝分散钢筋似乎更为合适。

3. 局部加强钢筋

对于局部受力较大的部位，应设置加强钢筋，如下缘"马蹄"中的闭合式箍筋和梁端锚固区的加强钢筋等，除此之外，梁底支座处还应设置钢筋网加强。

4. 架立钢筋与定位钢筋

架立钢筋主要用于支撑箍筋，一般采用直径为 12～20mm 的圆钢筋。定位钢筋系指用于固定预留孔道制孔器位置的钢筋，常做成网格式。

5. 后张法预应力混凝土构件管道

直线管道的净距不应小于 40mm，且不宜小于管道直径的 0.6 倍；对于预埋的金属波纹管或塑料波纹管和铁皮管，在直线管道的竖直方向上可将两管道叠置。

曲线形预应力钢筋管道在曲线平面内相邻管道间的最小净距应按式（8-68）计算。当上述计算结果小于其相应直线管道外缘间净距时，应取用直线管道最小外缘间净距。曲线形预应力钢筋管道在曲线平面外相邻外缘间的最小净距，应按式（8-70）计算。

管道内径的截面面积不应小于两倍预应力钢筋截面面积。当按计算需要设置预拱度时，预留管道也应同时起拱。

6.节段预制拼装的预应力混凝土结构

(1)预制节段端部应设置直径不小于10mm的钢筋网。

(2)预制节段接缝间宜采用胶接缝或现浇湿接缝,其中,胶接缝可采用环氧树脂黏结,现浇湿接缝可采用细石混凝土填充。环氧树脂接缝的涂层厚度应均匀,接缝应进行挤压。细石混凝土接缝的缝宽不应小于60mm,混凝土强度等级不应低于预制节段的混凝土强度等级。

(3)预制节段接缝处应设置剪力键,剪力键宜按图8-19所示采用腹板剪力键、顶板剪力键、底板剪力键和加腋区剪力键。腹板剪力键的布置范围不宜小于梁高的75%,剪力键横向宽度宜为腹板宽度的75%;剪力键应采用梯形(倾角接近45°)或圆角梯形截面;剪力键的高度应大于混凝土最大集料粒径的2倍,不应小于35mm;剪力键的高度与其平均宽度比取为1:2。复合剪力键尺寸示意如图8-20所示。

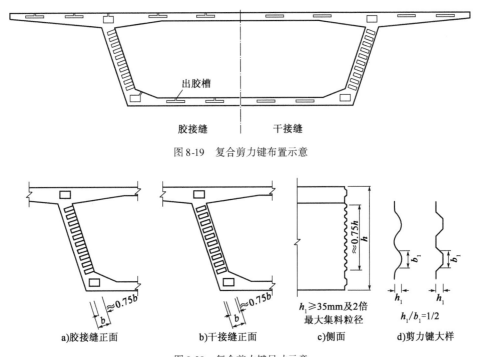

图 8-19　复合剪力键布置示意

图 8-20　复合剪力键尺寸示意

7.后张法预应力锚固齿块处(图8-21)

(1)预应力钢束在齿块内的偏转角不宜大于15°;锚固面尺寸应根据锚具布置、张拉空间等要求选定;锚固面与齿块斜面的夹角不宜小于90°;齿块长度可根据几何关系确定。

(2)齿块锚下应配置抵抗横向劈裂力的闭合式箍筋或U形箍筋,其间距不宜大于150mm,纵向分布范围不宜小于1.2倍齿块高度,2齿块锚固面,应配置齿根端面箍筋,伸入至壁板外侧。

(3)壁板内边缘应配置抵抗锚后牵拉的纵向钢筋。当需要配置纵向加强钢筋时,其长度不宜小于1.5m(以齿块锚固面与壁板交线为中心),横向分布范围宜在力筋轴线两侧各1.5倍锚垫板宽度内。壁板外边缘应配置抵抗边缘局部侧弯的纵向钢筋。当需要配置纵向加强钢筋时,其长度不宜小于 1.5m(以距锚固面前方 1 倍壁板厚位置为中心),横向分布范围宜在力筋轴线两侧各 1.5 倍锚垫板宽度内。

(4)预应力钢筋径向力作用区,应配置竖向箍筋及沿预应力管道的 U 形防崩钢筋,与壁板内纵筋钩接,纵向分布范围宜取曲线预应力段的全长。

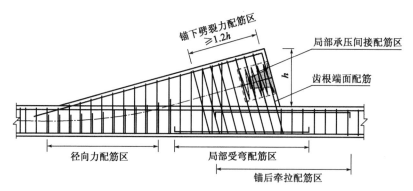

图 8-21　三角齿块锚固区的普通钢筋布置示意

8.钢筋的保护层厚度

普通钢筋和预应力直线形钢筋的最小混凝土保护层厚度(钢筋外缘至混凝土表面的距离)不应小于钢筋公称直径,且应符合附表 11 的规定。

9.预应力钢筋管道压浆用水泥浆或专用压浆料

预应力钢筋管道压浆用水泥浆或专用压浆料按 40mm × 40mm × 160mm 试件,标准养护 28d,按《水泥胶砂强度检验方法(ISO 法)》(GB/T 17671—1999)的规定,测得的抗压强度不应低于 50MPa。为减少收缩,可通过试验掺入适量膨胀剂。

10.锚具的防护

对于埋入梁体的锚具,在预加应力完成后,其周围应设置构造钢筋与梁体连接,然后浇筑封锚混凝土。封锚混凝土强度等级不应低于构件本身混凝土强度等级的 80% ,且不低于 C30。

当预应力钢筋需在构件中间锚固时,其锚固点宜设在截面中心轴附近或外荷载作用下的受压区。如因锚固而削弱梁截面,应用普通钢筋补强。当箱形截面梁的顶、底板内的预应力钢筋引出板外时,应在专设的齿板上锚固,此时,预应力钢筋宜采用较大弯曲半径,按式(8-72)计算并满足构造要求设置箍筋。

本章小结:施加在构件上的预加应力因预应力损失而减小,钢筋的有效预应力等于锚下张拉控制应力减去相应阶段的预应力损失值。预应力混凝土受弯构件设计计算包括正截面承载力和斜截面承载力设计计算。因对构件施加了预加应力,预应力钢筋端部锚固区受力大,构件局部构造应按照受力和构造要求进行加强。

❓思考题

1. 什么是预应力损失？什么是张拉控制应力？张拉控制应力的高低对构件有何影响？

2.《设计规范》(JTG 3362—2018)中规定的预应力损失主要有哪些？引起各项预应力损失的主要原因是什么？如何减小各项预应力损失？

3. 什么是预应力钢筋的有效预应力？对先张法、后张法构件,其各阶段的预应力损失应如何组合？

4. 预应力混凝土受弯构件常用的截面形式有哪些？

5. 在截面的受压区配置预应力钢筋对构件的受力有何影响？

6.《设计规范》(JTG 3362—2018)中对先张法预应力钢筋的传递长度和锚固长度有何具体规定？

7. 后张法构件端部锚固区受力有何特点？在构造措施上有何要求？

8. 什么是束界？确定束界的目的是什么？

9. 预应力钢筋的布置原则有哪些？为什么？

第9章
CHAPTER 9

钢筋混凝土深受弯构件设计计算

钢筋混凝土深受弯构件是指跨度与其截面高度之比较小的梁。按照《设计规范》(JTG 3362—2018)规定,梁的计算跨径 l 与梁的高度 h 之比 $l/h \leqslant 5$ 的受弯构件称为深受弯构件。深受弯构件又可分为短梁和深梁: $l/h \leqslant 2$ 的简支梁和 $l/h \leqslant 2.5$ 的连续梁称为深梁; $2.0 < l/h \leqslant 5$ 的简支梁和 $2.5 < l/h \leqslant 5$ 的连续梁称为短梁。

钢筋混凝土深受弯构件因其跨高比较小,且在受弯作用下梁正截面上的应变分布和开裂后的平均应变分布不符合平截面假定,故钢筋混凝土深受弯构件的破坏形态、计算方法与一般梁(定义为跨高比 $l/h > 5$ 的受弯构件)有较大差异。

9.1 深受弯构件的破坏形态

9.1.1 深梁的破坏形态

简支梁主要有弯曲破坏、剪切破坏、局部承压破坏和锚固破坏三种破坏形态。

1. 弯曲破坏

当纵向钢筋配筋率 ρ 较低时,随着荷载的增加,一般在最大弯矩作用截面附近首先出现垂直于梁底的弯曲裂缝并发展成为临界裂缝,然后纵向钢筋首先达到屈服强度,最后梁顶混凝土被压碎,深梁即丧失承载力,被称为正截面弯曲破坏[图 9-1a)]。当纵向钢筋配筋率 ρ 稍高时,在梁跨中出现垂直裂缝后,随着荷载的增加,梁跨中垂直裂缝的发展缓慢,在弯剪区段内由于斜向主拉应力超过混凝土的抗拉强度出现斜裂缝。梁腹斜裂缝两侧混凝土的主压应力,由于主拉应力的卸荷作用而显著增大,梁内产生明显的应力重分布,形成以纵向受拉钢筋为拉杆,斜裂缝上部混凝土为拱腹的拉杆拱受力体系[图 9-1c)]。在此拱式受力体系中,受拉钢筋首先达到屈服而使梁破坏,这种破坏称为斜截面弯曲破坏[图9-1b)]。

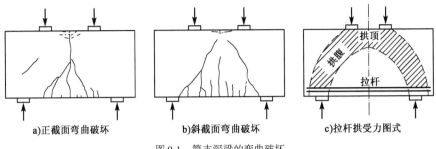

a)正截面弯曲破坏　　　b)斜截面弯曲破坏　　　c)拉杆拱受力图式

图 9-1　简支深梁的弯曲破坏

2.剪切破坏

当纵向钢筋配筋率 ρ 较高时,拱式受力体系形成后,随着荷载的增加,拱腹和拱顶(梁顶受压区)的混凝土压应力也随之增加,在梁腹出现许多大致平行于支座中心至加载点连线的斜裂缝,最后梁腹混凝土首先被压碎,这种破坏称为斜压破坏[图9-2a)]。

深梁产生斜裂缝之后,随着荷载的增加,主要的一条斜裂缝会继续斜向延伸。临近破坏时,在主要斜裂缝的外侧,突然出现一条与它大致平行的通长劈裂裂缝随深梁破坏继续延伸,这种破坏称为劈裂破坏[图9-2b)]。

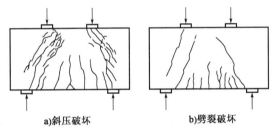

a)斜压破坏　　　　　　　　b)劈裂破坏

图 9-2　深梁的剪切破坏

3.局部承压破坏和锚固破坏

深梁的支座处于竖向压应力与纵向受拉钢筋锚固区应力组成的复合应力作用区,局部应力很大。试验表明,在达到受弯和受剪承载能力之前,深梁发生局部承压破坏的可能性比普通梁要大得多。深梁在斜裂缝发展时,支座附近的纵向受拉钢筋应力增加迅速。因此,深梁支座处容易发生纵向钢筋锚固破坏。

9.1.2　短梁的破坏形态

钢筋混凝土短梁的破坏形态主要有弯曲破坏和剪切破坏两种形态。钢筋混凝土短梁也可能发生局部受压和锚固破坏。

1.弯曲破坏

当短梁发生弯曲破坏时,随其纵向钢筋配筋率不同,会发生以下破坏形态:

（1）超筋破坏。短梁与深梁不同，当纵向钢筋配筋率较高时，会发生纵向受拉钢筋未达到屈服强度之前，梁的受压区混凝土先被压坏的超筋破坏现象。

（2）适筋破坏。当钢筋混凝土短梁纵向钢筋配筋率适当时，纵向受拉钢筋首先达到屈服强度，而后受压区混凝土被压坏，短梁即告破坏，其破坏形态类似于普通梁的适筋破坏。

（3）少筋破坏。当纵向钢筋配筋率较低时，短梁受拉区出现弯曲裂缝，纵向受拉钢筋首先达到屈服强度，但受压区混凝土未被压碎，短梁由于挠度过大或裂缝过宽而失效。

2.剪切破坏

根据斜裂缝发展的特征，钢筋混凝土短梁会发生斜压破坏、剪压破坏和斜拉破坏的剪切破坏形态。集中荷载作用钢筋混凝土短梁的试验与分析表明，当剪跨比小于1时，一般发生斜压破坏；当剪跨比为 1~2.5 时，一般发生剪压破坏；当剪跨比大于2.5时，一般发生斜拉破坏。

短梁的局部受压破坏和锚固破坏情况与深梁相似。

综上所述，可见短梁的破坏特征基本上介于深梁和普通梁之间。

9.2 深受弯构件的计算

因钢筋混凝土深受弯构件具有与普通钢筋混凝土梁不同的受力特点和破坏特征，因此，对于跨高比 $l/h < 5$ 的钢筋混凝土梁要按深受弯构件进行设计计算，同时，对于钢筋混凝土深梁，除应符合深受弯构件的设计计算一般规定外，还必须满足深梁的设计构造上的规定，详见《混凝土结构设计规范》（GB 50010—2010）。

广泛用于公路桥梁的钢筋混凝土排架墩台在横桥向是由钢筋混凝土盖梁与柱（桩）组成的框架结构，在实际工程中，往往按简化图式来计算钢筋混凝土盖梁。当盖梁的线刚度（EI/l）与柱的线刚度之比大于5时，双柱式墩台盖梁可按简支梁计算，多柱式墩台盖梁可按连续梁计算；当盖梁的线刚度与柱的线刚度之比等于或小于5时，可按刚架计算。其中，E、I 和 l 分别为梁或柱混凝土的弹性模量、截面惯性矩、计算跨径或高度。对圆形截面柱可换算为边长等于0.8倍直径的方形截面柱。

当按刚架计算墩台盖梁与柱时，盖梁的计算跨径 l 取盖梁支承中心（同一盖梁下相邻两柱中心）之间的距离。

按《设计规范》（JTG 3362—2018）规定：当钢筋混凝土盖梁计算跨径 l 与盖梁高度 h 之比 $l/h > 5$ 时，按钢筋混凝土一般受弯构件进行承载力计算；当钢筋混凝土盖梁的跨高比为 $2.5 < l/h \leq 5$ 时，钢筋混凝土盖梁应作为深受弯构件（短梁）进行承载力计算。

工程界对钢筋混凝土深受弯构件的设计计算方法进行了大量的研究，在工程上使用的计算方法有按弹性应力图形面积配筋法、基于试验资料及分析结果的公式法、拉压杆模型法和钢筋混凝土非线性有限单元法。本节主要采用公式法进行钢筋混凝土深受弯构件的设计计算。

9.2.1 深受弯构件(短梁)的计算

以桩柱式墩台钢筋混凝土盖梁为例,介绍深受弯构件(短梁)的截面承载力计算的公式法。

1.深受弯构件的正截面抗弯承载力计算

钢筋混凝土盖梁作为深受弯构件(短梁),当正截面受弯破坏时,取受力隔离体如图9-3所示。因此,可得到正截面抗弯承载能力 M_u 及满足设计要求的计算方程式如下

$$M_u = f_{sd} A_s z \qquad (9-1)$$

$$z = \left(0.75 + 0.05\frac{l}{h}\right)(h_0 - 0.5x) \qquad (9-2)$$

式中:x——截面受压区高度,按一般钢筋混凝土受弯构件计算;

　　　h_0——截面有效高度。

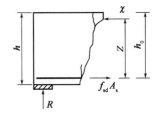

图9-3 深受弯构件正截面
承载力的计算图式

2.斜截面抗剪承载力计算

按《设计规范》(JTG 3362—2018)规定:根据有关试验资料及有关设计规范资料,对作为深受弯构件(短梁)的钢筋混凝土盖梁进行斜截面抗剪承载力计算的公式并应满足

$$\gamma_0 V_d \leq 0.5 \times 10^{-4} \alpha_1 \left(14 - \frac{l}{h}\right)(10^{-3})bh_0\sqrt{(2+0.6p)\sqrt{f_{cu,k}}\rho_s f_{sv}} \qquad (9-3)$$

式中:V_d——验算截面处的作用组合剪力设计值,kN;

　　　α_1——连续梁异号弯矩影响系数,计算近边支点梁段的抗剪承载力时,取 $\alpha_1 = 1.0$;计算中间支点梁段时,取 $\alpha_1 = 0.9$;刚构各节点附近时,$\alpha_1 = 0.9$;

　　　p——受拉区纵向受拉钢筋的配筋百分率,$p = 100\rho$,$\rho = A_s/bh_0$,当 $p > 2.5$ 时,取 $p = 2.5$;

　　　ρ_{sv}——箍筋配筋率,$\rho_{sv} = A_{sv}/bS_v$,其中 A_{sv} 为同一截面内的箍筋各肢的总截面面积,S_v 为箍筋间距,箍筋配筋率应符合第5.2.1节介绍要求;

　　　f_{sv}——箍筋的抗拉强度设计值,MPa;

　　　b——盖梁的截面宽度,mm;

　　　h_0——盖梁的截面有效高度,mm。

由式(9-3)可见,影响深受弯构件截面承载能力的主要因素有截面尺寸、混凝土强度等级、跨高比、箍筋配筋率和纵向钢筋配筋率。应该注意的是,作为短梁设计计算的钢筋混凝土盖梁的纵向受拉钢筋,一般均应沿盖梁长度方向通长布置,中间不要切断或弯起。

按深受弯构件(短梁)计算的钢筋混凝土盖梁,依受剪要求,其截面应符合下式要求:

$$\gamma_0 V_d \leq 0.33 \times 10^{-4} \left(\frac{l}{h} + 10.3\right)\sqrt{f_{cu,k}}bh_0 \qquad (9-4)$$

式中:V_d——验算截面处的作用组合剪力设计值,kN;

　　　b——盖梁的截面宽度,mm;

h_0——盖梁的截面有效高度，mm；

$f_{cu,k}$——混凝土立方体抗压强度标准值，MPa。

3.深受弯构件的最大裂缝宽度

按深受弯构件（短梁）计算的钢筋混凝土盖梁，要对其正常使用阶段进行裂缝宽度的验算。最大裂缝宽度 w_{fk} 的计算公式见本书第 10 章，但式中的系数 c_3（c_3 为与构件受力性质有关的系数）应取为 $c_3 = \left(\dfrac{0.4l}{h} + 1 \right) / 3$。其中 l 和 h 分别为钢筋混凝土盖梁的计算跨径和截面高度。

计算的最大裂缝宽度不应超过《设计规范》（JTG 3362—2018）中规定的限值。

9.2.2 悬臂深受弯构件设计

公路桥梁柱式墩台的钢筋混凝土盖梁，除墩台柱之间盖梁外，往往还向柱外悬臂伸出。钢筋混凝土盖梁两端位于柱外的悬臂部分上设置有桥梁上部结构的外边梁时，当外边梁作用点至柱边缘的距离（圆形截面柱可换算为边长等于 0.8 倍直径的方形柱）大于盖梁截面高度时，属于一般的钢筋混凝土悬臂梁，其正截面和斜截面的持久状况承载力计算按本书第 5 章和第 6 章介绍的方法计算。但是，当外边梁的作用点至柱边缘的距离等于或小于盖梁截面高度 h 时，则应按悬臂深受弯构件（深梁）计算。

对于钢筋混凝土悬臂深梁，其受力特征仍为沿截面高度的混凝土平均应变不符合平截面假定，其破坏特征与一般钢筋混凝土悬臂梁是不同的。钢筋混凝土悬臂深梁的配筋计算是指纵向受拉钢筋 A_s 数量的确定方法。与其他钢筋混凝土深梁配筋计算一样，除可以采用类似"9.2.1 节 深受弯构件（短梁）的计算"采用的公式法外，还有一种方法就是拉压杆模型计算方法，具体设计计算方法请参照相关资料及《设计规范》（JTG 3362—2018）。

例9-1 双柱式悬臂钢筋混凝土盖梁的尺寸如图 9-4 所示。柱为 $d = 1.5m$ 的圆形截面，柱高 $h = 4m$（自盖梁底至承台顶台），柱的计算长度为 $l_0 = 15m$（桩基础，计至局部冲刷线下 2.0m），盖梁和柱均采用 C30 混凝土和 HRB400 钢筋。试判断盖梁计算的力学图式。

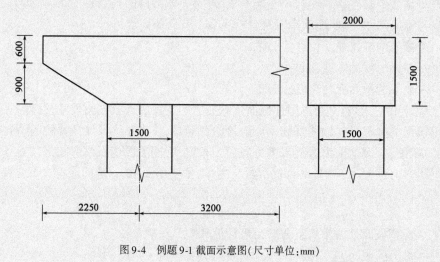

图9-4 例题 9-1 截面示意图（尺寸单位：mm）

解:

本算例为双柱式悬臂钢筋混凝土盖梁的力学图式选择计算。

盖梁计算跨径:$l = 6400\text{mm}$。

盖梁刚度:$E_c I = \dfrac{bh^3}{12}E_c = \dfrac{2.0 \times 1.5^3}{12}E_c = 0.5625E_c$。

盖梁线刚度:$B_1 = \dfrac{0.5625E_c}{6.4} = 0.08789E_c$。

柱的线刚度:$B_2 = \dfrac{\pi d^4}{64 l_0}E_c = \dfrac{\pi \times 1.5^4}{64 \times 15}E_c = 0.01656E_c$。

因为 $B_1/B_2 = 5.31 > 5.0$,所以盖梁的力学计算图式可取简支外伸梁(图9-5)。

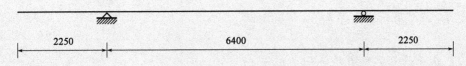

图9-5 例题9-1图(尺寸单位:mm)

例**9-2** 已知条件同例9-1。盖梁跨中截面受拉区配置16ф28钢筋,$A_s = 9852.8\text{mm}^2$,支点截面受拉区配置20ф28钢筋,$A_s = 12316\text{mm}^2$。纵向钢筋配置如图9-6所示。$a_s = 50\text{mm}$,跨中弯矩计算值$M_{l/2} = 3076\text{kN·m}$,支点弯矩计算值$M_0 = -3855\text{kN·m}$;I类环境条件,安全等级为二级。试检算盖梁跨中及支点正截面承载力。

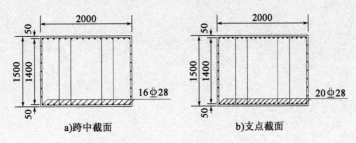

图9-6 例题9-2钢筋配筋图(尺寸单位:mm)

解:

本算例为在双柱之间盖梁按短梁进行正截面承载力计算。

由例9-1可知,盖梁的力学计算图式为简支外伸梁(图9-5)。

由于 $l/h = 6400/1500 = 4.27 < 5$,应为短梁。由图9-6可见,盖梁跨中截面和支点截面的截面有效高度为 $h_0 = h - a_s = 1500 - 50 = 1450(\text{mm})$。

1.跨中正截面承载力计算

混凝土受压区高度x为

$$x = \frac{f_{sd}A_s}{f_{cd}b} = \frac{330 \times 9852.8}{13.8 \times 2000} = 117.8 \, (\text{mm})$$

由式(9-2)得

$$z = \left(0.75 + 0.05\frac{l}{h}\right)(h_0 - 0.5x)$$

$$= (0.75 + 0.05 \times 4.27)(1450 - 0.5 \times 117.8)$$

$$= 1340.3 \, (\text{mm})$$

由式(9-1)得

$$M_u = f_{sd}A_s z = 330 \times 9852.8 \times 1340.3$$

$$= 4357883587 \, (\text{N} \cdot \text{mm})$$

$$= 4357.9 \text{kN} \cdot \text{m} > M_{l/2} \, (= 3076\text{kN} \cdot \text{m})$$

故满足正截面承载力要求。

2.支点正截面承载力计算

混凝土受压区高度 x 为

$$x = \frac{f_{sd}A_s}{f_{cd}b} = \frac{330 \times 12316}{13.8 \times 2000} = 147.3 \, (\text{mm})$$

由式(9-2)得

$$z = \left(0.75 + 0.05\frac{l}{h}\right)(h_0 - 0.5x)$$

$$= (0.75 + 0.05 \times 4.27)(1450 - 0.5 \times 147.3)$$

$$= 1326.1 \, (\text{mm})$$

由式(9-1)得

$$M_u = f_{sd}A_s z = 330 \times 12316 \times 1326.1$$

$$= 5389641708 \, (\text{N} \cdot \text{mm})$$

$$= 5389.6 \text{kN} \cdot \text{m} > M_0 \, (= |-3855|\text{kN} \cdot \text{m})$$

故满足正截面承载力要求。

本章小结:钢筋混凝土深受弯构件是指跨度与其截面高度之比较小的梁,在受弯作用下梁正截面上的应变分布和开裂后的平均应变分布不符合平截面假定,桥梁结构中常见的桥墩盖梁就属于深受弯构件。简支深梁的破坏形态主要有弯曲破坏、剪切破坏、局部承压破坏和锚固破坏三种破坏形态。

? 思考题

1.什么叫作深受弯构件?《设计规范》(JTG 3362—2018)中如何划分深受弯构件和普通

受弯构件?

2. 试从正截面应变分布及破坏形态等方面阐述深受弯构件和普通受弯构件的受力特性的不同之处。

3. 深受弯构件的设计计算一般都包括哪些内容?

第 10 章
CHAPTER 10
受弯构件应力、裂缝和变形计算

钢筋混凝土及预应力混凝土受弯构件承载能力极限状态设计计算的目的是确保结构或结构构件在设计使用年限(公路桥涵结构设计使用年限不少于 100 年)不至于发生承载力破坏或失稳破坏。但是,钢筋混凝土及预应力混凝土受弯构件除了可能发生承载力破坏或失稳破坏之外,还可能由于构件变形或裂缝过大影响了构件的适用性及耐久性,而达不到结构正常使用要求。因此,钢筋混凝土及预应力混凝土受弯构件,除要求进行持久状况承载能力极限状态设计计算外,还要进行持久状况正常使用极限状态的计算以及短暂状况的构件应力计算。

对公路桥涵钢筋混凝土及预应力混凝土受弯构件设计,持久状况正常使用极限状态的计算内容是构件的混凝土最大裂缝宽度和变形(挠度)验算;短暂状况构件的应力计算内容是桥涵施工阶段构件的混凝土和钢筋的应力验算。

正常使用极限状态计算是按照钢筋混凝土受弯构件的正常使用受力情况对已满足承载力要求的构件进行计算,看其是否能满足构件正常使用极限状态的要求,即在正常使用的受力阶段,计算构件的变形(挠度)和混凝土最大裂缝宽度是否小于《设计规范》(JTG 3362—2018)规定的限值,这种结构计算称为结构验算。当构件验算不满足要求时,必须对设计的构件进行修正和调整,直至满足两种极限状态的设计要求。

当进行持久状况承载能力极限状态计算时,采用作用基本组合,其中汽车荷载作用要计入冲击系数;当进行持久状况正常使用极限状态计算时,根据计算的不同要求采用作用频遇组合和准永久组合,其中汽车荷载作用不计冲击系数。

短暂状况构件的应力验算是按照桥涵结构设计、施工及使用过程的全寿命设计理念和桥涵已有设计习惯而进行的设计计算。设计上构件应力计算的实质是构件的强度验算,是对构件承载力计算的补充,是结构承载能力极限状态表现之一。与持久状况承载能力极限状态计算不同,在结构设计上短暂状况构件的应力验算对应于构件的施工阶段,计算采用结构弹性理论,并且要满足《设计规范》(JTG 3362—2018)规定的限值。

在受弯构件的正常使用极限状态计算和短暂状况构件的应力验算中,要用到构件"换算截面"的概念,因此,本章将先介绍受弯构件换算截面的概念及计算方法,然后介绍短暂状况受弯构件的应力验算和持久状况的混凝土裂缝宽度及变形(挠度)验算的方法,最后介绍桥梁混凝土结构耐久性设计问题。

10.1 截面换算

钢筋混凝土受弯构件受力工作阶段的特征是弯曲竖向裂缝已形成并开展,中性轴以下大部分混凝土已退出工作,拉力主要由钢筋承担,此时钢筋应力 σ_s 还远小于其屈服强度。受压区混凝土的压应力图形大致是抛物线形,而受弯构件的荷载-挠度(跨中)关系曲线是一条接近于直线的曲线。因此,钢筋混凝土受弯构件的正常工作阶段又可称为开裂后弹性阶段。B类预应力混凝土受弯构件基本上同钢筋混凝土受弯构件。

对于全预应力及A类预应力混凝土受弯构件,虽在持久状况和短暂状况无裂缝产生,全截面参加工作,但在施工过程中因施工阶段不同也存在施加预应力之前、施加预应力之后阶段之分,由于配置的预应力钢筋和普通钢筋与混凝土材料之间的弹性模量不同,截面性状也有差异,计算时需根据实际情况对计算截面进行换算。

10.1.1 截面换算所需基本假定

对于处于正常工作阶段钢筋混凝土受弯构件及预应力混凝土受弯构件,根据施工阶段及正常使用阶段的主要受力特征,在进行截面换算时需采用如下三项基本假定:

(1)平截面假定。梁的正截面在梁受力并发生弯曲变形以后,仍保持为平面。

根据平截面假定,平行于梁中性轴的各纵向钢筋的应变与其到中性轴的距离成正比。

(2)弹性体假定。钢筋混凝土及B类预应力混凝土受弯构件在正常工作阶段时,混凝土受压区的应力分布图形是曲线形,但此时曲线并不丰满,与直线形相差不大,可以近似地看作直线分布,即受压区混凝土的应力与平均应变成正比。

(3)钢筋混凝土及B类预应力混凝土受弯构件受拉出现裂缝后,拉应力完全由受拉钢筋承担。

截面换算就是将钢筋和受压区混凝土两种材料组成的实际截面换算成一种拉压性能相同的假想材料组成的匀质截面(称换算截面)后,即可用经典力学方法进行应力计算。这种假想材料的特点是:①抗拉压性能相同;②理想线弹性材料,应力与应变关系满足 $\sigma_c = \varepsilon_c E_c$。

10.1.2 钢筋混凝土受弯构件截面换算

如图10-1所示,钢筋混凝土矩形截面梁(单筋,即只配置受拉钢筋),根据上述三项基本假定,平行于梁中性轴的各纵向钢筋的应变与其到中性轴的距离成正比。同时,由于钢筋与混凝土之间的黏结力,钢筋与其同一水平线的混凝土应变相等,由图10-1c)可得到

$$\frac{\varepsilon'_c}{x} = \frac{\varepsilon_c}{h_0 - x} \tag{10-1}$$

$$\varepsilon_s = \varepsilon_c \tag{10-2}$$

根据单向应力状态下的胡克定律,有

$$\sigma_c = \varepsilon_c E_c = \varepsilon_s E_c \tag{10-3}$$

因

$$\varepsilon_s = \frac{\sigma_s}{E_s} \tag{10-4}$$

有

$$\sigma_c = \frac{\sigma_s}{E_s} E_c = \frac{\sigma_s}{\alpha_{Es}} \tag{10-5}$$

式中:ε_c、ε_c'——混凝土的受拉和受压平均应变;

   ε_s——与混凝土的受拉平均应变为 ε_c 的同一水平位置处的钢筋平均拉应变;

   x——混凝土受压区高度;

   h_0——截面有效高度;

   α_{Es}——钢筋混凝土构件截面的换算系数,等于钢筋弹性模量与混凝土弹性模量的比值,$\alpha_{Es} = E_s/E_c$;

   E_s——受拉钢筋的弹性模量;

   E_c——混凝土的弹性模量。

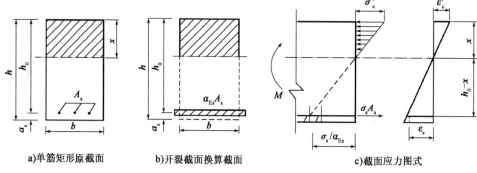

a)单筋矩形原截面   b)开裂截面换算截面   c)截面应力图式

图 10-1   单筋混凝土矩形截面梁应力计算图式

通常,将钢筋截面积 A_s 换算成假想的受拉区混凝土截面积 A_{sc},位于钢筋的重心处,如图 10-1b)所示。

假想的混凝土所承受的总拉力应该与钢筋承受的总拉力相等,故有

$$\sigma_s A_s = \sigma_c A_{sc} \tag{10-6}$$

将式(10-5)代入式(10-6),可得

$$A_{sc} = \frac{\sigma_s}{\sigma_c} A_s = \alpha_{Es} A_s \tag{10-7}$$

式中:A_s——钢筋截面积;

   A_{sc}——钢筋的换算面积;

   其他符号意义同前。

将受压区的混凝土面积和受拉区的钢筋换算面积所组成的截面称为钢筋混凝土构件开裂截面的换算截面。

1.单筋矩形截面的几何特性

换算截面面积 A_0 为

$$A_0 = bx + \alpha_{\mathrm{Es}}A_\mathrm{s} \tag{10-8}$$

换算截面对中性轴的静矩 S_0 为

受压区
$$S_{0\mathrm{c}} = \frac{1}{2}bx^2 \tag{10-9}$$

受拉区
$$S_{0\mathrm{t}} = \alpha_{\mathrm{Es}}A_\mathrm{s}(h_0 - x) \tag{10-10}$$

换算截面惯性矩 I_{cr} 为

$$I_{\mathrm{cr}} = \frac{1}{3}bx^3 + \alpha_{\mathrm{Es}}A_\mathrm{s}(h_0 - x)^2 \tag{10-11}$$

对于受弯构件,开裂截面的中性轴通过其换算截面的中性轴,即 $S_{0\mathrm{c}} = S_{0\mathrm{t}}$,可得到

$$\frac{1}{2}bx^2 = \alpha_{\mathrm{Es}}A_\mathrm{s}(h_0 - x)$$

化简后解得换算截面的受压区高度为

$$x = \frac{\alpha_{\mathrm{Es}}A_\mathrm{s}}{b}\left(\sqrt{1 + \frac{2bh_0}{\alpha_{\mathrm{Es}}A_\mathrm{s}}} - 1\right) \tag{10-12}$$

2.双筋矩形截面的几何特性

对于双筋矩形截面,截面换算的方法就是将受拉钢筋面积 A_s 和受压钢筋面积 A_s' 分别换算成等效的、虚拟的混凝土。它跟单筋矩形截面的不同之处,仅仅是受压区配置了受压钢筋 A_s',因此,双筋矩形截面几何特性可参照单筋矩形截面再计入受压钢筋的换算面积 $\alpha_{\mathrm{Es}}A_\mathrm{s}'$ 即可方便计算。

当受压区配有纵向钢筋时,在计算受压区高度 x 和惯性矩 I_{cr} 公式中的受压钢筋应力应符合 $\alpha_{\mathrm{Es}}\sigma_{\mathrm{cc}}^\mathrm{t} \leqslant f_\mathrm{sd}'$,当 $\alpha_{\mathrm{Es}}\sigma_{\mathrm{cc}}^\mathrm{t} > f_\mathrm{sd}'$ 时,则各公式中所含的 $\alpha_{\mathrm{Es}}A_\mathrm{s}'$ 应以 $f_\mathrm{sd}'/\sigma_{\mathrm{cc}}^\mathrm{t}A_\mathrm{s}'$ 代替,其中 f_sd' 为受压区钢筋抗压强度设计值,$\sigma_{\mathrm{cc}}^\mathrm{t}$ 为受压区钢筋合力作用点相应的混凝土压应力。

3.单筋 T 形截面的几何特性

图 10-2 为受压翼缘有效宽度为 b_f' 时,受压区高度 $x > h_\mathrm{f}'$,即第二类 T 形截面开裂状态下的换算截面计算图式。

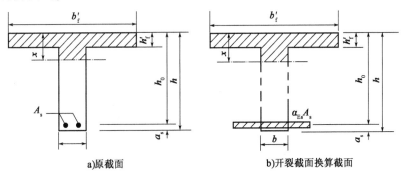

a)原截面   b)开裂截面换算截面

图 10-2　开裂状态下 T 形截面换算计算图式

当受压区高度 $x \leqslant h_\mathrm{f}'$ 时(第一类 T 形截面),可按宽度为 b_f'、高度为 h 的矩形截面计算开裂截面的换算截面几何特性。

当受压区高度 $x > h'_f$ 时（第二类 T 形截面），表明中性轴位于 T 形截面的腹板内。这时，换算截面的受压区高度 x 计算式为

$$x = \sqrt{A^2 + B} - A \tag{10-13}$$

式中：$A = \dfrac{\alpha_{Es}A_s + (b'_f - b)h'_f}{b}$；$B = \dfrac{2\alpha_{Es}A_s h_0 + (b'_f - b)(h'_f)^2}{b}$。

开裂截面的换算截面对其中性轴的惯性 I_{cr} 为

$$I_{cr} = \frac{1}{3}b'_f x^3 + \alpha_{Es}A_s (h_0 - x)^2 - \frac{1}{3}(b'_f - b)(x - h'_f)^3 \tag{10-14}$$

在钢筋混凝土受弯构件的使用阶段和施工阶段的计算中，有时会遇到全截面换算截面的情况，如图 10-3 所示。

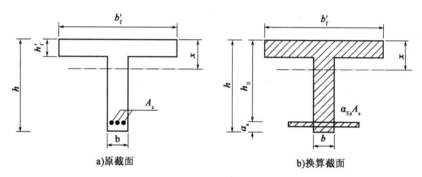

a)原截面   b)换算截面

图 10-3　全截面换算示意图

全截面的换算截面几何特性计算式为

换算截面面积
$$A_0 = bh + (b'_f - b)h'_f + (\alpha_{Es} - 1)A_s \tag{10-15}$$

受压区高度

$$x = \frac{\dfrac{1}{2}bh^2 + \dfrac{1}{2}(b'_f - b)(h'_f)^2 + (\alpha_{Es} - 1)A_s h_0}{A_0} \tag{10-16}$$

换算截面对中性轴的惯性矩

$$I_0 = \frac{1}{12}bh^3 + bh\left(\frac{1}{2}h - x\right)^2 + \frac{1}{12}(b'_f - b)(h'_f)^3 + (b'_f - b)h'_f\left(\frac{h'_f}{2} - x\right)^2 + (\alpha_{Es} - 1)A_s(h_0 - x)^2$$

$$\tag{10-17}$$

式中：b'_f——T 形截面翼缘有效宽度；

h'_f——T 形截面翼缘厚度；

b——T 形截面腹板厚度。

在实际工程中，常见的其他类型截面多可换算成矩形或 T 形截面的组合，其换算截面几何特性参照上述计算方法即可得到。

例 10-1　某 20m 装配式钢筋混凝土简支 T 形梁桥，计算跨径 $l = 19.50\mathrm{m}$，结构安全等级为二级。相邻两梁中心距为 1.6m（梁的预制宽度 1.58m），截面尺寸和配筋如图 10-4 所示；腹板厚度 $b = 180\mathrm{mm}$，梁高 $h = 1300\mathrm{mm}$；采用 C35 混凝土，纵向钢筋采用 HRB400 钢筋 $10 \oplus 28 + 2 \oplus 16$，$a_s = 113.6\mathrm{mm}$，$A_s = 6158 + 402 = 6560(\mathrm{mm}^2)$。试计算该 T 形梁的截面几何特性。

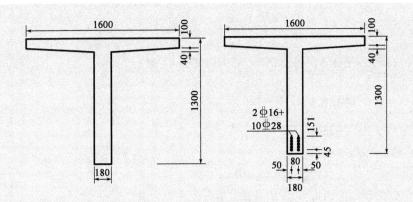

图 10-4 某装配式 T 梁跨中截面尺寸(尺寸单位:mm)

解:

已知条件:$f_{cu,k} = 35MPa$,$E_c = 3.15 \times 10^4 MPa$,$E_s = 2.0 \times 10^5 MPa$,$f_{sk} = 400MPa$。

1. 求 T 形梁有效翼缘宽度 b'_f

(1)计算跨径的 1/3:$b'_f = \dfrac{1}{3} \times 19500 = 6500(mm)$

(2)两梁的平均间距:$b'_f = 1600mm$

(3)$b'_f = b + 2b_h + 12h'_f$:$b'_f = b + 12h'_f = 180 + 12 \times \left(\dfrac{100 + 140}{2}\right) = 1620(mm)$

取其最小值,即 $b'_f = 1600mm$。

2. α_{Es} 计算

$$\alpha_{Es} = \frac{E_s}{E_c} = \frac{2.0 \times 10^5}{3.15 \times 10^4} = 6.35$$

3. 换算截面几何特性计算

利用式(10-13)计算换算受压区高度 x。

$$A = \frac{\alpha_{Es}A_s + (b'_f - b)h'_f}{b} = \frac{6.35 \times 6560 + (1600 - 180) \times 120}{180} = 1178.09$$

$$B = \frac{2\alpha_{Es}A_s h_0 + (b'_f - b)(h'_f)^2}{b} = \frac{2 \times 6.35 \times 6560 \times (1300 - 113.6) + (1600 - 180) \times 120^2}{180}$$

$$= 662718.64$$

$$x = \sqrt{A^2 + B} - A = \sqrt{1178.09^2 + 662718.64} - 1178.09 = 253.9(mm)$$

$x > h'_f$,为第二类 T 形截面。

由式(10-14)可得开裂截面的换算惯性矩为

$$I_{cr} = \frac{1}{3}b'_f x^3 + \alpha_{Es}A_s (h_0 - x)^2 - \frac{1}{3}(b'_f - b)(x - h'_f)^3$$

$$= \frac{1}{3} \times 1600 \times 253.9^3 + 6.35 \times 6560 \times (1186.4 - 253.9)^2 -$$

$$\frac{1}{3}(1600 - 180) \times (253.9 - 120)^3$$

$$= 4.382 \times 10^{10}(\text{mm}^4)$$

换算截面其他几何参数。

换算截面受压区高度: $x_0 = x = 253.9\text{mm}$

中性轴至截面上缘距离: $y_u = x_0 = 253.9\text{mm}$

中性轴至截面底部距离: $y_b = h - x_0 = 1300 - 253.9 = 1046.1(\text{mm})$

10.1.3 预应力混凝土受弯构件截面换算

对于预应力混凝土受弯构件,在进行截面换算时需要在前述假定下进行。其中,全预应力混凝土构件及 A 类预应力混凝土构件因为是全截面参加工作,当构件中配置的普通钢筋作为构造配筋作用可忽略时,在进行截面换算时只需将预应力钢筋 A_p 换算成等效的混凝土 $\alpha_{Ep}A_p$ (α_{Ep} 为预应力钢筋弹性模量与混凝土弹性模量的比值),即可参照图 10-3 进行截面换算。对于多为混合配筋的 B 类预应力混凝土构件,不能忽略普通钢筋的作用,考虑到其可带裂缝参加工作,可按照钢筋混凝土受弯构件截面换算方法进行截面换算。在有些持久状况和短暂状况的构件设计计算需用到毛截面、净截面和换算截面几何参数,需根据截面几何形状和配筋情况对其进行截面换算。

1.毛截面

当预应力混凝土受弯构件配置的预应力钢筋和普通钢筋对截面几何特性影响较小时,可近似地按照全截面(不考虑钢筋效应)而计算得到的截面几何参数。

2.净截面

后张法预应力混凝土构件扣除预应力管道等削弱部分后的混凝土全部截面面积与纵向普通钢筋截面面积换算得到的截面几何参数。

3.换算截面

将普通钢筋和预应力钢筋换算成等效混凝土后换算得到的截面几何参数。

预应力混凝土受弯构件截面换算后的几何参数表示如下:

A——构件毛截面面积;

A_0、A_n——构件换算截面面积、净截面面积;

I——毛截面的惯性矩;

I_0、I_n——换算截面惯性矩、净截面惯性矩;

S_0、S_n——换算截面、净截面计算纤维以上(或以下)部分面积对截面重心轴的面积矩。

以下以全截面参加工作的预应力混凝土 T 形受弯构件不计普通钢筋作用的截面几何特性计算。

例10-2 某高速公路后张法装配式简支梁桥,上部结构采用预应力混凝土 T 形梁,标准跨径为 $L=20\text{m}$,计算跨径为 $l=19.0\text{m}$。已知 T 形梁中梁跨中截面尺寸及预应力钢筋位置如图 10-5 所示;配置 3 束$\Phi^{\text{S}}15.2$ 预应力钢绞线,N1 为 7 $\Phi^{\text{S}}15.2$,N2、N3 为 6 $\Phi^{\text{S}}15.2$,标准强度为 $f_{\text{pk}}=1860\text{MPa}$,N1、N2、N3 预应力钢筋分别采用外径为 70mm、65mm 的塑料波纹管或金属波纹管成孔,C50 混凝土。不考虑普通钢筋的作用,试对 T 形梁毛截面、净截面以及预制阶段、预应力钢绞线张拉压浆后、湿接缝浇筑结硬后的单梁截面几何特性进行计算。

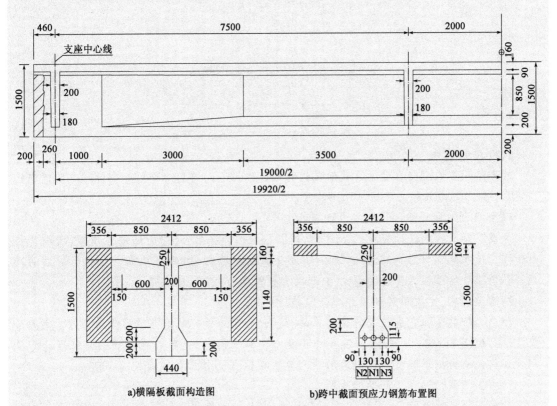

图 10-5 T 梁尺寸及预应力孔道设置图(尺寸单位:mm)

a)横隔板截面构造图　　　　b)跨中截面预应力钢筋布置图

解:

由已知条件查表知:

$$f_{\text{cu},k}=50\text{MPa},E_c=3.45\times10^4\text{MPa},E_p=1.95\times10^5\text{MPa},f_{\text{pk}}=1860\text{MPa}。$$

1.求 T 形梁有效翼缘宽度 b'_f

(1)计算跨径的 1/3:$b'_f=\dfrac{1}{3}\times19.0\times1000=6333.3(\text{mm})$。

(2)两梁的平均间距:中梁预制阶段 $b'_f=1700\text{mm}$,湿接缝浇筑后 $b'_f=2412\text{mm}$。

（3）$b'_f = b + 2b_h + 12h'_f$：由第5章有关知识可知，b 为腹板宽度，b_h 为承托长度，h'_f 为受压翼缘悬臂部分厚度，h'_f 可近似取跨中翼缘厚度的平均值，即

$$h'_f \approx [1106 \times 160 + 650 \times (250 - 160)/2]/1106 = 186.4(\text{mm})$$
$$b'_f = b + 2b_h + 12h'_f = 200 + 0 + 12 \times 186.4 = 2437(\text{mm})$$

取其最小值，即主梁预制阶段 $b'_f = 1700\text{mm}$，湿接缝浇筑后 $b'_f = 2412\text{mm}$。

2.有关参数计算

$$A_p = (7 + 6 + 6) \times 139 = 2780 \ (\text{mm}^2)$$
$$\alpha_{Ep} = \frac{E_p}{E_c} = \frac{1.95 \times 10^5}{3.45 \times 10^4} = 5.65$$

预留孔道面积为

$$A_{N1} = \frac{\pi}{4} \times 70^2 = 3848.5 \ (\text{mm}^2)$$
$$A_{N2/N3} = \frac{\pi}{4} \times 65^2 = 3318.3(\text{mm}^2)$$

3.阶段的划分

后张法预应力混凝土梁主梁截面几何特性应根据不同的受力阶段分别计算。本例中的T形梁从施工到运营经历了如下三个阶段。

1）主梁预制阶段并张拉预应力钢筋

主梁混凝土达到设计强度的90%后，进行预应力的张拉，此时管道尚未压浆，所以其截面特性为计入非预应力钢筋影响（本例不计普通钢筋的影响）的净截面。该截面的截面特性计算中应扣除预应力管道的影响，T形梁翼板宽度为1700mm。

2）灌浆封锚，主梁吊装就位并现浇湿接缝

预应力钢筋张拉完成并进行管道压浆、封锚后，预应力钢筋能够参与截面受力。主梁吊装就位后现浇712mm湿接缝，但湿接缝还没有参与截面受力，所以此时的截面特性计算采用计入非预应力钢筋和预应力钢筋影响的换算截面，T形梁翼板宽度仍为1700mm。

3）桥梁附属设施施工和运营阶段

桥面湿接缝结硬后，主梁即全截面参与工作，此时截面特性计算采用计入非预应力钢筋和预应力钢筋影响的换算截面，T形梁翼板有效宽度为2412mm。

4.跨中截面几何特性计算

1）毛截面几何特性

在工程设计中，主梁几何特性多采用分块数值求和法进行（图10-6），其计算式为

全截面面积

$$A = \sum A_i$$

全截面重心至梁顶的距离

$$y_u = \frac{\sum A_i y_i}{A}$$

式中：A——毛截面面积；

A_i——分块面积；

y_i——分块面积的重心至梁顶边的距离。

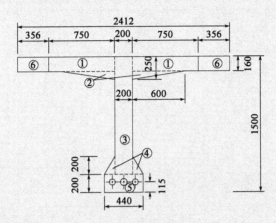

图10-6　主梁分块示意(尺寸单位:mm)

主梁跨中全截面的毛截面几何特性计算结果见表10-1。

主梁跨中全截面的毛截面几何特性计算结果　　　　表10-1

分块号	分块面积 A_i （mm^2）	y_i （mm）	$S_i = A_i y_i$ （mm^3）	$y_u - y_i$ （mm）	$I_x = A_i(y_u - y_i)^2$ （mm^4）	I_i （mm^4）
①	$2 \times 750 \times 160 = 240000$	80	1.920×10^7	375	3.375×10^{10}	$\frac{1}{12} \times 750 \times 160^3 = 0.256 \times 10^9$
②	$600 \times 90 = 54000$	110	5.940×10^6	345	6.427×10^9	$2 \times \frac{1}{36} \times 600 \times 90^3 = 0.0243 \times 10^9$
③	$200 \times 1300 = 260000$	650	1.690×10^8	-195	9.887×10^9	$\frac{1}{12} \times 200 \times 1300^3 = 36.617 \times 10^9$
④	$110 \times 200 = 22000$	1234	2.715×10^7	-779	1.335×10^{10}	$2 \times \frac{1}{36} \times 110 \times 200^3 = 0.0489 \times 10^9$
⑤	$400 \times 200 = 80000$	1400	1.232×10^8	-945	7.144×10^{10}	$\frac{1}{12} \times 400 \times 200^3 = 0.267 \times 10^9$
⑥	$2 \times 356 \times 160 = 113920$	80	9.114×10^6	375	1.602×10^{10}	$\frac{1}{12} \times 356 \times 160^3 = 0.1227 \times 10^9$
合计	$A = \sum A_i = 769920$	$y_u = \frac{\sum S_i}{A}$ $=445$ $y_b =$ $1500 - 445$ $=1055$	$\sum S_i$ $= 3.424 \times 10^8$	—	$\sum I_x =$ 150.876×10^9	$\sum I_i = 37.334 \times 10^9$ $I = \sum I_x + \sum I_i = 188.210 \times 10^9$

2) 各阶段跨中截面几何特性换算

主梁预制阶段并张拉预应力钢筋跨中截面净截面几何特性计算结果见表10-2,不同施工阶段主梁跨中截面换算截面几何特性计算结果见表10-3。

主梁跨中截面净截面几何特性计算结果　　　　　　表 10-2

分块名称	分块面积 A_i （mm²）	y_i （mm）	$S_i = A_i y_i$ （mm³）	$y_u - y_i$ （mm）	$I_x = A_i(y_u - y_i)^2$ （mm⁴）	I_i （mm⁴）
①	$2\times750\times160=240000$	80	1.920×10^7	375	3.375×10^{10}	0.256×10^9
②	$600\times90=54000$	110	5.940×10^6	345	6.427×10^9	0.0243×10^9
③	$200\times1300=260000$	650	1.690×10^8	-195	9.887×10^9	36.617×10^9
④	$110\times200=22000$	1234	2.715×10^7	-779	1.335×10^{10}	0.0489×10^9
⑤	$400\times200=80000$	1400	1.232×10^8	-945	7.144×10^{10}	0.267×10^9
混凝土全截面	$A=\sum A_i=656000$	$y_u=\dfrac{\sum S_i}{A}=508$	$\sum S_i=3.333\times10^8$		$\sum I_x=134.856\times10^9$	$\sum I_i=37.213\times10^9$
预留孔道	$A_N=-10485$	$1500-115=1385$	-1.452×10^7	-877	-8.064×10^9	≈0
净截面	$A_n=A+A_N=645515$	$y_{nu}=\dfrac{\sum S_i}{A_n}=494$　$y_{nb}=1500-494=1006$	—	—	126.792×10^9（上）　$I_n=\sum I_x+\sum I_i=164.005\times10^9$（下）	37.213×10^9

主梁跨中截面换算截面几何特性计算结果　　　　　　表 10-3

分块名称	分块面积 A_i （mm²）	y_i （mm）	$S_i = A_i y_i$ （mm³）	$y_u - y_i$ （mm）	$I_x = A_i(y_u - y_i)^2$ （mm⁴）	I_i （mm⁴）	I （mm⁴）
			主梁预制阶段孔道压浆后				
混凝土全截面（不含⑥）	$A=656000$	$y_u=508$	3.333×10^8	—	134.856×10^9	37.213×10^9	172.069×10^9
预应力钢筋	$A_p=2780$	1385	—	—	—	—	—
预应力钢筋等效换算	$(\alpha_{Ep}-1)\times2780=12927$	1385	1.79×10^7	-859	9.889×10^9	≈0	—
换算截面	$A_0=656000+12927=668927$	$y_{0u}=\dfrac{\sum S_i}{A_0}=526$　$y_{0b}=1500-526=974$	351.856×10^6	—	$I_0=(172.069+9.889)\times10^9=181.958\times10^9$		
			主梁架设完成湿接缝结硬后				
混凝土全截面（含⑥）	769920	$y_u=445$	3.424×10^8	—	150.876×10^9	37.334×10^9	188.210×10^9
换算截面	$A_0=769920+12927=782847$	$y_{0u}=\dfrac{\sum S_i}{A_0}=461$　$y_{0b}=1500-461=1039$	360.892×10^6	—	$I_0=(188.210+9.889)\times10^9=198.099\times10^9$		

10.2 受弯构件应力计算

10.2.1 钢筋混凝土受弯构件短暂状况应力计算

钢筋混凝土受弯构件在施工阶段,特别是在梁的运输、安装过程中,梁的支承条件、受力图式会发生变化。例如,图10-7b)所示简支梁的吊装,吊点的位置并不在梁设计的支座截面,当吊点位置 a 较大时,将会在吊点截面处引起较大负弯矩。又如图10-7c)所示,采用"钓鱼法"架设简支梁,在安装施工中,其受力简图不再是简支体系。因此,按《设计规范》(JTG 3362—2018)要求进行施工阶段的应力计算,即短暂状况正截面和斜截面的应力验算。

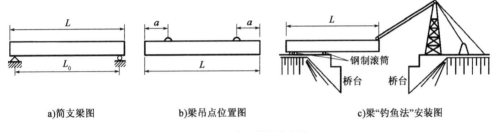

a)简支梁图 b)梁吊点位置图 c)梁"钓鱼法"安装图

图10-7 施工阶段受力图

按《设计规范》(JTG 3362—2018)规定,桥梁构件在进行施工阶段等短暂状况设计时,应计算其在制作、运输及安装等施工阶段,由自重、施工荷载等引起的正截面和斜截面的应力,并不应超过规范规定的限值。施工荷载除有特别规定外均采用标准值,当有组合时不考虑荷载组合系数。

当有起重机(吊车)行驶于桥梁进行安装时,应对已安装的构件进行验算,起重机(吊车)应乘以1.15的荷载系数,但当由起重机(吊车)产生的效应设计值小于按持久状况承载能力极限状态计算的荷载效应设计值时,则可不必验算。

《设计规范》(JTGD60—2015)规定,构件在吊装、运输时,构件重力应乘以动力系数1.2或0.85(构件吊装时,若构件内产生的惯性力对验算截面不利,则重力动力系数取1.2;若惯性力对验算截面有利,则重力动力系数取0.85),并可视构件具体情况适当增减。

1.正截面应力验算

对于钢筋混凝土受弯构件施工阶段短暂状况的应力计算,可按受弯构件第Ⅱ工作阶段受力图式进行。按《设计规范》(JTG 3362—2018)规定,受弯构件正截面应力应符合下列条件。

1)受压区混凝土边缘的压应力

$$\sigma_{cc}^{t} = \frac{M_k^t x_0}{I_{cr}} \leqslant 0.80 f_{ck}' \tag{10-18}$$

2）受拉钢筋的应力

$$\sigma_{si}^t = \alpha_{Es} \frac{M_k^t(h_{0i} - x_0)}{I_{cr}} \leqslant 0.75 f_{sk} \tag{10-19}$$

式中：M_k^t——由临时的施工荷载标准值产生的弯矩值；

$\quad\quad x_0$——换算截面的受压区高度，按换算截面受压区和受拉区对中性轴面积矩相等的原则求得；

$\quad\quad I_{cr}$——开裂截面换算截面的惯性矩，根据已求得的受压区高度 x_0，按开裂换算截面对中性轴惯性矩之和求得；

$\quad\quad \sigma_{si}^t$——按短暂状况计算时受拉区第 i 层钢筋的应力；

$\quad\quad h_{0i}$——受压区边缘至受拉区第 i 层钢筋截面重心的距离；

$\quad\quad f_{ck}'$——施工阶段相应于混凝土立方体抗压强度 f_{cu}' 的混凝土轴心抗压强度标准值，按表3-1以直线内插取用；

$\quad\quad f_{sk}$——普通钢筋抗拉强度标准值，按表3-6采用。

对于钢筋的应力计算，一般仅需验算最外排受拉钢筋的应力。

2.斜截面应力验算

受弯构件除由弯矩产生的法向应力外，还伴随着剪力产生的剪应力。由于法向应力和剪应力的叠加，在梁内产生了斜方向的主应力，即主拉应力或主压应力。当主拉应力超过混凝土抗拉强度极限值时，构件就会出现斜裂缝。

力学分析及试验证明，在钢筋混凝土梁中性轴处及整个受拉区主拉应力达到最大值，主拉应力在数值上等于主压应力，且等于最大剪应力，其方向与梁中心轴轴线呈45°角，即

$$\sigma_{tp} = \frac{V}{bz} \tag{10-20}$$

按《设计规范》（JTG 3362—2018）规定，钢筋混凝土受弯构件按照短暂状况设计斜截面应力验算，就是计算中性轴处的主拉应力（剪应力 σ_{tp}'），并满足式（10-21）。

$$\sigma_{tp}' = \frac{V_k^t}{bz_0} \leqslant f_{tk}' \tag{10-21}$$

式中：V_k^t——由施工荷载标准值产生的剪力值；

$\quad\quad b$——矩形截面宽度、T形或I形截面的腹板宽度；

$\quad\quad z_0$——受压区合力点至受拉钢筋合力点的距离，按受压区应力图形为三角形计算确定；

$\quad\quad f_{tk}'$——施工阶段混凝土轴心抗拉强度标准值，按表3-1采用。

钢筋混凝土受弯构件中性轴处的主拉应力若符合

$$\sigma_{tp}' \leqslant 0.25 f_{tk}' \tag{10-22}$$

则该区段的主拉应力全部由混凝土承受，此时，抗剪钢筋按构造要求配置。

中性轴处的主拉应力不符合式（10-22）的区段，则主拉应力（剪应力）全部由箍筋和弯起钢筋承受。箍筋、弯起钢筋可按剪应力图配置（图10-8），并按下列公式计算。

1）箍筋

$$\tau_v^t = \frac{nA_{sv1}[\sigma_s^t]}{bs_v} \tag{10-23}$$

2）弯起钢筋

$$A_{sb} \geqslant \frac{b\Omega}{[\sigma_s^t]\sqrt{2}}$$ （10-24）

式中：τ_v^t——由箍筋承受的主拉应力（剪应力）值；

n——同一截面内箍筋的肢数；

$[\sigma_s^t]$——短暂状况时钢筋应力的限值，取$[\sigma_s^t]=0.75f_{sk}$；

A_{sv1}——一肢箍筋的截面面积；

s_v——箍筋的间距；

A_{sb}——弯起钢筋的总截面面积；

Ω——相应于由弯起钢筋承受的剪应力图的面积。

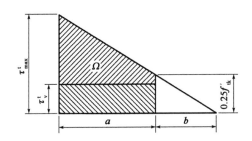

图10-8　钢筋混凝土受弯构件剪应力沿梁长方向的分布图

a-箍筋、弯起钢筋承受剪应力的区段；*b*-混凝土承受剪应力的区段

例10-3　接例2-1和例10-1，某20m装配式钢筋混凝土简支T梁桥，计算跨径$l=19.50$m，结构安全等级为二级，采用C35混凝土（龄期达到28d），HRB400钢筋，截面配筋图如图10-4所示；主梁1/2跨径处截面的弯矩标准值：结构重力产生的弯矩$M_{Gk}=763.4$kN·m，采用吊装法施工，吊点位置位于主梁支点上方，试对主梁1/2跨径处截面的正应力进行验算。

解：

由题意得知：$a_s=113.6$mm，$h_0=h-a_s=1300-113.6=1186.4$mm；查表3-1得，$f_{ck}'=f_{ck}=23.4$MPa；查表3-6得，$f_{sk}=400$MPa。

由例10-1可得1/2跨径处截面换算截面参数如下：

$$\alpha_{Es}=\frac{E_s}{E_c}=6.35$$

换算截面受压区高度　$x_0=x=253.9（\text{mm}）$

中性轴至截面上缘距离　$y_u=x_0=253.9（\text{mm}）$

中性轴至截面底部距离　$y_b=h-x_0=1300-253.9=1046.1（\text{mm}）$

开裂截面的换算惯性矩为　$I_{cr}=4.382\times10^{10}（\text{mm}^4）$

1.由临时的施工荷载标准值产生的弯矩值 M_k^t

根据《设计规范》(JTG D60—2015)规定,构件在吊装、运输时,构件重力应乘以动力系数 1.2 或 0.85(构件吊装时,若构件内产生的惯性力对验算截面不利,则重力动力系数取 1.2),则

$$M_k^t = 1.2 M_{Gk} = 1.2 \times 763.4 = 916.1 (kN \cdot m)。$$

2.受压区混凝土边缘的压应力根据式(10-18)计算

$$\sigma_{cc}^t = \frac{M_k^t x_0}{I_{cr}} = \frac{916.1 \times 10^6 \times 253.9}{43820 \times 10^6} = 5.31(MPa) < 0.80 f_{ck}' = 18.72 MPa$$

受压区混凝土边缘的压应力满足规范要求。

3.受拉钢筋的应力计算

根据式(10-19)计算钢筋重心处的应力为

$$\sigma_s^t = \alpha_{Es} \frac{M_k^t(h_0 - x_0)}{I_{cr}} = 6.35 \times \frac{916.1 \times 10^6 \times (1186.4 - 253.9)}{43820 \times 10^6}$$

$$= 123.79(MPa) \leqslant 0.75 f_{sk} = 300 MPa$$

最下面一层钢筋 2Φ28 重心处距受压边缘高度 $h_{01} = 1300 - \left(\frac{31.6}{2} + 45\right) = 1239.2(mm)$

根据式(10-19)计算得到最下面一层钢筋重心处的应力为

$$\sigma_s^t = \alpha_{Es} \frac{M_k^t(h_0 - x_0)}{I_{cr}} = 6.35 \times \frac{916.1 \times 10^6 \times (1239.2 - 253.9)}{43820 \times 10^6}$$

$$= 130.80(MPa) \leqslant 0.75 f_{sk} = 300(MPa)$$

受拉钢筋的应力满足规范要求。

例 10-4 已知某钢筋混凝土等截面简支 T 梁(内梁),截面尺寸如例 10-9 所示。配有抗剪箍筋 HPB300,φ10,箍筋间距为 100mm,在对称的半跨内,自支座截面起配有弯起钢筋 HRB400,2Φ32 + 2Φ32 + 2Φ32 + 2Φ20,加焊 2 根斜筋 2Φ14。承受由荷载标准值产生的剪力见表 10-4,施工安装时混凝土强度已达设计强度。问所配置的抗剪钢筋是否满足施工荷载的需要?

表 10-4

承受由荷载标准值产生的剪力(kN)

荷 载	位 置	
	支点剪力	跨中剪力
恒载 V_{GK}	166.63	0
施工荷载 V_{GK}'	230.13	84.69
合计	369.76	84.69

解:

已知条件:$f_{tk}' = 2.01 MPa$,箍筋 HPB300:$f_{sk} = 300 MPa$,弯起筋、斜筋 HRB400:$f_{sk} = 400 MPa$,

箍筋应力限值$[\sigma_s^t] = 0.75f_{sk} = 0.75 \times 300 = 225\,\text{MPa}$,弯起筋、斜筋的应力限值$[\sigma_{sv}^t] = 0.75f_{sk} = 0.75 \times 400 = 300\,\text{MPa}$。

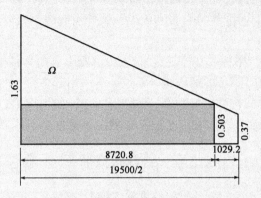

图10-9　截面尺寸(单位尺寸:mm)

1.截面尺寸验算

由式(10-21)可得

$$\sigma'_{tp} = \frac{V_k^t}{bz_0} = \frac{369.76 \times 10^3}{200 \times 1131} = 1.63\,(\text{MPa}) \leqslant f'_{tk} = 2.01\,\text{MPa}$$

符合要求。

2.绘制剪应力图并进行分配

$$\tau_{max}^t = \tau_0^t = \sigma'_{tp} = 1.63\,\text{MPa}$$

$$\sigma'_{1/2} = \frac{V_{1/2}^t}{bz_0} = \frac{84.69 \times 10^3}{200 \times 1131} = 0.37\,(\text{MPa})$$

$$0.25f'_{tk} = 0.25 \times 2.01 = 0.503\,(\text{MPa})$$

则

$$\Omega = \frac{1}{2} \times 8720.8 \times (1.63 - 0.503) = 4914.2\,(\text{N/mm}^2)$$

当配置2根间距100mm的HPB300箍筋时,所能承担的剪应力为

$$\tau_{vu}^t = \frac{nA_{sv1}[\sigma_{sv}^t]}{bs_v} = \frac{2 \times 78.5 \times 225}{200 \times 100} = 1.77\,(\text{MPa}) > \tau_{1/2}^t = 0.503\,\text{MPa}$$

满足要求。

当配置HRB400弯起钢筋或斜筋数量为$2\,\Phi\,32 + 2\,\Phi\,32 + 2\,\Phi\,32 + 2\,\Phi\,20 + 2\,\Phi\,14$时,其供给弯起钢筋面积$A_{sb} = 2 \times (804.3 + 804.3 + 314.2 + 153.92) = 5762\,\text{mm}^2$。

由式(10-24)可知

$$\frac{b\Omega}{[\sigma_s^t]\sqrt{2}} = \frac{200 \times 4914.2}{251.25 \times \sqrt{2}} = 2766.1\,(\text{mm}^2) \leqslant A_{sb} = 5762\,\text{mm}^2$$

满足要求,且有较大安全储备。

10.2.2 预应力混凝土受弯构件短暂状况应力计算

预应力混凝土受弯构件在施工阶段按短暂状况计算时，应计算其在施工阶段（如制作、运输及安装阶段）由预应力作用、构件自重和施工荷载等引起的正截面和斜截面的应力，且不应超过规定的应力限值。

按《设计规范》（JTG 3362—2018）规定，预应力混凝土受弯构件施工荷载除有特别规定外均采用标准值，当有组合时不考虑荷载组合系数。当采用起重机（吊车）行驶于桥梁进行构件安装时，应对已安装就位的构件进行验算，起重机（吊车）作用应乘以 1.15 的荷载系数，但当由起重机（吊车）产生的效应设计值小于按持久状况承载能力极限状态计算的荷载效应组合设计值时，则可不必验算。

当对构件施加预应力时，混凝土立方体强度不应低于设计强度的 80%，弹性模量不应低于混凝土 28d 弹性模量的 80%。

当计算预应力混凝土构件的弹性阶段应力时，构件截面性质可按下列规定采用：

（1）先张法构件，采用换算截面。

（2）后张法构件，当计算由作用和体外预应力引起的应力时，体内预应力管道压浆前采用净截面，体内预应力钢筋与混凝土黏结后采用换算截面；当计算由体内预应力引起的应力时，除指明者外均采用净截面。

（3）当截面性质对计算应力或控制条件影响不大时，也可采用毛截面。

当预应力混凝土受弯构件按短暂状况计算时，由预加力和荷载产生的法向应力可按下面方法进行计算。此时，预应力钢筋应扣除相应阶段的预应力损失，荷载采用施工荷载。

1.预加应力阶段的正应力计算

预加应力阶段主要承受偏心的预加力 N_p 和梁一期恒载（自重荷载）G_1 作用效应 M_{G1}，如图 10-10 所示。本阶段的受力特征是预加力 N_p 值最大（因预应力损失值最小），而外荷载最小（仅有梁的自重作用）。对于简支梁来说，其受力最不利截面往往在支点附近，特别是直线配筋的预应力混凝土等截面简支梁，其支点上缘拉应力常常成为计算的控制点。

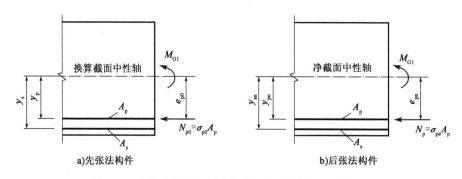

a)先张法构件   b)后张法构件

图 10-10　预加应力阶段预应力钢筋和普通钢筋合力及其偏心矩

1）先张法预应力混凝土构件

由预加力 N_p 产生的混凝土法向压应力 σ_{pc} 和法向拉应力 σ_{pt} 为

$$\sigma_{pc} = \frac{N_{p0}}{A_0} + \frac{N_{p0}e_{p0}}{I_0}y_0$$

$$\sigma_{pt} = \frac{N_{p0}}{A_0} - \frac{N_{p0}e_{p0}}{I_0}y_0 \qquad (10\text{-}25)$$

预应力钢筋合力点处混凝土法向应力等于零时的预应力钢筋应力为

$$\sigma_{p0} = \sigma_{con} - \sigma_l + \sigma_{l4}$$

$$\sigma'_{p0} = \sigma'_{con} - \sigma'_l + \sigma'_{l4} \qquad (10\text{-}26)$$

相应阶段预应力钢筋的有效预应力为

$$\sigma_{pe} = \sigma_{con} - \sigma_l$$

$$\sigma'_{pe} = \sigma'_{con} - \sigma'_l \qquad (10\text{-}27)$$

式中：N_{p0}——先张法构件预应力钢筋的合力，$N_{p0} = \sigma_{p0}A_p$；

σ_{p0}、σ'_{p0}——受拉区、受压区预应力钢筋合力点处混凝土法向应力等于零时的预应力钢筋应力；

σ_{con}、σ'_{con}——受拉区、受压区预应力钢筋的张拉控制应力；

σ_l、σ'_l——受拉区、受压区相应阶段的预应力损失值，使用阶段时为全部预应力损失值；

σ_{l4}、σ'_{l4}——受拉区、受压区由混凝土弹性压缩引起的预应力损失值；

A_p——受拉区预应力钢筋的截面面积；

e_{p0}——预应力钢筋的合力对构件全截面换算截面中性轴的偏心距；

y_0——截面计算纤维处至构件全截面换算截面中性轴的距离；

I_0——构件全截面换算截面惯性矩；

A_0——构件全截面换算截面的面积。

2）后张法预应力混凝土构件

由预加力 N_p 产生的混凝土法向压应力 σ_{pc} 和法向拉应力 σ_{pt} 为

$$\sigma_{pc} = \frac{N_p}{A_n} + \frac{N_p e_{pn}}{I_n}y_n + \frac{M_{p2}}{I_n}y_n$$

$$\sigma_{pt} = \frac{N_p}{A_n} - \frac{N_p e_{pn}}{I_n}y_n - \frac{M_{p2}}{I_n}y_n \qquad (10\text{-}28)$$

相应阶段体内预应力钢筋的应力按式（10-26）、式（10-27）计算。

式中：N_p——后张法构件预应力钢筋的合力，$N_p = \sigma_{pe}A_p$，对于配置曲线预应力钢筋的构件，A_p取为 $A_p + A_{pb}cos\theta_p$，其中 A_{pb} 为弯起预应力钢筋的截面积，θ_p 为计算截面上弯起的预应力钢筋的切线与构件轴线的夹角；

M_{p2}——由预加力 N_p 在预应力混凝土连续梁等超静定结构中产生的次弯矩；

σ_{pe}——受拉区预应力钢筋的有效预应力，$\sigma_{pe} = \sigma_{con} - \sigma_{ll}$，其中 σ_{ll} 为受拉区预应力钢筋传力锚固时的预应力损失（包括 σ_{l4} 在内）；

e_{pn}——预应力钢筋的合力对构件净截面中性轴的偏心距；

y_n——截面计算纤维处至构件净截面中性轴的距离；

I_n——构件净截面惯性矩；

A_n——构件净截面的面积。

3）由构件一期恒载（结构自重）G_1产生的混凝土正应力（σ_{G1}）

先张法构件
$$\sigma_{G1} = \pm \frac{M_{G1}}{I_0} y_0 \tag{10-29}$$

后张法构件
$$\sigma_{G1} = \pm \frac{M_{G1}}{I_n} y_n \tag{10-30}$$

式中：M_{G1}——受弯构件的一期恒载（结构自重）产生的弯矩标准值。

4）预加应力阶段的总应力

预加应力阶段的总应力为预加力产生的应力与一期恒载（结构自重）产生应力的叠加，即可得预加应力阶段预应力混凝土受弯构件截面上、下缘混凝土的正应力 σ_{ct}^t、σ_{cc}^t 为

先张法构件
$$\sigma_{cc}^t = \frac{N_{p0}}{A_0} + \frac{N_{p0} e_{p0}}{I_0} y_0 - \frac{M_{G1}}{I_0} y_0$$

$$\sigma_{ct}^t = \frac{N_{p0}}{A_0} - \frac{N_{p0} e_{p0}}{I_0} y_0 + \frac{M_{G1}}{I_0} y_0 \tag{10-31}$$

后张法构件
$$\sigma_{cc}^t = \frac{N_p}{A_n} + \frac{N_p e_{pn}}{I_n} y_n - \frac{M_{G1}}{I_n} y_n$$

$$\sigma_{ct}^t = \frac{N_p}{A_n} - \frac{N_p e_{pn}}{I_n} y_n + \frac{M_{G1}}{I_n} y_n \tag{10-32}$$

2.运输、吊装阶段的正应力计算

此阶段构件应力计算方法与预加应力阶段相同。需要注意的是，预加应力 N_p 因压应力损失而变小；计算一期恒载作用时产生的弯矩应考虑计算图式的变化，并考虑构件吊装过程中动力系数因素的影响。

3.施工阶段混凝土的限制应力

按式（10-31）、式（10-32）算得的预应力混凝土受弯构件混凝土正应力应符合《设计规范》（JTG 3362—2018）规定的有关要求，即在预应力和构件自重等施工荷载作用下截面边缘混凝土的法向应力应符合下列规定：

1）混凝土压应力 σ_{cc}^t

$$\sigma_{cc}^t \leqslant 0.70 f_{ck}' \tag{10-33}$$

式中：f_{ck}'——与制作、运输、安装各施工阶段混凝土立方体抗压强度 f_{cu}' 相应的轴心抗压强度标准值，可按表3-1直线插入取用。

2）混凝土拉应力 σ_{ct}^t

$$\sigma_{ct}^t < 1.15 f_{tk}' \tag{10-34}$$

式中：f_{tk}'——与制作、运输、安装各施工阶段混凝土立方体抗压强度 f_{cu}' 相应的轴心抗拉强度标准值，可按表3-1直线插入取用。

《设计规范》（JTG 3362—2018）根据受拉区边缘混凝土的拉应力大小，通过规定的受拉区

配筋率来防止出现裂缝,具体规定如下:

(1)当$\sigma_{ct}^{t} \leqslant 0.70f_{tk}'$时,配置于受拉区纵向钢筋的配筋率不小于0.2%。

(2)当$\sigma_{ct}^{t} = 1.15f_{tk}'$时,配置于受拉区纵向钢筋的配筋率不小于0.4%。

(3)当$0.70f_{ck}' < \sigma_{ct}^{t} < 1.15f_{tk}'$时,受拉区应配置的纵向普通钢筋配筋率按以上两者直线内插取用。

上述配筋率为$A_s' + A_p'/A$,先张法构件计入A_p',后张法构件不计A_p',其中A_p'为受拉区预应力钢筋截面面积,A_s'为受拉区普通钢筋截面面积,A为构件毛截面面积。

受拉区的纵向普通钢筋宜采用带肋钢筋,其直径不宜大于14mm,沿受拉区的外边缘均匀布置。

构件按短暂状况的应力计算,实际属于构件弹性阶段的强度计算,除非有特殊要求,短暂状况一般不进行正常使用极限状态计算,可以通过施工设施或构件布置来弥补,防止构件过大的变形或出现不必要的裂缝。

10.2.3 预应力混凝土受弯构件持久状况应力计算

预应力混凝土受弯构件在进行持久状况设计时,应计算其使用阶段正截面的混凝土法向压应力、受拉区钢筋拉应力和斜截面的混凝土主压应力,并不得超过《设计规范》(JTG 3362—2018)规定的限值。计算时作用取其标准值,汽车荷载应考虑冲击系数。其计算的特点是:预应力损失已全部完成,有效预应力σ_{pe}因预应力损失而最小。

计算时,应取最不利截面进行验算,对于直线配筋等截面简支梁,一般以跨中为最不利控制截面;但对于曲线配筋的等截面或变截面简支梁,则应根据预应力钢筋的弯起和混凝土截面变化的情况,确定其计算控制截面,一般可取跨中、$l/4$、$l/8$、支点截面和截面变化处的截面进行计算。

1.正应力计算

对于配有普通钢筋的预应力混凝土构件(图10-11),混凝土的收缩和徐变使普通钢筋产生与预压力相反的内力,从而减小了受拉区混凝土的法向预压应力。为简化计算,普通钢筋的应力值均近似取混凝土收缩和徐变引起的预应力损失值来计算。

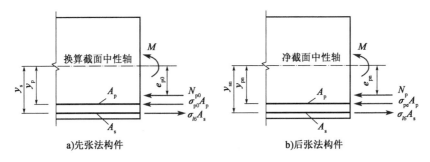

图10-11 使用阶段持久状况预应力钢筋和普通钢筋合力及其偏心矩

1)先张法构件

对于先张法构件,使用荷载作用效应仍由钢筋与混凝土共同承受,其截面几何特征也采用

换算截面计算。此时,由作用标准值和预加力在构件截面上缘产生的混凝土法向压应力为

$$\sigma_{cu} = \sigma_{pt} + \sigma_{kc} = \left(\frac{N_{p0}}{A_0} - \frac{N_{p0}e_{p0}}{W_{0u}} + \frac{M_{G1}}{W_{0u}} \right) + \frac{M_{G2} + M_Q}{W_{0u}} \tag{10-35}$$

预应力钢筋中的最大拉应力为

$$\sigma_{pmax} = \sigma_{pe} + \alpha_{Ep} \frac{M_{G1} + M_{G2} + M_Q}{I_0} y_{p0} \tag{10-36}$$

式中:σ_{kc}——作用标准值产生的混凝土法向压应力;

σ_{pe}——预应力钢筋的永存预应力,$\sigma_{pe} = \sigma_{con} - \sigma_{l1} - \sigma_{lII}$;

N_{p0}——使用阶段预应力钢筋和普通钢筋的合力,$N_{p0} = \sigma_{p0}A_p - \sigma_{l6}A_s$;

σ_{p0}——受拉区预应力钢筋合力点处混凝土法向应力等于零时的预应力钢筋应力,$\sigma_{p0} = \sigma_{con} - \sigma_l + \sigma_{l4}$,其中 σ_{l4} 为使用阶段受拉区预应力钢筋由混凝土弹性压缩引起的预应力损失,σ_l 为受拉区预应力钢筋总的预应力损失;

σ_{l6}——受拉区预应力钢筋由混凝土收缩和徐变引起的预应力损失;

e_{p0}——预应力钢筋与普通钢筋合力作用点至构件换算截面重心轴的距离,可按下式计算:

$$e_{p0} = \frac{\sigma_{p0}A_p y_{p0} - \sigma_{l6}A_s y_{s0}}{\sigma_{p0}A_p - \sigma_{l6}A_s}$$

A_s——受拉区普通钢筋的截面面积;

y_{s0}——受拉区普通钢筋重心至换算截面中性轴的距离;

y_{p0}——计算的预应力钢筋重心至换算截面中性轴的距离;

W_{0u}——构件混凝土换算截面对截面上缘的抵抗矩;

α_{Ep}——预应力钢筋与混凝土的弹性模量比;

M_{G2}——由桥面铺装、人行道和栏杆等二期恒载产生的弯矩标准值;

M_Q——由可变荷载标准值组合计算的截面最不利弯矩,汽车荷载考虑冲击系数。

2)后张法构件

后张法受弯构件,在其承受二期恒载及可变荷载作用时,一般情况下构件预留孔道均已压浆凝固,认为钢筋与混凝土已成为整体并能有效地共同工作,故二期恒载与活载作用时均按换算截面计算。当预加应力作用时,因孔道尚未压浆,所以由预加力 N_p 和梁的一期恒载 G_1 作用产生的混凝土应力,仍按混凝土净截面特性计算。由作用标准值和预应力在构件截面上缘产生的混凝土压应力 σ_{cu} 为

$$\sigma_{cu} = \sigma_{pt} + \sigma_{kc} = \left(\frac{N_p}{A_n} - \frac{N_p e_{pn}}{W_{nu}} + \frac{M_{G1}}{W_{nu}} \right) + \frac{M_{G2} + M_Q}{W_{0u}} \tag{10-37}$$

预应力钢筋中的最大拉应力为

$$\sigma_{pmax} = \sigma_{pe} + \alpha_{Ep} \frac{M_{G2} + M_Q}{I_0} y_{p0} \tag{10-38}$$

式中:N_p——预应力钢筋和普通钢筋的合力,$N_p = \sigma_{pe}A_p - \sigma_{l6}A_s$;

σ_{pe}——受拉区预应力钢筋的有效预应力,$\sigma_{pe} = \sigma_{con} - \sigma_l$;

W_{nu}——构件混凝土净截面对截面上缘的抵抗矩;

e_{pn}——预应力钢筋和普通钢筋合力作用点至构件净截面中性轴的距离,按下式计算

$$e_{pe} = \frac{\sigma_{pe}A_p y_{pn} - \sigma_{l6}A_s y_{sn}}{\sigma_{pe}A_p - \sigma_{l6}A_s}$$

y_{sn}——受拉区普通钢筋重心至净截面中性轴的距离;

y_{pn}——计算的预应力钢筋重心到换算截面中性轴的距离;

y_{p0}——计算的预应力钢筋重心至换算截面中性轴的距离。

当截面受压区也配置预应力钢筋 A'_p 时,以上计算式还需考虑 A'_p 的作用。混凝土的收缩和徐变使受压区普通钢筋产生了与预压力相反的内力,从而减小了截面混凝土的法向预压应力,受压区普通钢筋的应力值取混凝土收缩和徐变作用引起的 A'_p 预应力损失 σ'_{l6} 来计算。

2. 混凝土主应力计算

预应力混凝土受弯构件在斜截面开裂前,基本上处于弹性工作状态,故其主应力可按材料力学有关方法计算。预应力混凝土受弯构件由作用标准值和预加力作用产生的混凝土主压应力 σ_{cp} 和主拉应力 σ_{tp} 可按下列公式计算

$$\sigma_{cp} = \frac{\sigma_{cx} + \sigma_{cy}}{2} + \sqrt{\left(\frac{\sigma_{cx} - \sigma_{cy}}{2}\right)^2 + \tau^2}$$

$$\sigma_{tp} = \frac{\sigma_{cx} + \sigma_{cy}}{2} - \sqrt{\left(\frac{\sigma_{cx} - \sigma_{cy}}{2}\right)^2 + \tau^2} \tag{10-39}$$

式中:σ_{cx}——在计算主应力点,由作用标准值和预加力产生的混凝土法向应力,按下式计算

先张法构件 $$\sigma_{cx} = \frac{N_{p0}}{A_0} - \frac{N_{p0}e_{p0}}{I_0}y_0 + \frac{M_{G1} + M_{G2} + M_Q}{I_0}y_0 \tag{10-40}$$

后张法构件 $$\sigma_{cx} = \frac{N_p}{A_n} - \frac{N_p e_{pn}}{I_n}y_n + \frac{M_{G1}}{I_n}y_n + \frac{M_{G2} + M_Q}{I_0}y_0 \tag{10-41}$$

$y_0 \, \sqrt{} \, y_n$——分别为计算主应力点至换算截面、净截面中性轴的距离,利用式(10-40)、式(10-43)计算时,若主应力点位于中性轴之上,取为正,反之,取为负;

$I_0 \, \sqrt{} \, I_n$——分别为换算截面惯性矩、净截面惯性矩;

σ_{cy}——由竖向预应力钢筋的预加力产生的混凝土竖向压应力,可按下式计算

$$\sigma_{cy} = 0.6 \frac{n\sigma'_{pe}A_{pv}}{bs_p} \tag{10-42}$$

n——同一截面上竖向钢筋的肢数;

σ'_{pe}——竖向预应力钢筋扣除全部预应力损失后的有效预应力;

A_{pv}——单肢竖向预应力钢筋的截面面积;

s_p——竖向预应力钢筋的间距;

τ——在计算主应力点,按作用标准值组合计算的剪力产生的混凝土剪应力,当计算截面作用有扭矩时,尚应考虑由扭矩引起的剪应力。对于等高度梁,其截面上任一点在作用标准值组合下的剪应力 τ 可按下列公式计算

先张法构件
$$\tau = \frac{V_{G1}S_0}{bI_0} + \frac{(V_{G2}+V_Q)S_0}{bI_0}$$
（10-43）

后张法构件
$$\tau = \frac{V_{G1}S_n}{bI_n} + \frac{(V_{G2}+V_Q)S_0}{bI_0} \frac{\sum \sigma''_{pe}A_{pb}\sin\theta_p S_n}{bI_n}$$
（10-44）

V_{G1}、V_{G2}——分别为一期恒载和二期恒载作用引起的剪力标准值；

V_Q——可变作用引起的剪力标准值组合；

S_0、S_n——计算主应力点以上（或以下）部分换算截面面积对截面中性轴、净截面面积对截面中性轴的面积矩；

θ_p——计算截面上预应力弯起钢筋的切线与构件纵轴线的夹角（图 10-12）；

b——计算主应力点处构件腹板的宽度；

σ''_{pe}——纵向预应力弯起钢筋扣除全部预应力损失后的有效预应力；

A_{pb}——计算截面上同一弯起平面内预应力弯起钢筋的截面面积。

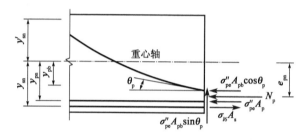

图 10-12　剪力计算图

上述公式中均取压应力为正、拉应力为负。对于连续梁等超静定结构，应计算预加力、温度作用等引起的次效应；对变高度预应力混凝土连续梁，计算由作用引起的剪应力时，应计算截面上弯矩和轴向力产生的附加剪应力。

3. 持久状况的钢筋和混凝土的应力限值

对于按全预应力混凝土和部分预应力混凝土设计的受弯构件，《设计规范》（JTG 3362—2018）中对持久状况应力计算的限值规定如下：

（1）使用阶段预应力混凝土受弯构件正截面混凝土的压应力和预应力钢筋的拉应力应符合下列规定。

受压区混凝土的最大压应力：

未开裂构件
$$\sigma_{pt} + \sigma_{kc} \leq 0.5f_{ck}$$
（10-45）

允许开裂构件
$$\sigma_{cc} \leq 0.5f_{ck}$$
（10-46）

式中：σ_{kc}——作用标准值产生的混凝土法向压应力；

σ_{pt}——预加力产生的混凝土法向拉应力；

σ_{cc}——构件开裂截面按使用阶段计算的混凝土法向压应力；

f_{ck}——混凝土轴心抗压强度标准值。

（2）使用阶段受拉区预应力钢筋的最大拉应力。

在使用荷载作用下，预应力混凝土受弯构件中的钢筋与混凝土经常承受着反复应力，而材料在较高的反复应力作用下,将使其强度下降,甚至造成疲劳破坏。为了避免这种不利影响,《设计规范》(JTG 3362—2018)中规定:

①对钢绞线、钢丝:

未开裂构件
$$\sigma_{pe} + \sigma_p \leqslant 0.65 f_{pk} \tag{10-47}$$

允许开裂构件
$$\sigma_{po} + \sigma_p \leqslant 0.65 f_{pk} \tag{10-48}$$

②对精轧螺纹钢筋:

未开裂构件
$$\sigma_{pe} + \sigma_p \leqslant 0.75 f_{pk} \tag{10-49}$$

允许开裂构件
$$\sigma_{po} + \sigma_p \leqslant 0.75 f_{pk} \tag{10-50}$$

式中:σ_{pe}——受拉区预应力钢筋扣除全部预应力损失后的有效预应力;

σ_p——作用产生的预应力钢筋应力增量;

σ_{po}——受拉区预应力钢筋合力点处混凝土法向应力等于零时的预应力钢筋应力;

f_{pk}——预应力钢筋抗拉强度标准值。

预应力混凝土受弯构件受拉区的普通钢筋,其在使用阶段的应力很小,可不必进行验算。

(3)使用阶段预应力混凝土受弯构件混凝土主应力限值。

混凝土的主压应力应满足
$$\sigma_{cp} \leqslant 0.60 f_{ck} \tag{10-51}$$

式中:f_{ck}——混凝土轴心抗压强度标准值。

对计算所得的混凝土主拉应力 σ_{tp},作为对构件斜截面抗剪计算的补充,按如下规定设置箍筋。

在 $\sigma_{tp} \leqslant 0.5 f_{tk}$ 的区段,箍筋可仅按构造要求配置。

在 $\sigma_{tp} > 0.5 f_{tk}$ 的区段,箍筋的间距 s_v 可按下式计算:
$$s_v = \frac{f_{sk} A_{sv}}{\sigma_{tp} b} \tag{10-52}$$

式中:f_{sk}——箍筋的抗拉强度标准值;

f_{tk}——混凝土轴心抗拉强度标准值;

A_{sv}——同一截面内箍筋的总截面面积;

b——矩形截面宽度、T 形或 I 形截面的腹板宽度。

当按上式计算的箍筋用量少于按斜截面抗剪承载力计算的箍筋用量时,构件箍筋按抗剪承载力计算要求配置。

10.3 受弯构件裂缝宽度计算及抗裂性验算

混凝土材料的抗压强度高、抗拉强度很低(通常为抗压强度的 1/18 ~ 1/8),在很小的拉应力作用下就可能开裂。钢筋混凝土受弯构件和 B 类预应力混凝土受弯构件如果出现过大的裂缝,不但会降低构件截面刚度,而且会引起人们心理上的不安全感,也会导致钢筋锈蚀加快,影响结构的耐久性,甚至带来重大的工程事故。

钢筋混凝土受弯构件和 B 类预应力混凝土受弯构件的裂缝按其产生的原因可分为以下几类:

(1)由作用效应(如弯矩、剪力、扭矩及拉力等)引起的裂缝。

这类裂缝是由于构件边缘的拉应力超过混凝土抗拉强度极限值而产生的,属于受力裂缝。对于按承载能力极限状态设计的钢筋混凝土受弯构件和 B 类预应力混凝土受弯构件,在使用阶段通常是允许带裂缝参加工作的。

(2)由外加变形或约束变形引起的裂缝。

外加变形或约束变形一般有地基的不均匀沉降、混凝土的收缩及温度差等。约束变形越大,裂缝宽度也越大。例如,在钢筋混凝土薄腹 T 形梁的腹板表面上常出现中间宽、两端窄的竖向裂缝,这是混凝土结硬时,腹板混凝土受到四周混凝土及钢筋骨架的约束而引起的裂缝。

(3)钢筋锈蚀裂缝。

钢筋锈蚀对钢筋混凝土结构及预应力混凝土结构的耐久性和安全性影响极大。混凝土在多种因素作用下(如碳化、氯离子侵蚀等),钢筋因原先在碱性介质中生成的钝化膜被破坏而渐渐失去保护作用,导致钢筋锈蚀,生成的锈蚀产物的体积比钢筋被侵蚀的体积大 3～4 倍,这种体积膨胀使外围混凝土产生相当大的拉应力,使混凝土保护层沿钢筋纵向开裂,甚至使混凝土保护层剥落。而裂缝一旦产生,钢筋锈蚀速度加快,结构构件的承载力与可靠性劣化的速度也加快,甚至危及结构安全。

(4)施工不当也会造成裂缝,如拆模时间不当、养护不当等。

在钢筋混凝土受弯构件和 B 类预应力混凝土受弯构件的使用阶段,直接作用引起的混凝土裂缝,只要不是沿混凝土表面延伸过长或裂缝宽度的发展处于不稳定状态,均属正常的(指普通构件)。但在直接作用下,若裂缝宽度过大仍会造成裂缝处钢筋锈蚀。

钢筋混凝土受弯构件和 B 类预应力混凝土受弯构件在荷载作用下产生的裂缝宽度,主要通过设计上进行理论验算和构造措施上加以控制。为了保证结构的安全性与耐久性,须在设计、施工及日常运营中采取措施控制裂缝的宽度。

10.3.1　裂缝宽度计算和裂缝宽度限值

裂缝宽度是指混凝土构件裂缝的横向尺寸。对于钢筋混凝土受弯构件和 B 类预应力混凝土受弯构件弯曲裂缝宽度问题,各国均做了大量的试验和理论研究工作,提出了各种不同的裂缝宽度计算理论和方法。总的来说,可以归纳为两大类:第一类是计算理论法。它是根据某种理论来建立计算图式,得到裂缝宽度计算公式,然后对公式中一些不易通过计算获得的系数,利用试验资料加以确定。第二类是分析影响裂缝宽度的主要因素,然后利用数理统计方法来处理大量的试验数据而建立计算公式。

1.裂缝宽度的计算

《设计规范》(JTG 3362—2018)推荐了钢筋混凝土受弯构件和 B 类预应力混凝土受弯构件应按作用频遇组合并考虑长期效应的影响验算裂缝宽度计算方法。对于矩形、T 形和 I 形截面钢筋混凝土构件和 B 类预应力混凝土构件,其最大裂缝宽度 W_{cr} (mm)可按下列公式

计算:

$$W_{cr} = C_1 C_2 C_3 \frac{\sigma_{ss}}{E_s}\left(\frac{c+d}{0.36+1.7\rho_{te}}\right) \tag{10-53}$$

式中:C_1——钢筋表面形状系数,对于光面钢筋,$C_1=1.4$;对于带肋钢筋,$C_1=1.0$;对于环氧树脂涂层带肋钢筋,$C_1=1.15$;

C_2——长期效应影响系数,$C_2 = 1 + 0.5\dfrac{M_1}{M_s}$,其中 M_1 和 M_s 分别为作用准永久组合和作用频遇组合计算的弯矩设计值(或轴力设计值);

C_3——与构件受力性质有关的系数,当为钢筋混凝土板式受弯构件时,$C_3=1.15$,其他受弯构件 $C_3=1.0$;

c——最外排纵向受拉钢筋的混凝土保护层厚度,mm,当 $c>50\mathrm{mm}$ 时,取 $50\mathrm{mm}$;

d——纵向受拉钢筋直径,mm,当用不同直径的钢筋时,d 改用换算直径 d_e,$d_e=\dfrac{\sum n_i d_i^2}{\sum n_i d_i}$,其中,对钢筋混凝土受弯构件,$n_i$ 为受拉区第 i 种钢筋的根数,d_i 为受拉区第 i 种钢筋的公称直径,按表10-5取值,对于钢筋混凝土受弯构件中的焊接钢筋骨架,d 或 d_e 应乘以1.3的系数;

ρ_{te}——纵向受拉钢筋的有效配筋率,$\rho_{te}=\dfrac{A_s}{A_{te}}$,对钢筋混凝土受弯构件,当 $\rho_{te}>0.1$ 时,取 $\rho_{te}=0.1$,当 $\rho_{te}<0.01$ 时,取 $\rho_{te}=0.01$;

A_s——受拉区纵向钢筋截面面积,mm^2;

A_{te}——有效受拉混凝土截面面积,mm^2,钢筋混凝土受弯构件取 $2a_s b$,其中 a_s 为受拉钢筋重心至受拉区边缘的距离,对矩形截面,b 为截面宽度,而对翼缘位于受拉区的 T 形、I 形截面,b 为受拉区有效翼缘宽度;

σ_{ss}——由作用频遇组合引起的开裂截面纵向受拉钢筋的应力,按式(10-54)、式(10-55)计算。

受拉区钢筋直径 d_i 表10-5

受拉区钢筋种类	单根普通钢筋	普通钢筋的束筋	钢绞线束	钢丝束
d_i 取值	公称直径 d	等代直径 d_{se}	等代直径 d_{pe}	

注:1.普通钢筋的束筋 $d_{se}=\sqrt{n}d$,其中 n 为组成束筋的普通钢筋根数,d 为单根普通钢筋公称直径。

2.钢丝束或钢绞线束 $d_{pe}=\sqrt{n}d_p$,其中 n 为钢丝束中钢丝根数或钢绞线束中钢绞线根数,d_p 为单根钢丝或钢绞线的公称直径。

对于钢筋混凝土受弯构件

$$\sigma_{ss} = \frac{M_s}{0.87A_s h_0} \tag{10-54}$$

式中:M_s——按作用频遇组合计算的弯矩值;

其余变量意义同前。

对于 B 类预应力混凝土受弯构件

$$\sigma_{ss} = \frac{M_s \pm M_{p2} - N_{p0}(z-e_p)}{(A_p+A_s)z} \tag{10-55}$$

式中:z——受拉区纵向普通钢筋和预应力钢筋合力点至截面受压区合力点的距离,按式(10-56)计算,式中的 e 按式(10-57)计算代入;

$$z = \left[0.87 - 0.12(1 - \gamma'_f)\left(\frac{h_0}{e}\right)^2\right]h_0 \tag{10-56}$$

$$e = e_p + \frac{M_s \pm M_{p2}}{N_{p0}} \tag{10-57}$$

γ'_f——受压翼缘截面面积与腹板有效截面面积的比值;

M_s——按作用频遇组合计算的弯矩值;

M_{p2}——由预加应力 N_p 在后张法预应力混凝土连续梁等超静定结构中产生的次弯矩;

e_p——混凝土法向应力等于零时纵向预应力钢筋和普通钢筋的合力 N_{p0} 作用点至受拉区纵向预应力钢筋和普通钢筋合力点的距离;

N_{p0}——混凝土法向应力等于零时预应力钢筋和普通钢筋的合力,先张法构件和后张法构件均按公式 $N_{p0} = \sigma_{p0}A_p + \sigma'_{p0}A'_p - \sigma_{l6}A_s - \sigma'_{l6}A'_s$ 计算,式中 σ_{p0} 和 σ'_{p0} 的计算见式(10-26),σ_{l6}、σ'_{l6} 为受拉区、受压区预应力钢筋在各自合力点处由混凝土收缩和徐变引起的预应力损失值,A_p、A'_p 为受拉区、受压区体内预应力钢筋的截面面积,A_s、A'_s 为受拉区、受压区普通钢筋的截面面积。

在式(10-55)、式(10-57)中,当 M_{p2} 与 M_s 的作用方向相同时,取正号;相反时,取负号。

2. 裂缝宽度的限值

按《设计规范》(JTG 3362—2018)规定,各类环境中,钢筋混凝土受弯构件和 B 类预应力混凝土受弯构件的最大裂缝宽度计算值不应超过表 10-6 规定的限值。

最大裂缝宽度限值   表 10-6

环 境 类 别	最大裂缝宽度限制(mm)	
	钢筋混凝土受弯构件、采用预应力螺纹钢筋的 B 类预应力混凝土构件	采用钢丝或钢绞线的 B 类预应力混凝土受弯构件
I 类--般环境	0.20	0.10
II 类-冻融环境	0.20	0.10
III 类-近海或海洋氯化物环境	0.15	0.10
IV 类-除冰盐等其他氯化物环境	0.15	0.10
V 类-盐结晶环境	0.15	禁止使用
VI 类-化学腐蚀环境	0.15	0.10
VII 类-磨蚀环境	0.20	0.10

需要说明的是,《设计规范》(JTG 3362—2018)规定的混凝土裂缝宽度限值,是对在作用频遇组合并考虑长期效应组合影响下与构件轴线方向呈垂直的裂缝而言,不包括施工中混凝土收缩、养护不当及钢筋锈蚀等引起的其他非受力裂缝。

10.3.2 预应力混凝土受弯构件抗裂性验算

预应力混凝土受弯构件的抗裂性验算都是以构件混凝土拉应力是否超过规定的限值来表

示的,属于结构正常使用极限状态计算的范畴。《设计规范》(JTG 3362—2018)规定,对于全预应力混凝土构件和 A 类预应力混凝土构件,必须进行正截面和斜截面抗裂性验算;对于 B 类预应力混凝土受弯构件,必须进行斜截面抗裂性验算。

1.正截面抗裂性验算

按《设计规范》(JTG 3362—2018)规定,预应力混凝土受弯构件正截面混凝土拉应力应满足以下要求。

1)全预应力混凝土构件

预制构件 $\qquad\qquad\qquad\qquad\sigma_{st} - 0.85\sigma_{pc} \leqslant 0$ $\qquad\qquad$(10-58)

分段浇筑或砂浆接缝的纵向分块构件 $\quad \sigma_{st} - 0.80\sigma_{pc} \leqslant 0$ $\qquad\qquad$(10-59)

2)A 类预应力混凝土构件

$$\sigma_{st} - \sigma_{pc} \leqslant 0.7f_{tk} \qquad\qquad (10\text{-}60)$$

$$\sigma_{lt} - \sigma_{pc} \leqslant 0 \qquad\qquad (10\text{-}61)$$

式中:σ_{st}——在作用频遇组合下构件抗裂验算截面边缘混凝土的法向拉应力,按下式计算;

$$\sigma_{st} = \frac{M_s}{W_0} \qquad\qquad (10\text{-}62)$$

σ_{lt}——在作用准永久组合下构件抗裂验算截面边缘混凝土的法向拉应力,按下式计算;

$$\sigma_{lt} = \frac{M_l}{W_0} \qquad\qquad (10\text{-}63)$$

M_s——按作用频遇组合计算的弯矩值;

M_l——结构自重和直接施加于结构上的汽车荷载、人群荷载、风荷载按作用准永久组合计算的弯矩值;

W_0——构件换算截面抗裂验算边缘的弹性抵抗矩,后张法构件在计算预施应力阶段由构件自重产生的拉应力时,W_0 可改用构件净截面抗裂验算边缘的弹性抵抗矩 W_n;

σ_{pc}——扣除全部预应力损失后的预加力在构件抗裂验算边缘产生的混凝土预压应力,按式(10-25)、式(10-28)计算;

f_{tk}——混凝土的抗拉强度标准值,按表 3-1 采用。

3)B 类预应力混凝土受弯构件

在结构自重作用下控制截面受拉边缘不得消压。

2.斜截面抗裂性验算

按《设计规范》(JTG 3362—2018)规定,预应力混凝土受弯构件斜截面混凝土主拉应力 σ_{tp} 应符合下列要求。

1)全预应力混凝土构件

预制构件 $\qquad\qquad\qquad\qquad\sigma_{tp} \leqslant 0.6f_{tk}$ $\qquad\qquad$(10-64)

现场浇筑(包括预制拼装)构件 $\qquad \sigma_{tp} \leqslant 0.4f_{tk}$ $\qquad\qquad$(10-65)

2）A 类和 B 类预应力混凝土构件

预制构件 $\qquad \sigma_{tp} \leqslant 0.7 f_{tk}$ (10-66)

现场浇筑（包括预制拼装）构件 $\qquad \sigma_{tp} \leqslant 0.5 f_{tk}$ (10-67)

式中：σ_{tp}——由作用频遇组合和预加力产生的混凝土主拉应力。

预应力混凝土受弯构件由作用频遇组合和预加力产生的混凝土主拉应力 σ_{tp} 计算公式为

$$\sigma_{tp} = \frac{\sigma_{cx} + \sigma_{cy}}{2} - \sqrt{\left(\frac{\sigma_{cx} - \sigma_{cy}}{2}\right)^2 + \tau^2}$$ (10-68)

式中：σ_{cx}——在计算主应力点，由预加力和按作用频遇组合计算的弯矩 M_s 产生的混凝土法向应力，为压应力时以正号代入，为拉应力时以负号代入；

σ_{cy}——混凝土竖向压应力，为压应力时以正号代入，为拉应力时以负号代入；

τ——在计算主应力点，由预应力弯起钢筋的预加力和按作用频遇组合计算的剪力 V_s 产生的混凝土剪应力，当计算截面作用有扭矩时，尚应计入由扭矩引起的剪应力。

对比应力验算和抗裂验算可以发现，全预应力混凝土构件及 A 类预应力混凝土构件的抗裂验算与持久状况应力验算的计算方法相同，只是所用的荷载效应组合系数不同，截面应力限值不同。应力验算是计算荷载效应标准值（汽车荷载考虑冲击系数）作用下的截面应力，对混凝土法向压应力、受拉区钢筋拉应力及混凝土主压应力规定了限值；抗裂验算是计算荷载效应频遇组合（汽车荷载不计冲击系数）作用下的截面应力，对混凝土法向拉应力、主拉应力规定了限值。

10.4 受弯构件挠度计算及预拱度设置

钢筋混凝土及预应力混凝土受弯构件在使用阶段，因作用（荷载）使构件产生挠曲变形，而过大的挠曲变形将影响结构的正常使用。因此，为了确保桥梁的正常使用，受弯构件的变形计算列为持久状况正常使用极限状态计算的一项主要内容，要求受弯构件具有足够刚度，使得构件在使用荷载作用下的最大变形（挠度）计算值不得超过规定的限值。

按《设计规范》(JTG 3362—2018)规定，受弯构件按上述计算的长期挠度值，由汽车荷载（不计冲击力）和人群荷载频遇组合产生的最大挠度不应超过以下规定的限值：

（1）梁式桥主梁的最大挠度处 $l/600$。

（2）梁式桥主梁的悬臂端 $l_1/300$，其中，l 为受弯构件的计算跨径，l_1 为悬臂长度。

10.4.1 受弯构件挠度计算

钢筋混凝土和预应力混凝土受弯构件的挠度可根据给定的构件刚度用结构力学的方法或桥梁专用有限元程序计算；对于多次超静定结构，其挠度计算需采用有限元法计算，如桥梁专用计算程序 MIDAS CIVIL、桥梁博士等,有需要者可自行学习使用。

1.使用阶段按作用频遇组合的挠度计算

对于钢筋混凝土及预应力混凝土受弯构件,承载力和刚度是受弯构件两个重要指标。对于结构刚度,当使用要求对变形限制较严格或构件截面过于单薄时,刚度因素成为控制受弯构件设计的主导因素。

1)钢筋混凝土构件的刚度

对于在使用阶段,钢筋混凝土受弯构件是带裂缝工作的。对这个阶段的计算,前文已介绍有三个基本假定,即平截面假定、弹性体假定和不考虑受拉区混凝土参与工作,故可以采用材料力学或结构力学中关于受弯构件变形处理的方法,但应考虑到截面开裂后构件截面刚度的变化。

按《设计规范》(JTG 3362—2018)规定,对于钢筋混凝土受弯构件的刚度按下式计算:

当 $M_s \geqslant M_{cr}$ 时

$$B = \frac{B_0}{\left(\dfrac{M_{cr}}{M_s}\right)^2 + \left[1 - \left(\dfrac{M_{cr}}{M_s}\right)^2\right]\dfrac{B_0}{B_{cr}}} \tag{10-69}$$

当 $M_s < M_{cr}$ 时

$$B = B_0 \tag{10-70}$$

式中:B——开裂构件等效截面的抗弯刚度;

B_0——全截面的抗弯刚度,$B_0 = 0.95 E_c I_0$;

B_{cr}——开裂截面的抗弯刚度,$B_{cr} = E_c I_{cr}$;

E_c——混凝土的弹性模量;

I_0——全截面换算截面惯性矩;

I_{cr}——开裂截面换算截面惯性矩;

M_s——按作用频遇组合计算的弯矩值;

M_{cr}——开裂弯矩,对于钢筋混凝土构件,$M_{cr} = \gamma f_{tk} W_0$;

γ——构件受拉区混凝土塑性影响系数,$\gamma = \dfrac{2S_0}{W_0}$;

f_{tk}——混凝土轴心抗拉强度标准值;

S_0——全截面换算截面重心轴以上(或以下)部分面积对重心轴的面积矩;

W_0——换算截面抗裂边缘的弹性抵抗矩。

2)预应力混凝土构件的刚度

按《设计规范》(JTG 3362—2018)规定,对于预应力混凝土受弯构件的刚度按如下规定采用。

(1)对于全预应力混凝土构件和 A 类预应力混凝土构件

$$B_0 = 0.95 E_c I_0 \tag{10-71}$$

(2)对于允许开裂的 B 类预应力混凝土构件

在开裂弯矩 M_{cr} 作用下 $\qquad B_0 = 0.95 E_c I_0 \tag{10-72}$

在 $(M_s - M_{cr})$ 作用下 $\qquad\qquad B_{cr} = E_c I_{cr}$ $\qquad\qquad$ (10-73)

开裂弯矩 M_{cr} 按下式计算：

$$M_{cr} = (\sigma_{pc} + \gamma f_{tk}) W_0 \qquad\qquad (10\text{-}74)$$

式中：σ_{pc}——扣除全部预应力损失后预应力钢筋和普通钢筋合力 N_{p0} 在构件抗裂边缘产生的混凝土预压应力；

其余符号意义同前。

2.使用阶段长期挠度的计算

钢筋混凝土及预应力混凝土受弯构件的挠度要考虑作用长期效应的影响，即随着时间的增长，构件的刚度要降低，挠度逐渐增大。

（1）受压区混凝土随时间增长引起徐变。

（2）受压区裂缝间混凝土与钢筋之间的黏结力逐渐减弱，混凝土退出工作，钢筋平均应变逐渐增大。

（3）受压区与受拉区混凝土收缩不一致，构件曲率随时间增长逐渐增大。

（4）混凝土的弹性模量逐渐降低。

对此，《设计规范》（JTG 3362—2018）规定，受弯构件在使用阶段的挠度应考虑长期效应的影响，即按荷载频遇组合和给定的刚度计算挠度值，再乘以挠度长期增长系数 η_θ。

挠度长期增长系数取用规定：

当采用 C40 以下混凝土时，$\eta_\theta = 1.60$；

当采用 C40~C80 混凝土时，$\eta_\theta = 1.45 \sim 1.35$，中间强度等级可按直线内插取用。

考虑挠度长期增长系数 η_θ 后，受弯构件在使用阶段的长期挠度计算公式变为

$$f_1 = \eta_\theta f_s$$

式中：f_s——按作用效应频遇组合计算的挠度值。

3.预应力混凝土受弯构件由预加应力引起的反拱计算

预应力混凝土受弯构件由预加力应引起的反拱值，可用结构力学方法按刚度 $E_c I_0$ 进行计算，并乘以长期增长系数。在计算使用阶段预加力反拱值时，预应力钢筋的预加应力应扣除全部预应力损失，长期增长系数取用 2.0。

10.4.2　受弯构件预拱度设置

在承受荷载后，钢筋混凝土及预应力混凝土受弯构件的挠度由两部分组成：一部分是由永久作用产生的挠度；另一部分是由可变作用所产生的挠度。永久作用产生的挠度，可以认为是在长期荷载作用下所引起的构件变形，它可以通过在施工时设置预拱度的办法来消除；而基本可变作用产生的挠度，则需要通过验算来分析是否符合要求。

《设计规范》（JTG 3362—2018）规定如下。

1.钢筋混凝土受弯构件

（1）当由荷载频遇组合并考虑作用长期效应影响产生的长期挠度不超过计算跨径的 1/1600

时,可不设预拱度。

(2)当不符合上述规定时应设预拱度,且其值应按结构自重和1/2可变作用频遇值计算的长期挠度值之和采用。

2.预应力混凝土受弯构件

(1)当预加应力产生的长期反拱值大于按荷载频遇组合计算的长期挠度时,可不设预拱度。

(2)当预加应力的长期反拱值小于按荷载频遇组合计算的长期挠度时,应设预拱度,其值应按该项荷载的挠度值与预加应力长期反拱值之差采用。

对自重相对于活载较小的预应力混凝土受弯构件,应考虑预加应力反拱值过大可能造成的不利影响,必要时采取反预拱或设计和施工上的其他措施,避免桥面隆起甚至开裂破坏。

预拱在全梁的设置应按最大预拱值沿顺桥向做成平顺的曲线(通常按二次抛物线变化)。

> **本章小结:**钢筋混凝土及预应力混凝土受弯构件在进行短暂状况或持久状况应力计算时需进行截面换算。钢筋混凝土受弯构件需进行短暂状况下的应力计算,预应力混凝土受弯构件除进行短暂状况下应力计算外,还需进行持久状况应力计算。钢筋混凝土受弯构件及 B 类预应力混凝土受弯构件应进行正常使用极限状态裂缝宽度计算和验算,全预应力及 A 类预应力混凝土受弯构件需进行抗裂性验算。受弯构件挠度计算一般采用有限元法,并按照《设计规范》(JTG 3362—2018)规定设置预拱度。

思考题

1. 钢筋混凝土受弯构件的刚度与匀质弹性体刚度有何不同?为什么?

2. 为何要对截面进行换算?

3. 预应力混凝土受弯构件毛截面、净截面和换算截面分别指的是什么?

4. 《通用规范》(JTG D60—2015)中为什么规定对构件在吊装、运输时构件重力应乘以动力系数?

5. 当计算预应力混凝土构件的弹性阶段应力时,构件截面性质应如何采用?

6. 《设计规范》(JTG 3362—2018)对预应力混凝土受弯构件在短暂状况和持久状况的截面应力限值有哪些?

7. 简述钢筋混凝土构件和 B 类预应力混凝土构件裂缝产生的原因。

8. 《设计规范》(JTG 3362—2018)对各类环境中,钢筋混凝土构件和 B 类预应力混凝土构件的最大裂缝宽度限值是多少?

9. 受弯构件的挠度为什么要考虑作用长期效应的影响?如何考虑?

10. 什么是预拱度?设置预拱度有何条件?如何设置?

第 11 章
CHAPTER 11

轴心受压构件正截面承载力设计计算

受压构件是以承受轴向压力为主的构件。当构件受到位于截面形心的轴向压力作用时，称为轴心受压构件。在实际结构中，严格的轴心受压构件是很少的，由于实际存在的结构节点构造、混凝土组成的非均匀性、纵向钢筋的布置以及施工中的误差等原因，轴心受压构件截面都或多或少地存在弯矩的作用。但是，在实际工程中，如果偏心距很小，可以按轴心受压构件设计计算。

钢筋混凝土轴心受压构件按照箍筋的功能和配置方式的不同可分为以下两种：

（1）配有纵向钢筋和普通箍筋的轴心受压构件（普通箍筋柱），如图 11-1a）所示；

（2）配有纵向钢筋和螺旋式（焊接环式）间接钢筋的轴心受压构件（螺旋箍筋柱），如图 11-1b）所示。

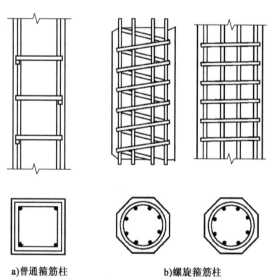

a)普通箍筋柱　　　　　　　　　　b)螺旋箍筋柱

图 11-1　两种钢筋混凝土轴心受压构件

11.1 配有纵向钢筋和普通箍筋的轴心受压构件

11.1.1 破坏形态

根据构件的长细比不同,轴心受压构件可分为短柱和长柱两种。它们受力后的侧向变形和破坏形态各不相同。下面结合有关试验研究来分别介绍。

轴心受压构件试验采用的两种试件,它们的材料等级、截面尺寸和配筋均相同,但柱的长度不同(图11-2)。轴心压力 P 用油压千斤顶施加,并用电子秤量测压力大小。由平衡条件可知,轴心压力 P 的读数就等于试验柱截面所受到的轴心压力 N 值。同时,在柱长度一半处设置百分表,测量其横向位移 u。该试验的目的是采取对比法来观察长细比不同的轴心受压构件的破坏形态。

1.短柱

当轴向力 P 逐渐增加时,试件柱(A柱)(图11-2)也随之缩短,测量结果证明,混凝土全截面和纵向钢筋均发生压缩变形。

当轴向力 P 达到破坏荷载的90%左右时,柱中部四周混凝土表面出现纵向裂缝,部分混凝土保护层剥落,最后是箍筋间的纵向钢筋发生屈曲,向外鼓出,混凝土被压碎而整个试验柱破坏(图11-3)。破坏时,测得的混凝土压应变大于 1.8×10^{-3},而柱中部的横向挠度很小。钢筋混凝土短柱的破坏是一种材料破坏,即混凝土压碎破坏。

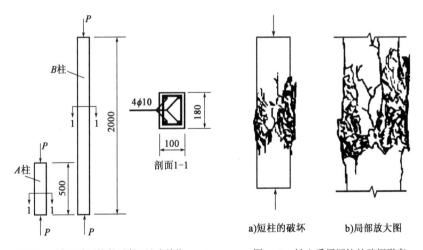

图11-2 轴心受压构件试件(尺寸单位:mm)　　　图11-3 轴心受压短柱的破坏形态

短柱轴心受压破坏属于强度破坏。在短柱设计中,一般不宜采用高强钢筋。许多试验证明,在钢筋混凝土短柱轴心受压破坏时,混凝土的压应变均在0.002附近,混凝土已达到其轴心抗压强度；同时，采用普通热轧的纵向钢筋，均能达到抗压屈服强度。对于高强钢筋，混凝土应变到达 0.002 时，钢筋可能尚未达到屈服强度，在设计时如果采用这样的钢材，则它的抗压强度设计值仅为 $0.002E_s = 0.002 \times 2.0 \times 10^5 = 400\text{MPa}$，高强钢筋的材料强度得不到充分发挥。

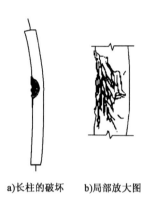

2. 长柱

试件柱（B 柱）是长细比较大的长柱，在轴心压力作用下，起初也是全截面受压，但随着压力增大，不仅长柱发生压缩变形，而且长柱中部产生较大的横向挠度，凹侧压应力较大，凸侧较小。在长柱破坏前，横向挠度增加得很快，使长柱的破坏来得比较突然，导致失稳破坏。破坏时，凹侧的混凝土首先被压碎，混凝土表面有纵向裂缝，纵向钢筋被压弯而向外鼓出，混凝土保护层脱落；凸侧则由受压突然转变为受拉，出现横向裂缝（图 11-4）。

a)长柱的破坏　　b)局部放大图

长柱的承载力要低于相同截面、相同配筋、相同材料的短柱的承载力，长细比越大，其承载力降低越多。对于长细比很大的

图 11-4　轴心受压长柱的破坏形态　细长柱，还可能发生失稳破坏。

11.1.2　稳定系数 φ

在钢筋混凝土轴心受压构件计算中，考虑构件长细比增大的附加效应使构件承载力降低的计算系数，称为轴心受压构件的稳定系数，又称纵向弯曲系数，用符号 φ 表示。如前所述，稳定系数就是长柱失稳破坏时的临界承载力 P_l 与短柱破坏时的轴心力 P_s 的比值，表示长柱承载力降低的程度。

根据材料力学理论及试验资料可知，稳定系数 φ 主要与构件的长细比有关，混凝土强度等级及配筋率对其影响较小。

长细比（又称压杆的柔度）是一个没有单位的参数，它综合反映了杆长、支承情况、截面尺寸和截面形状对临界力的影响。在结构设计中，为了提高压杆的稳定性，往往采取措施降低压杆的长细比。长细比的表达式为

$$矩形截面长细比 = \frac{l_0}{b}$$

$$圆形截面长细比 = \frac{l_0}{2r}$$

$$一般截面长细比 = \frac{l_0}{i}$$

式中：b——矩形截面短边尺寸；

$\quad\quad r$——圆形截面的半径；

$\quad\quad i$——截面的最小回转半径；

$\quad\quad l_0$——构件的计算长度，在实际桥梁设计中，应根据具体构造选择构件端部约束条件，进而获得符合实际的计算长度 l_0 值。

《设计规范》(JTG 3362—2018)根据试验资料,考虑到长期作用的影响和作用偏心影响,规定了稳定系数值,见表11-1。

钢筋混凝土轴心受压构件的稳定系数 　　　　　　　　　　　表 11-1

l_0/b	≤8	10	12	14	16	18	20	22	24	26	28
$l_0/2r$	≤7	8.5	10.5	12	14	15.5	17	19	21	22.5	24
l_0/i	≤28	35	42	48	55	62	69	76	83	90	97
φ	1.0	0.98	0.95	0.92	0.87	0.81	0.75	0.70	0.65	0.60	0.56
l_0/b	30	32	34	36	38	40	42	44	46	48	50
$l_0/2r$	26	28	29.5	31	33	34.5	36.5	38	40	41.5	43
l_0/i	104	111	118	125	132	139	146	153	160	167	174
φ	0.52	0.48	0.44	0.40	0.36	0.32	0.29	0.26	0.23	0.21	0.19

注:构件计算长度 l_0,当构件两端固定时取 $0.5l$;当一端固定而另一端为不移动的铰时取 $0.7l$;当两端均为不移动的铰时取 l;当一端固定另一端自由时取 $2l$。l 为构件支点间的长度。

11.1.3　构造要求

普通箍筋柱的截面形状多为正方形、矩形和圆形等。

纵向钢筋为对称布置,沿构件高度设置等间距的箍筋。轴心受压构件的承载力主要由混凝土提供。设置纵向钢筋的目的如下:

(1)协助混凝土承受压力,可减小构件截面尺寸。

(2)承受可能存在的不大的弯矩。

(3)防止构件的突然脆性破坏。

普通箍筋的作用是,防止纵向钢筋局部压屈,并与纵向钢筋形成钢筋骨架,便于施工。

1.混凝土的强度等级

轴心受压构件一般多采用 C25～C40 混凝土,或者采用更高强度等级的混凝土,正截面承载力主要是由混凝土来承担。

2.截面尺寸

轴心受压构件截面尺寸不宜过小,因长细比越大,纵向弯曲的影响越大,承载力降低很多,不能充分利用材料强度。构件截面尺寸(矩形截面以短边计)不宜小于 250mm,通常按 50mm 一级增加,如 250mm、300mm、350mm 等,在 800mm 以上时,则采用 100mm 为一级,如 800mm、900mm、1000mm 等。

3.纵向钢筋

《设计规范》(JTG 3362—2018)规定,普通箍筋或螺旋箍筋的轴心受压构件(沉桩、钻/挖孔桩除外),其钢筋设置应符合下列规定(图11-5):

（1）纵向受力钢筋的直径不应小于12mm，净距不应小于50mm且不应大于350mm；水平浇筑的预制件的纵向钢筋应首先满足最小净距要求。

（2）构件的全部纵向钢筋配筋率不宜超过5%。

（3）构件的最小配筋率：轴心受压构件、偏心受压构件全部纵向钢筋的配筋率不应小于0.5%；当混凝土强度等级C50及以上时不应小于0.6%；同时一侧钢筋的配筋率不应小于0.2%。计算构件的配筋率应按构件的全截面面积计算。

（4）纵向受力钢筋应伸入基础和盖梁，伸入长度不应小于《设计规范》（JTG 3362—2018）规定的锚固长度。

（5）构件内纵向受力钢筋应设置于离角筋中心距离s（图11-5）不大于150mm或15倍箍筋直径（取较大者）范围内，如超出此范围设置纵向受力钢筋，应设复合箍筋。相邻箍筋的弯钩接头，在纵向应错开布置。

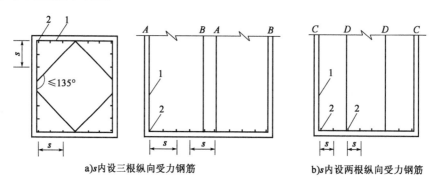

a)s内设三根纵向受力钢筋　　　　　　　b)s内设两根纵向受力钢筋

图11-5　柱内复合箍筋布置

1-箍筋；2-角筋；A、B、C、D-箍筋编号

注：图11-5中，箍筋A、B与C、D两组设置方式可根据实际情况选用。

4.箍筋

箍筋应做成闭合式，其直径应不小于纵向钢筋的直径的1/4，且不小于8mm。

箍筋间距不应大于纵向受力钢筋直径的15倍、不大于构件短边尺寸（圆形截面采用0.8倍直径）并不大于400mm。纵向受力钢筋搭接范围内的箍筋间距，不应大于纵向主筋直径的10倍，且不大于200mm。

当纵向钢筋截面面积大于混凝土截面面积的3%时，箍筋间距不应大于纵向钢筋直径的10倍，且不大于200mm。

11.1.4　正截面承载力计算

《设计规范》（JTG 3362—2018）规定，钢筋混凝土轴心受压构件，当配有箍筋（或螺旋箍筋，或在纵向钢筋上焊有横向钢筋）时（图11-6），其正截面抗压承载力计算应符合下列规定：

$$\gamma_0 N_d \leq N_u = 0.9\varphi(f_{cd}A + f'_{sd}A'_s) \tag{11-1}$$

式中：N_d——轴向力组合设计值；

φ——轴压构件稳定系数,按表11-1采用;

A——构件毛截面面积,当纵向钢筋配筋率大于3%时,A应

　　改用 $A_n = A - A'_s$;

A'_s——全部纵向钢筋的截面面积;

f_{cd}——混凝土轴心抗压强度设计值;

f'_{sd}——纵向普通钢筋抗压强度设计值。

普通箍筋柱的正截面承载力计算分为截面设计和截面复核两种情况。

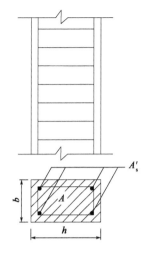

图11-6　普通箍筋柱轴心
受压构件截面图

1.截面设计

已知构件截面尺寸、计算长度 l_0,混凝土强度等级、纵向钢筋牌号,轴向压力组合设计值 N_d,结构重要性系数 γ_0。求纵向钢筋所需面积 A'_s。

先计算构件长细比,由表11-1查得相应的稳定系数 φ。

在式(11-1)中,令 $N_u = \gamma_0 N_d$,得

$$A'_s = \frac{1}{f'_{sd}}\left(\frac{\gamma_0 N_d}{0.9\varphi} - f_{cd}A\right) \tag{11-2}$$

由 A'_s 计算值及构造要求选择并布置钢筋。

若轴心受压构件截面尺寸未知,可先假定配筋率 $\rho(\rho = 0.8\% \sim 1.5\%)$,并假定稳定系数 $\varphi = 1$;可将 $A'_s = \rho A$ 代入式(11-1),得

$$\gamma_0 N_d \leqslant 0.9\varphi(f_{cd}A + f'_{sd}\rho A)$$

则

$$A \geqslant \frac{\gamma_0 N_d}{0.9\varphi(f_{cd} + f'_{sd}\rho)} \tag{11-3}$$

确定构件的截面面积后,结合构造要求选取截面尺寸(截面的边长要取整数);接着按构件的实际长细比,确定稳定系数 φ,再由式(11-1)计算所需的钢筋截面面积 A'_s,最后按构造要求选择并布置钢筋。

2.截面复核

已知构件截面尺寸、计算长度 l_0,全部纵向钢筋的截面面积 A'_s,混凝土强度等级、纵向钢筋牌号,轴向力组合设计值 N_d,结构重要性系数 γ_0。求截面承载力 N_u。

应先检查纵向钢筋及箍筋布置构造是否符合要求。

由已知截面尺寸和计算长度 l_0 计算长细比,由表11-1查得相应的稳定系数 φ。

由式(11-1)计算轴心压杆正截面承载力 N_u,且应满足 $N_u > \gamma_0 N_d$。

例11-1　某预制钢筋混凝土轴心受压构件截面尺寸为 $b \times h = 350\text{mm} \times 400\text{mm}$,计算长度 $l_0 = 4.2\text{m}$,采用C35级混凝土,HRB400级钢筋(纵向钢筋)和HPB300级钢筋(箍筋,直径 $d_2 = 10\text{mm}$),作用的轴向压力组合设计值 $N_d = 2200\text{kN}$;构件设计使用年限为50年,I类环境条件,安全等级为一级。计算构件所需纵向钢筋的截面面积并进行配筋设计。

解：

已知条件：$f_{cd} = 16.1\,\mathrm{MPa}, f'_{sd} = 330\,\mathrm{MPa}, \gamma_0 = 1.1$。

计算长细比及稳定系数：

$\dfrac{l_0}{b} = \dfrac{4200}{350} = 12$，查表 11-1 可得，稳定系数 $\varphi = 0.95$。

由式（11-2）可得：

$$A'_s = \frac{1}{f'_{sd}}\left(\frac{\gamma_0 N_d}{0.9\varphi} - f_{cd}A\right) = \frac{1}{330}\left(\frac{1.1 \times 2200 \times 10^3}{0.9 \times 0.95} - 16.1 \times 350 \times 400\right) = 1747\ (\mathrm{mm}^2)$$

选用 6Φ20 纵向钢筋（钢筋外径 22.7mm），$A'_s = 1884\ \mathrm{mm}^2$，截面配筋率 $\rho' = A'_s/A = 1884/(350 \times 400) = 0.0134 > \rho'_{min}(= 0.5\%)$，且小于 $\rho'_{max}(= 5\%)$，满足构造要求。

纵向钢筋在截面上布置如图 11-7 所示。

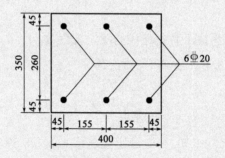

图 11-7　截面纵筋布置图（尺寸单位：mm）

普通钢筋距截面边缘净距 $c = 45 - 22.7/2 - 10 = 23.65$（mm），大于混凝土保护层厚度中对于桥梁墩台身设计使用年限 50 年及 Ⅰ 类环境条件下的 $c_{min} = 20\mathrm{mm}$ 及 $d_2 = 10\mathrm{mm}$ 的规定；布置在截面长边 h 方向上的纵向钢筋间距 $s_{nh} = (400 - 2 \times 45 - 2 \times 22.7)/2 = 132.3\mathrm{mm}$，布置在截面短边 b 方向上的纵向钢筋间距 $s_{nb} = 350 - 2 \times 45 - 22.7 = 237.3\mathrm{mm}$，二者均大于 50mm，且小于 350mm，满足规范要求。

例 11-2　已知某钢筋混凝土轴心受压柱，截面为正方形，边长 250mm，柱高 $l = 12.4\mathrm{m}$，两端固结。采用 C30 混凝土，HRB400 钢筋 4Φ28，构件安全等级为三级。计算该柱所能承受的最大轴力设计值。

解：

已知条件：$f_{cd} = 13.8\,\mathrm{MPa}, f'_{sd} = 330\,\mathrm{MPa}, \gamma_0 = 0.9, A'_s = 2463\ \mathrm{mm}^2$。

细长比及稳定系数为

$l_0 = \dfrac{12.4}{2} = 6.2\mathrm{m}, \dfrac{l_0}{b} = \dfrac{6200}{250} = 24.8$。

查表 11-1，采用插值法得稳定系数 $\varphi = 0.60 + \dfrac{0.6 - 0.65}{26 - 24} \times (24.8 - 24) = 0.63$。

因 $\rho' = \dfrac{A'_s}{A} = \dfrac{2463}{250 \times 250} = 0.039 > 3\%$,

故上式中 $A_n = A - A'_s = 250^2 - 2463 = 60037 \, (\text{mm}^2)$ 。

由式(11-1)可得

$$\gamma_0 N_d \leqslant N_u = 0.9\varphi(f_{cd}A + f'_{sd}A'_s)$$
$$= 0.9 \times 0.63 \times (13.8 \times 60037 + 330 \times 2463) = 930.6 \, (\text{kN})$$

则有 $N_d \leqslant \dfrac{N_u}{\gamma_0} = \dfrac{930.6}{0.9} = 1034 \, (\text{kN})$ 。

即该柱所能承受的轴力设计值为 1034kN。

11.2 配置螺旋式或焊接环式间接钢筋的轴心受压构件

当轴心受压构件承受很大的轴向压力,而截面尺寸受到限制不能加大,或者采用普通箍筋柱,即使提高了混凝土强度等级和增加了纵向钢筋用量也不足以承受该轴向压力时,可以考虑采用螺旋式或焊接环式间接钢筋的轴心受压构件以提高柱的承载力。

11.2.1 受力特点与破坏特性

对于配有纵向钢筋和螺旋式或焊接环式间接钢筋的轴心受压短柱,沿柱高连续缠绕的、间距很密的螺旋式或焊接环式间接钢筋犹如一个套筒,将核心部分的混凝土约束,有效地限制了核心混凝土的横向变形,提高了核心混凝土的抗压强度,从而提高了柱的承载力。

图11-8中所示为螺旋箍筋柱轴压力-混凝土压应变曲线。由图可见,在混凝土压应变 $\varepsilon_c = 0.002$ 以前,螺旋箍筋柱的轴力-混凝土压应变变化曲线与普通箍筋柱基本相同。当轴力继续增加,直至混凝土和纵筋的压应变 ε 为 0.003 ~ 0.0035 时,纵筋已经开始屈服,箍筋外面的混凝土保护层开始崩裂剥落,混凝土的截面积减小,轴力略有下降。这时,核心部分混凝土由于受到螺旋式或焊接环式间接钢筋的约束,仍能继续受压,核心混凝土处于三向受压状态,其抗

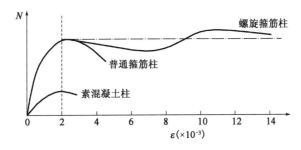

图11-8 轴心受压柱的轴力-应变曲线

压强度超过了轴心抗压强度 f_c，补偿了剥落的外围混凝土所承担的压力，曲线逐渐回升。随着轴力不断增大，螺旋式或焊接环式间接钢筋中的环向拉力也不断增大，直至螺旋式或焊接环式间接钢筋达到屈服强度，不能再约束核心混凝土横向变形，混凝土被压碎，构件即告破坏。这时，荷载达到第二次峰值，柱的纵向压应变可达到 0.01 以上。

由图 11-8 可见，螺旋箍筋柱具有很好的延性，在承载力不降低的情况下，其变形能力比普通箍筋柱提高很多。

11.2.2 构造要求

螺旋式或焊接环式间接钢筋的轴心受压构件的截面形状多为圆形或正多边形；纵向钢筋外围设有连续环绕的间距较密的螺旋箍筋（或间距较密的焊接环形箍筋）等间接钢筋。螺旋式或焊接环式间接钢筋的作用是使截面中间部分（核心）混凝土成为约束混凝土，从而提高构件的承载力和延性。

《设计规范》(JTG 3362—2018)规定，配有螺旋式或焊接环式间接钢筋的轴心受压构件，其钢筋的设置应符合下列规定：

(1)纵向受力钢筋应沿圆周均匀分布，其截面面积不应小于箍筋圈内核心截面面积的 0.5%。核心截面面积不应小于构件整个截面面积的 2/3。

(2)间接钢筋的螺距或间距不应大于核心直径的 1/5，也不应大于 80mm，且不应小于 40mm。

(3)纵向受力钢筋及间接钢筋，应伸入与受压构件连接的上下构件内，其长度不应小于受压构件的直径且不应小于纵向受力钢筋的锚固长度。

(4)间接钢筋的直径不应小于纵向钢筋直径的 1/4，且不小于 8mm。

其余构造要求同普通箍筋柱。

11.2.3 正截面承载力计算

螺旋箍筋柱的正截面破坏特征是核心混凝土压碎、纵向钢筋已经屈服，而在破坏之前，柱的混凝土保护层早已剥落。

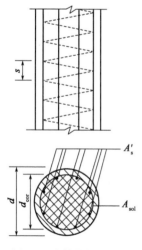

图 11-9 所示为螺旋箍筋柱截面受力图式，由平衡条件可得

$$N_u = f_{cc}A_{cor} + f'_sA'_s \tag{11-4}$$

式中：f_{cc}——处于三向压应力作用下核心混凝土的抗压强度；

　　A_{cor}——核心混凝土面积；

　　A'_s——纵向钢筋面积。

《设计规范》(JTG 3362—2018)规定，构件长细比 $l_0/i \leqslant 48$ 的钢筋混凝土轴心受压构件，当配置螺旋式或焊接环式间接钢筋（图 11-9），且间接钢筋的换算截面面积 A_{so} 不小于全部纵向钢筋截面面积的 25%；当间距不大于 80mm 或 $d_{cor}/5$ 时，其正截面抗压承载力按下式计算：

$$\gamma_0 N_d \leqslant 0.9\varphi(f_{cd}A_{cor} + f'_{sd}A'_s + kf_{sd}A_{so}) \tag{11-5}$$

$$A_{so} = \frac{\pi d_{cor}A_{sol}}{s} \tag{11-6}$$

图 11-9　螺旋箍筋柱钢筋布置

式中：A_{so}——螺旋式或焊接环式间接钢筋的换算截面面积；

d_{cor}——构件截面的核芯直径；

k——间接钢筋影响系数，当混凝土强度等级为 C50 及以下时，取 $k = 2.0$；当混凝土强度等级为 C50 ~ C80 时，取 $k = 2.0 ~ 1.70$，中间直接插入取用；

A_{so1}——单根间接钢筋的截面面积；

s——沿构件轴线方向间接钢筋的螺距或间距；

其余符号意义同前。

上述公式是针对长细比较小的螺旋箍筋柱而言的，对于长细比较大的螺旋箍筋柱有可能发生失稳破坏，构件破坏时核心混凝土的横向变形不大，螺旋式或焊接环式间接钢筋的约束作用不能有效发挥，甚至不起作用。换句话说，螺旋式或焊接环式间接钢筋的作用只能提高核心混凝土的抗压强度，而不能增加柱的稳定性。所以，在利用上式进行计算时，《设计规范》(JTG 3362—2018)规定有如下条件：

(1)按式(11-5)计算的抗压承载力设计值不应大于按不考虑螺旋式或焊接环式间接钢筋作用的普通箍筋柱抗压承载力设计值的 1.5 倍，即

$$0.9\varphi(f_{cd}A_{cor} + f'_{sd}A'_s + kf_{sd}A_{so}) \leq 1.35\varphi(f_{cd}A + f'_{sd}A'_s)$$

得
$$f_{cd}A_{cor} + f'_{sd}A'_s + kf_{sd}A_{so} \leq 1.5(f_{cd}A + f'_{sd}A'_s) \tag{11-7}$$

(2)当遇到下列任意一种情况时，不考虑螺旋箍筋的作用，而按不考虑螺旋式或焊接环式间接钢筋作用的普通箍筋柱计算构件的承载力。

①当构件长细比 $l_0/i > 48$（i 为截面最小回转半径）时，对圆形截面柱，长细比 $l_0/d > 12$（d 为圆形截面直径）。这是由于长细比较大的影响，螺旋式或焊接环式间接钢筋作不能发挥约束混凝土的作用。

②当按式(11-5)计算承载力小于按式(11-1)计算的承载力时，因为式(11-5)中只考虑了混凝土核心面积，当柱截面外围混凝土保护层较厚时，核心面积相对较小，会出现这种情况，这时就应按式(11-1)进行柱的承载力计算；

③当 $A_{so} < 0.25A'_s$ 时，螺旋箍筋柱的正截面承载力计算包括截面设计和截面复核两项内容。

例 11-3 已知某圆形截面轴心受压构件，直径为 350mm，计算长度 $l_0 = 3.0$m；采用 C30 混凝土，纵向钢筋采用 HRB400，箍筋采用 HPB300，直径为 10mm，轴心压力设计值 $N_d = 1200$kN，I 类环境条件，构件安全等级为二级，设计使用年限为 50 年。试按照螺旋箍筋构件进行设计。

解：

已知条件：混凝土抗压强度设计值 $f_{cd} = 13.8$MPa，HRB400 级钢筋的抗压强度设计值 $f'_{sd} = 330$MPa，HPB300 级钢筋的抗拉强度设计值 $f_{sd} = 250$MPa，$\gamma_0 = 1.0$。

由于构件长细比 $\dfrac{l_0}{d} = \dfrac{3000}{350} = 8.57 < 12$，可以按螺旋箍筋柱设计。

1.计算所需纵向钢筋截面面积

取箍筋保护层厚度 $c = 20$mm，则核心面积直径 $d_{cor} = 350 - 2c - 2 \times 10 = 290$（mm）。

柱截面面积：$A = \dfrac{\pi d^2}{4} = \dfrac{\pi \times 350^2}{4} = 96162.5$（$\text{mm}^2$）。

核心面积：$A_{\text{cor}} = \dfrac{\pi d_{\text{cor}}^2}{4} = \dfrac{\pi \times 290^2}{4} = 66018.5$（$\text{mm}^2$）$> \dfrac{2}{3}A = 64108.3\ \text{mm}^2$。

假定纵向钢筋配筋率 $\rho' = 0.015$，则 $A'_s = \rho' A_{\text{cor}} = 0.015 \times 66018.5 = 990.3$（$\text{mm}^2$）。

选用 6 ⏀ 16 纵向钢筋，$A'_s = 1206\ \text{mm}^2$。

2．确定箍筋的直径和间距 s

令 $N_u = \gamma_0 N_d = 1200 \text{kN}$，得到螺旋箍筋换算截面面积为

$$
\begin{aligned}
A_{\text{so}} &= \frac{\dfrac{N_u}{0.9} - f_{\text{cd}} A_{\text{cor}} - f'_{\text{sd}} A'_s}{k f_{\text{sd}}} \\[2mm]
&= \frac{\dfrac{1200 \times 10^3}{0.9} - 13.8 \times 66018.5 - 330 \times 1206}{2 \times 250} \\[2mm]
&= 493.1（\text{mm}^2）> 0.25 A'_s\left[\,= 0.25 \times 1206 = 302（\text{mm})^2\right]
\end{aligned}
$$

直径为 10mm 的单肢箍筋截面积 $A_{\text{so1}} = 78.5\ \text{mm}^2$，螺旋箍筋所需间距为

$$
s = \frac{\pi d_{\text{cor}} A_{\text{so1}}}{A_{\text{so}}} = \frac{3.14 \times 290 \times 78.5}{493.1} = 145（\text{mm}）
$$

根据构造要求，s 应满足 $s \leqslant d_{\text{cor}}/5 = 58\text{mm}$，$s \leqslant 80\text{mm}$ 且 $s \geqslant 40\text{mm}$，取 $s = 50\text{mm}$，钢筋布置如图 11-10 所示。

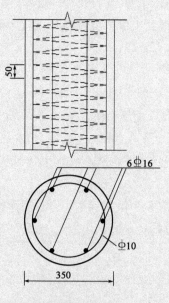

图 11-10　螺旋箍筋柱截面布置图(尺寸单位：mm)

本章小结:钢筋混凝土轴心受压构件在工程中较为少见,其破坏形态根据构件长细比差异表现出的破坏形态分别为强度破坏和失稳破坏。对于钢筋混凝土轴心受压构件,当配置螺旋式或焊接环式间接钢筋较多、间距较小时,其正截面承载力会因混凝土受到三项约束而提高。

? 思考题

1. 什么是轴心受压构件?

2. 配置普通钢筋和箍筋的轴心受压构件与配置螺旋式或焊接环式间接钢筋的轴心受压构件有何不同?在构造上有哪些区别?

3. 配有纵向钢筋和普通箍筋的轴心受压短柱与长柱的破坏形态有何不同?什么叫作长柱的稳定系数 φ?影响稳定系数 φ 的主要因素有哪些?

4. 配有纵向钢筋和普通箍筋的轴向受压构件与配有纵向钢筋和螺旋箍筋的轴心受压构件的正截面承载力计算有何不同?

5. 普通箍筋柱破坏形态有几类?

6. 为什么长柱的承载力比短柱低?

7. 长细比的计算公式中的计算长度 l_0 与哪些因素有关?如何取值计算?

8. 螺旋箍筋柱的正截面抗压承载力由哪些部分组成?

9. 配有纵向钢筋和普通箍筋的轴心受压构件,其截面尺寸为 $b \times h = 250\text{mm} \times 250\text{mm}$,构件计算长度 $l_0 = 6\text{m}$;C30 混凝土,HRB400 钢筋,配有纵筋 $A'_s = 804\text{mm}^2 (4 \oplus 16)$;设计使用年限为 100 年,Ⅰ类环境条件,安全等级为二级,轴向压力组合设计值 $N_d = 560\text{kN}$。试进行构件承载力校核。

10. 已知某矩形截面柱,截面为 $400\text{mm} \times 500\text{mm}$,计算长度 $l_0 = 5.5\text{m}$,$N_d = 3550\text{kN}$,C30 混凝土,钢筋等级为 HRB400,设计使用年限为 50 年,Ⅰ类环境条件,安全等级为二级。试对构件进行截面配筋并复核承载力。

11. 有一正方形轴心受压构件,其计算长度 $l_0 = 5.9\text{m}$,计算纵向力 $N_d = 1025\text{kN}$,采用 C35 混凝土,HRB400 钢筋,设计使用年限为 50 年,Ⅱ类环境条件,安全等级为一级。试设计此构件的截面尺寸并配筋。

12. 配有纵向钢筋和普通箍筋的轴心受压构件的截面尺寸为 $b \times h = 200\text{mm} \times 250\text{mm}$,构件计算长度 $l_0 = 4.3\text{m}$。C25 混凝土,HRB400 级钢筋,纵向钢筋面积 $A'_s = 678\text{mm}^2 (6 \oplus 12)$。设计使用年限为 50 年,Ⅰ类环境条件,安全等级为二级。试求该构件能承受的最大轴向压力组合设计值。

13. 有一圆形截面螺旋箍筋柱,柱高 $l = 6.5\text{m}$,两端固结,采用 C30 混凝土,纵向钢筋用 HRB400 钢筋,螺旋筋用 HRB400 钢筋,承受纵向力 $N_d = 2590\text{kN}$,设计使用年限为 50 年,Ⅱ类环境条件,安全等级为一级。试求此柱直径并进行配筋计算。

第12章
CHAPTER 12

偏心受压构件正截面承载力设计计算

当轴向压力 N 的作用线偏离受压构件的轴线时[图 12-1a)]称为偏心受压构件。压力 N 的作用点离构件截面形心的距离 e_0 称为偏心距。截面上同时承受轴心压力和弯矩的构件 [图 12-1b)]称为压弯构件。根据力的平移法则,截面承受偏心距为 e_0 的偏心压力 N 相当于承受轴心压力 N 和弯矩 $M(=Ne_0)$ 的共同作用,故压弯构件与偏心受压构件的基本受力特性是一致的。

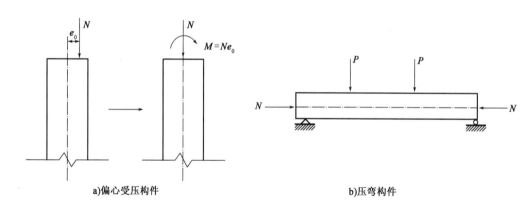

a)偏心受压构件　　　　　　　　b)压弯构件

图 12-1　偏心受压构件与压弯构件

钢筋混凝土偏心受压(或压弯)构件是实际工程中应用较广泛的受压构件之一。例如,拱桥的钢筋混凝土拱肋、桁架的上弦杆、刚架的立柱、柱式墩(台)的墩(台)柱、临时支撑柱、部分桩基础等均属偏心受压构件,在荷载作用下,构件截面上同时存在轴心压力和弯矩。

钢筋混凝土偏心受压构件的截面形式如图 12-2 所示。矩形截面为最常用的截面形式,截面高度 h 大于 600mm 的偏心受压构件多采用工字形或箱形截面。圆形截面主要用于柱式墩台、桩基础或临时支撑中。

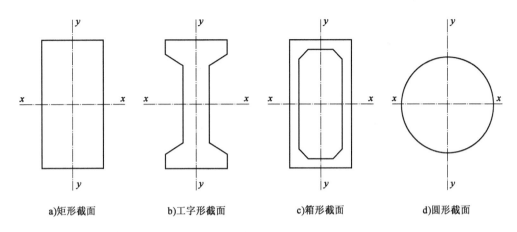

a)矩形截面　　　　b)工字形截面　　　　c)箱形截面　　　　d)圆形截面

图 12-2　偏心受压构件截面形式

在钢筋混凝土偏心受压构件中,布置有纵向受力钢筋和箍筋。纵向受力钢筋在截面中最常见的配置方式是将纵向钢筋集中放置在偏心方向的两对面[图 12-3a)],其数量通过正截面承载力计算确定。对于圆形截面,则采用沿截面周边均匀配筋的方式[图 12-3b)]。箍筋的作用与轴心受压构件中普通箍筋的作用基本相同。此外,偏心受压构件中还存在着一定的剪力,可由箍筋负担。但因剪力的数值一般较小,故一般不予计算。箍筋数量及间距按普通箍筋柱的构造要求确定。

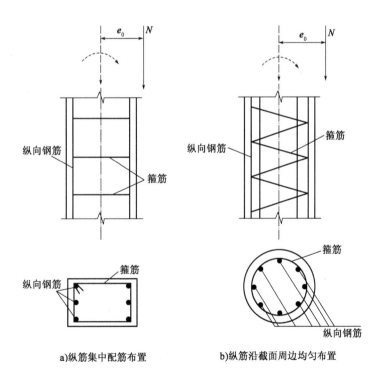

a)纵筋集中配筋布置　　　　b)纵筋沿截面周边均匀布置

图 12-3　偏心受压构件截面钢筋布置形式

本章主要介绍钢筋混凝土矩形截面和圆形截面偏心受压构件的受力特征、破坏形态以及设计计算方法。对于工字形、T形截面偏心受压构件及施加预应力的偏心受压构件不做介绍；需要学习者参考有关文献或《设计规范》（JTG 3362—2018）。

12.1 偏心受压构件正截面受力特征

与轴心受压构件一样，钢筋混凝土偏心受压构件也有短柱和长柱之分。下文以矩形截面的偏心受压短柱的试验结果为例，介绍截面集中配筋情况下偏心受压构件的受力特点和破坏形态。

12.1.1 偏心受压构件的破坏形态

钢筋混凝土偏心受压构件随着偏心距的大小及纵向钢筋的配筋情况不同，有以下两种主要破坏形态。

1.大偏心受压构件

当偏心距 e_0 相对构件高度 h 较大，且受拉钢筋配筋率不高时，受拉侧钢筋受拉先发生屈服的破坏。

当偏心距 e_0 相对构件高度 h 较大，对矩形截面大偏心受压短柱试件在试验荷载 N 作用下截面混凝土应变、应力及柱侧向变位的发展情况进行观测。结果表明，短柱受力后，截面靠近偏心压力 N 的一侧（钢筋为 A'_s）受压，另一侧（钢筋为 A_s）受拉。随着荷载增大，受拉区混凝土先出现横向裂缝，裂缝的开展使受拉钢筋 A_s 的应力增长较快，首先达到屈服强度；然后中性轴向受压边移动，受压区混凝土压应变迅速增大；最后，受压区钢筋 A'_s 达到屈服强度，混凝土达到极限压应变而压碎。

大偏心受压构件的破坏特征：当偏心距较大且受拉钢筋配筋率不高时，构件的破坏是受拉钢筋首先达到屈服强度，然后受压混凝土被压坏；构件临近破坏时有明显的预兆，裂缝显著开展，构件的承载能力取决于受拉钢筋的强度和数量，破坏属于延性破坏。

2.小偏心受压构件

小偏心受压是指压力 N 的初始偏心距 e_0 较小的情况。根据偏心距 e_0 的大小及受拉区纵向钢筋 A_s 数量，小偏心受压短柱破坏时的截面应力分布，可分为图 12-4 所示的几种情况。

（1）当纵向压力偏心距很小时，构件截面将全部受压，中性轴位于截面以外［图 12-4a）］。破坏时，靠近压力 N 一侧混凝土应变达到极限值，该侧钢筋 A'_s 达到屈服强度，而离纵向压力较远一侧的混凝土未达到其抗压强度，该侧受压钢筋可能达到其抗压强度，也可能未达到其抗压强度。

（2）当纵向压力偏心距很小，但是离纵向压力较远一侧钢筋 A_s 数量少，而靠近纵向力 N

一侧钢筋 A'_s 较多时,则截面的实际中性轴就不在混凝土截面形心轴0-0处[图12-4c)]而向右偏移至1-1轴。这样,截面靠近纵向力 N 的一侧,即原来压应力较小而 A_s 布置得过少的一侧,将负担较大的压应力。于是,尽管仍是全截面受压,但远离纵向力 N 一侧的钢筋 A_s 将由于混凝土的应变达到极限压应变而屈服,但靠近纵向力 N 一侧的钢筋 A'_s 的应力有可能达不到屈服强度。

(3)当纵向压力偏心距较小时,或偏心距较大而受拉钢筋 A_s 较多时,截面大部分受压而小部分受拉[图12-4b)]。中和轴距受拉钢筋 A_s 很近,钢筋 A_s 中的拉应力很小,达不到屈服强度。

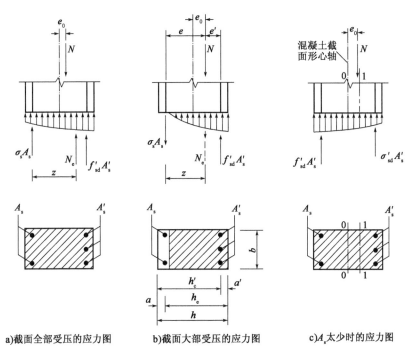

a)截面全部受压的应力图   b)截面大部受压的应力图   c)A_s太少时的应力图

图12-4 小偏心受压短柱截面受力的几种情况

小偏心受压构件的破坏特征:一般是受压区边缘混凝土的应变达到极限压应变,受压区混凝土被压碎;同一侧的钢筋压应力达到屈服强度,而另一侧的钢筋,不论是受拉还是受压,其应力均达不到屈服强度,破坏前构件横向变形无明显的急剧增长,其正截面承载力取决于受压区混凝土抗压强度和受压钢筋强度。

钢筋混凝土大、小偏心受压构件的破坏都属于材料破坏,两种破坏形态的相同之处是构件截面破坏都是截面受压区边缘混凝土达到极限压应变而压碎;不同之处是截面破坏的起因,大偏心受压构件起因于受拉钢筋先达到屈服强度,小偏心受压构件起因于截面受压区边缘混凝土先被压碎。

12.1.2 大、小偏心受压构件的界限

钢筋混凝土大、小偏心受压构件破坏形态可由相对受压区高度来界定。

图12-5所示为矩形截面偏心受压构件的混凝土应变分布图形,图中 ab、ac 线表示在大偏心受压状态下的截面应变状态。随着纵向压力偏心距减小或受拉钢筋配筋率的增加,在偏心受

压破坏时形成斜线 ad 所示的应变分布状态,即当受拉钢筋达到屈服应变 ε_y 时,受压边缘混凝土也刚好达到极限压应变值 ε_{cu},这就是界限状态。若纵向压力偏心距进一步减小或受拉钢筋配筋率进一步增加,则截面破坏时将形成斜线 ae 所示的受拉钢筋达不到屈服的小偏心受压状态。

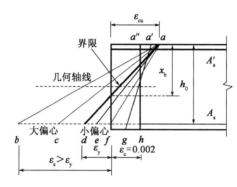

图 12-5　偏心受压构件的截面应变分布

当进入全截面受压状态后,混凝土受压较大一侧的边缘极限压应变将随着纵向压力 N 偏心距的减小而逐步有所下降,其截面应变分布如斜线 af、$a'g$ 和垂直线 $a''h$ 所示顺序变化,在变化的过程中,受压边缘的极限压应变将由 ε_{cu} 逐步下降到接近轴心受压时的 0.002。

上述偏心受压构件截面部分受压、部分受拉时的应变变化规律与受弯构件截面应变变化是相似的,因此,与受弯构件正截面承载力计算相同,用受压区界限高度 x_b 或相对界限受压区高度 ξ_b 来判别两种不同偏心受压破坏形态:

（1）当 $\xi \leqslant \xi_b$ 时,截面为大偏心受压破坏。

（2）当 $\xi > \xi_b$ 时,截面为小偏心受压破坏。

ξ_b 值可根据表 12-1 取用。

相对界限受压区高度 ξ_b　　　　　　　　表 12-1

钢 筋 种 类	混凝土强度等级			
	C50 及以下	C55、C60	C65、C70	C75、C80
HPB300	0.58	0.56	0.54	—
HRB400、HRBF400、RRB400	0.53	0.51	0.49	—
HRB500	0.49	0.47	0.46	—
钢绞线、钢丝	0.40	0.38	0.36	0.35
精轧螺纹钢筋	0.40	0.38	0.36	—

注:1. 截面受拉区内配置不同种类钢筋的受弯构件,其 ξ_b 值应选用相应于各种钢筋的较小者。

2. $\xi_b = x_b/h_0$,其中 x_b 为纵向受拉钢筋和受压区混凝土同时达到各自强度设计值时的受压区矩形应力图高度。

12.2　偏心受压构件的纵向弯曲

钢筋混凝土受压构件在承受偏心荷载作用后,将产生纵向弯曲变形(侧向变形)。对于长细比小的短柱,弯曲侧向变形小,计算时一般可忽略其影响;对于长细比较大的长柱,由于弯曲侧向变形的影响,各截面所受的弯矩不再是 Ne_0,而变成 $N(e_0+y)$(图 12-6),其中 y 为构件任意点的水平侧向变形。在柱高度中点处,侧向变形最大,截面上的弯矩为 $N(e_0+u)$。u 随着荷载的增大而不断加大,因此弯矩的增长也越来越快。一般把偏心受压构件截面弯矩中的 Ne_0 称为初始弯矩或一阶弯矩(不考虑构件侧向变形时的弯矩),将 Nu 或 Ny 称为附加弯矩或二阶弯矩。由于二阶弯矩的影响,将造成偏心受压构件不同的破坏类型。

12.2.1 偏心受压构件的破坏类型

钢筋混凝土偏心受压构件按长细比可分为短柱、长柱和细长柱。

1.短柱

偏心受压短柱($l_0/h \leqslant 5$,即 $l_0/i \leqslant 17.5$,i 为构件截面的回转半径)中,虽然偏心力作用将产生一定的侧向变形,但其 u 值很小,一般可忽略不计,即可以不考虑二阶弯矩,各截面中的弯矩均可认为等于 Ne_0,弯矩 M 与轴向力 N 呈线性关系。

随着荷载的增大,当短柱达到承载能力极限状态时,柱的截面由于材料达到其极限强度而破坏。在 $M\text{-}N$ 相关关系图中,从加载到破坏的路径为直线,当直线与截面承载力线相交于 B 点时就发生材料破坏,即图 12-7 中的 OB 直线。

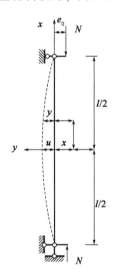

图 12-6 偏心受压构件的受力图式

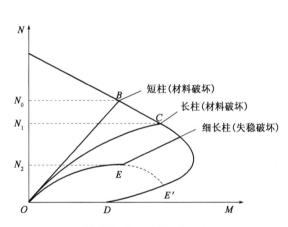

图 12-7 构件长细比的影响

2.长柱

在偏心受压中,当 $5 < l_0/h \leqslant 30$($17.5 < l_0/i \leqslant 104$)时可认为是长柱。长柱受偏心力作用时的侧向变形 u 值较大,二阶弯矩影响已不可忽视,因此,实际偏心距随荷载的增大而非线性增加,构件控制截面最终仍然是由于截面中材料达到其强度极限而破坏,属材料破坏。

偏心受压长柱在 $M\text{-}N$ 相关关系图上从加荷到破坏的受力路径为曲线,与截面承载力曲线相交于 C 点而发生材料破坏,即图 12-7 中 OC 曲线。

3. 细长柱

长细比更大的柱可称为细长柱。当偏心压力 N 达到最大值时(图 12-7 中 E 点)，侧向变形 u 值突然剧增，此时，偏心受压构件截面上钢筋和混凝土的应变均未达到材料破坏时的极限值，即压杆达到承载能力极限状态时，发生在其控制截面材料强度还未达到其破坏强度，这种破坏类型称为失稳破坏。在构件失稳后，若控制作用在构件上的压力逐渐减小以保持构件继续变形，则随着 u 值增大到一定值及相应的荷载下，截面也可达到材料破坏点(点 E')。但这时的承载能力已明显低于失稳时的破坏荷载。由于失稳破坏与材料破坏存在本质的区别，设计中一般尽量不采用细长柱。

在图 12-7 中，短柱、长柱和细长柱的初始偏心距是相同的，但破坏类型不同：短柱和长柱分别为 OB 和 OC 受力路径，为材料破坏；细长柱为 OE 受力路径，为失稳破坏。随着长细比的增大，其承载力 N 值也不同，其值分别为 N_0、N_1 和 N_2，且 $N_0 > N_1 > N_2$。

12.2.2 偏心距增大系数

在实际工程中，最常遇到的是长柱，由于最终破坏是材料破坏，因此，在设计计算中需考虑由于构件侧向变形(变位)而引起的二阶弯矩的影响。

偏心受压构件控制截面的实际弯矩应为

$$M = N(e_0 + u) = N \frac{e_0 + u}{e_0} e_0$$

令

$$\eta = \frac{e_0 + u}{e_0} = 1 + \frac{u}{e_0}$$

则

$$M = N\eta e_0 \qquad (12\text{-}1)$$

式中：η——偏心受压构件考虑纵向挠曲影响(二阶效应)的轴向力偏心距增大系数。

由式(12-1)可见，偏心距增大系数 η 值越大表明二阶弯矩的影响越大，则截面所承担的一阶弯矩 Ne_0 在总弯矩中所占比例就相对越小。应该指出的是，当 $e_0 = 0$ 时，式(12-1)是无意义的。当偏心受压构件为短柱时，则 $\eta = 1$。

《设计规范》(JTG 3362—2018)规定，计算偏心受压构件正截面承载力时，对长细比 $l_0/i > 17.5$(i 为构件截面的回转半径)的构件或长细比 $l_0/h > 5$(矩形截面)、长细比 $l_0/d_1 > 4.4$(圆形截面)的构件，应考虑构件在弯矩作用平面内的挠曲对轴向力偏心距的影响。此时，应将轴向力对截面重心轴的偏心距 e_0 乘以偏心距增大系数 η。

对于矩形、T 形、工字形和圆形截面偏心受压构件的偏心距增大系数可按下列公式计算：

$$\eta = 1 + \frac{1}{1300 \left(\frac{e_0}{h_0} \right)} \left(\frac{l_0}{h} \right)^2 \zeta_1 \zeta_2 \qquad (12\text{-}2)$$

$$\zeta_1 = 0.2 + 2.7 \frac{e_0}{h_0} \leqslant 1.0 \qquad (12\text{-}3a)$$

$$\zeta_2 = 1.15 - 0.01 \frac{l_0}{h} \leqslant 1.0 \qquad (12\text{-}3b)$$

式中：l_0——构件的计算长度，按表 11-1 注取用或按工程经验确定；

$\quad e_0$——轴向力对截面重心轴的偏心矩；

$\quad h_0$——截面有效高度，对圆形截面取 $h_0 = r + r_s$；

$\quad h$——截面高度，对圆形截面取 $h = 2r,r$ 为圆形截面半径；

$\quad \zeta_1$——荷载偏心率对截面曲率的影响系数；

$\quad \zeta_2$——构件长细比对截面曲率的影响系数，ζ_2 不小于 0.85。

12.3 矩形截面偏心受压构件设计计算

在各类结构中，矩形截面受压构件十分广泛，如桥梁结构中采用的立柱、拱肋和矩形临时支撑柱等。

钢筋混凝土矩形截面偏心受压构件截面长边为 h，短边为 b；矩形偏心受压构件的纵向钢筋一般集中布置在弯矩作用方向的截面两对边位置上，以 A_s 和 A'_s 来分别代表离偏心压力较远一侧和较近一侧的钢筋面积。当 $A_s \neq A'_s$ 时，称为非对称布筋；当 $A_s = A'_s$ 时，称为对称布筋。

12.3.1 矩形截面偏心受压构件正截面承载力计算的基本公式及构造要求

1.基本公式

与受弯构件相似，偏心受压构件的正截面承载力计算采用下列基本假定：

(1)截面应变分布符合平截面假定。

(2)不考虑混凝土的抗拉强度。

(3)受压混凝土的极限压应变 $\varepsilon_{cu} = 0.003 \sim 0.0033$。

(4)混凝土的压应力图形为矩形，受压区混凝土应力达到混凝土抗压强度设计值 f_{cd}，矩形应力图的高度 $x = \beta x_0$（其中 x_0 为应变图应变零点至受压较大边截面边缘的距离；β 为矩形应力图高度系数，按第 5 章表 5-1 取用），受压较大边钢筋的应力取钢筋抗压强度设计值 f'_{sd}。

矩形截面偏心受压构件正截面承载力计算图式如图 12-8 所示。

对于矩形截面偏心受压构件，用 ηe_0 表示纵向弯曲的影响，只要是材料破坏类型，无论是大偏心受压破坏还是小偏心受压破坏，受压区边缘混凝土都达到极限压应变，同一侧的受压钢筋 A'_s，一般都能达到抗压强度设计值 f'_{sd}，而对面一侧的钢筋 A_s 的应力，可能受拉（达到或未达到抗拉强度设计值 f_{sd}），也可能受压，故在图 12-8 中以 σ_s 表示 A_s 钢筋中的应力，从而可以建立一种包括大、小偏心受压情况的统一正截面承载力计算图式。

沿构件纵轴方向的内外力之和为零，可得

$$\gamma_0 N_d \leqslant N_u = f_{cd}bx + f'_{sd}A'_s - \sigma_s A_s \tag{12-4}$$

由截面上所有力对钢筋 A_s 合力点的力矩之和等于零，可得

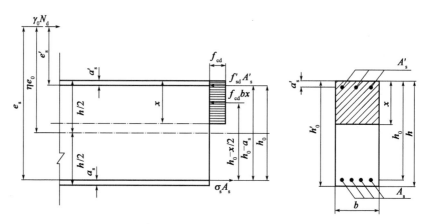

图 12-8   矩形截面偏心受压构件正截面承载力计算图式

$$\gamma_0 N_d e_s \leqslant M_u = f_{cd} bx \left(h_0 - \frac{x}{2} \right) + f'_{sd} A'_s (h_0 - a'_s) \qquad (12-5)$$

由截面上所有力对钢筋 A'_s 合力点的力矩之和等于零,可得

$$\gamma_0 N_d e'_s \leqslant M_u = -f_{cd} bx \left(\frac{x}{2} - a'_s \right) + \sigma_s A_s (h_0 - a'_s) \qquad (12-6)$$

由截面上所有力对 $\gamma_0 N_d$ 作用点力矩之和等于零,可得

$$f_{cd} bx \left(e_s - h_0 + \frac{x}{2} \right) = \sigma_s A_s e_s - f'_{sd} A'_s e'_s \qquad (12-7)$$

式中: x ——混凝土受压区高度;

e_s、e'_s ——分别为偏心压力 $\gamma_0 N_d$ 作用点至钢筋 A_s 合力作用点和钢筋 A'_s 合力作用点的距离;

$$e_s = \eta e_0 + \frac{h}{2} - a_s \qquad (12-8)$$

$$e'_s = \eta e_0 - \frac{h}{2} + a'_s \qquad (12-9)$$

e_0 ——轴向力对截面重心轴的偏心距, $e_0 = M_d / N_d$;

M_d ——相应于轴向力的弯矩设计值;

N_d ——轴向力设计值;

h_0 ——截面受压较大边边缘至受拉边或者受压较小边纵向钢筋合力的距离, $h_0 = h - a_s$;

η ——偏心受压构件轴向力偏心距增大系数,按式(12-2)计算;

f_{cd} ——混凝土轴心抗压强度设计值。

关于式(12-4)~式(12-7)的使用要求及有关说明如下:

(1)钢筋 A_s 的应力 σ_s 取值。

当 $\xi = x/h_0 \leqslant \xi_b$ 时,构件属于大偏心受压构件,取 $\sigma_s = f_{sd}$;

当 $\xi = x/h_0 > \xi_b$ 时,构件属于小偏心受压构件, σ_s 应按式(12-10)计算,但应满足 $-f'_{sd} \leqslant \sigma_{si} \leqslant f_{sd}$,则

$$\sigma_{si} = \varepsilon_{cu} E_s \left(\frac{\beta h_{0i}}{x} - 1 \right) \qquad (12-10)$$

式中：σ_{si}——第 i 层普通钢筋的应力，按公式计算正值表示拉应力；

$\quad E_s$——受拉钢筋的弹性模量；

$\quad h_{0i}$——第 i 层普通钢筋截面重心至受压较大边缘的距离；

$\quad x$——截面受压区高度；

$\quad \varepsilon_{cu}$——截面非均匀受压时，混凝土极限压应变，混凝土强度等级为 C50 及以下时，取 ε_{cu} = 0.0033，当混凝土强度等级为 C80 时，取 ε_{cu} = 0.003；中间强度等级用直线插入求得；

$\quad \beta$——截面受压区矩形应力图高度与实际受压区高度的比值，按表 5-1 取用；

$\quad \xi_b$——界限受压区高度系数，按表 5-2 取用。

（2）为了保证构件破坏时，大偏心受压构件截面上的受压钢筋能达到抗压强度设计值 f'_{sd}，必须满足

$$x \geqslant 2a'_s \tag{12-11}$$

当 $x < 2a'_s$ 时，受压钢筋 A'_s 的应力可能达不到抗压强度设计值 f'_s。与双筋截面受弯构件类似，这时可近似取 $x = 2a'_s$，受压区混凝土所承受的压力作用位置与受压钢筋承受的压力 f'_{sd} A'_s 作用位置重合，由截面受力平衡条件（对受压钢筋 A'_s 合力点的力矩之和为零）可得

$$\gamma_0 N_d e'_s \leqslant M_u = f_{sd} A_s (h_0 - a'_s) \tag{12-12}$$

（3）当偏心压力作用的偏心距很小（小偏心受压）情况下，且全截面受压，若靠近偏心压力一侧的纵向钢筋 A'_s 配置较多，而远离偏心压力一侧的纵向钢筋 A_s 配置较少时，钢筋 A_s 的应力可能达到受压屈服强度，离偏心受力较远一侧的混凝土也有可能压坏。为使钢筋 A_s 数量不致过少，防止出现图 12-4c）所示的破坏。《设计规范》（JTG 3362—2018）规定，对于小偏心受压构件，若偏心压力作用于钢筋 A_s 合力点和 A'_s 合力点之间时，尚应符合

$$\gamma_0 N_d e' \leqslant M_u = f_{cd} bh \left(h'_0 - \frac{h}{2} \right) + f'_{sd} A_s (h'_0 - a_s) \tag{12-13}$$

式中：h'_0——纵向钢筋 A'_s 合力点离偏心压力较远一侧边缘的距离，即 $h'_0 = h - a'_s$；

$\quad e'$——按 $e' = h/2 - e_0 - a'_s$ 计算。

2．构造要求

矩形偏心受压构件的构造要求，与配有纵向钢筋及普通箍筋轴心受压构件相似。对箍筋直径、间距的构造要求，也适用于偏心受压构件。

1）截面尺寸

矩形截面的最小尺寸不宜小于300mm，同时截面的长边 h 与短边 b 的比值常选用 h/b = 1.5 ~ 3.0。为了模板尺寸的模数化，边长宜采用50mm 的倍数，将长边布置在弯矩作用的方向。

2）纵向钢筋的配筋率

矩形截面偏心受压构件的纵向受力钢筋沿截面短边 b 配置。

纵向受力钢筋的常用钢筋配筋率（全部钢筋截面积与构件截面积之比），对大偏心受压构件宜为 ρ = 1% ~ 3%；对小偏心受压构件宜为 ρ = 0.5% ~ 2%。

当截面长边 $h \geqslant 600\mathrm{mm}$ 时,应在长边 h 方向设置直径为 $10 \sim 16\mathrm{mm}$ 的纵向构造钢筋,必要时相应地设置附加箍筋或复合箍筋,用以保持钢筋骨架刚度(图 12-9)。

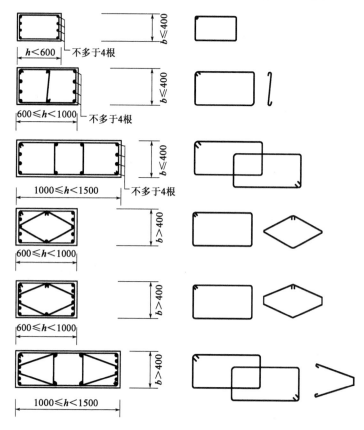

图 12-9 矩形偏心受压构件的箍筋布置形式(尺寸单位:mm)

12.3.2 矩形截面偏心受压构件非对称配筋的设计计算

1.截面设计

在进行偏心受压构件的截面设计时,通常已知轴向力设计值 N_d 和相应的弯矩设计值 M_d,偏心距 e_0,钢筋和混凝土强度等级,截面尺寸 $b \times h$,以及弯矩作用平面内构件的计算长度 l_0。试计算钢筋截面面积 A_s、A'_s,选择钢筋直径、数量并布置钢筋。

计算步骤如下:

(1)大、小偏心受压的初步判别。

如前所述,当 $\xi = x/h_0 \leqslant \xi_b$ 时为大偏心受压,当 $\xi = x/h_0 > \xi_b$ 时为小偏心受压。但是,现在纵向受力钢筋数量未知,ξ 值尚无法计算,故还不能利用上述条件进行判定。

在偏心受压构件截面设计时,可采用下述方法来初步判定大、小偏心受压:

当 $\eta e_0 \leqslant 0.3h_0$ 时,可先按小偏心受压构件进行设计计算;当 $\eta e_0 > 0.3h_0$ 时,则可按大偏心受压构件进行设计计算。

（2）当 $\eta e_0 > 0.3h_0$ 时，可以按照大偏心受压构件来进行设计。

①第一种情况：A_s 和 A'_s 均未知。

根据偏心受压构件计算的基本公式，在式（12-4）～式（12-7）中仅有两个独立方程，但未知数却有三个，即 A'_s、A_s 和 x（或 ξ），不能求得唯一的解，必须补充设计条件。

与双筋矩形截面受弯构件截面设计相仿，从充分利用混凝土的抗压强度、使受拉和受压钢筋的总用量最少的原则出发，可近似地取 $\xi = \xi_b$，即 $x = \xi_b h_0$ 为补充条件。

由式（12-5），令 $N = \gamma_0 N_d$、$M_u = N e_s$，可得到受压钢筋的截面面积 A'_s 为

$$A'_s = \frac{N e_s - f_{cd} b h_0^2 \xi_b (1 - 0.5\xi_b)}{f'_{sd}(h_0 - a'_s)} \geqslant \rho'_{min} bh \tag{12-14}$$

当计算的 $A'_s < \rho'_{min} bh$ 或负值时［ρ'_{min} 为截面一侧（受压）钢筋的最小配筋率，取 $\rho'_{min} = 0.002$］，即按照 $A'_s = \rho'_{min} bh$ 已知的情况继续计算求 A_s。

当计算的 $A'_s \geqslant \rho'_{min} bh$ 时，则以求得的 A'_s 代入式（12-4），且取 $\sigma_s = f_{sd}$，则所需要的钢筋 A_s 为

$$A_s = \frac{f_{cd} b h_0 \xi_b + f'_{sd} A'_s - N}{f_{sd}} \geqslant \rho_{min} bh \tag{12-15}$$

②第二种情况：A'_s 已知，A_s 未知。

当钢筋 A'_s 为已知时，只有钢筋 A_s 和 x 两个未知数，故可以用基本公式来直接求解。由式（12-5），令 $N = \gamma_0 N_d$、$M_u = N e_s$，则可得到关于 x 的一元二次方程为

$$N e_s = f_{cd} b x \left(h_0 - \frac{x}{2} \right) + f'_{sd} A'_s (h_0 - a'_s)$$

解此方程，可得到受压区高度为

$$x = h_0 - \sqrt{h_0^2 - \frac{2[N e_s - f'_{sd} A'_s (h_0 - a'_s)]}{f_{cd} b}} \tag{12-16}$$

当计算的 x 满足 $2a'_s < x \leqslant \xi_b h_0$ 时，可由式（12-4），取 $\sigma_s = f_{sd}$，可得到受拉区所需钢筋数量 A_s，则

$$A_s = \frac{f_{cd} b x + f'_{sd} A'_s - N}{f_{sd}} \tag{12-17}$$

当计算的 x 满足 $x \leqslant \xi_b h_0$，但 $x \leqslant 2a'_s$ 时，则按式（12-12）求得到所需的受拉钢筋数量 A_s。令 $M_u = N e'_s$，可求得

$$A_s = \frac{N e'_s}{f_{sd}(h_0 - a'_s)} \tag{12-18}$$

注意：无论什么情况，轴心受压构件、偏心受压构件全部纵向钢筋的配筋率不应小于 0.5%。构件的全部纵向钢筋配筋率不宜超过 5%。

（3）当 $\eta e_0 \leqslant 0.3h_0$ 时可按照小偏心受压构件进行设计计算。

①第一种情况：A'_s 与 A_s 均未知。

要利用基本公式进行设计，仍面临独立的基本公式只有两个，而存在 A_s、A'_s 和 x 三个未知数的情况，不能得到唯一的解。这时，与解决大偏心受压构件截面设计方法一样，必须补充条件以便求解。

对于小偏心受压的情况,远离偏心压力一侧纵向受力钢筋无论是受压还是受拉,其应力均未达到屈服强度,对截面承载力影响不大,A_s可按构造要求取等于最小配筋率,即 $A_s = \rho'_{\min}bh = 0.002bh$ 补充条件后,剩下两个未知数 x 与 A'_s,则可利用基本公式来进行设计计算。

首先计算受压区高度 x 的值。令 $N = \gamma_0 N_d$,由式(12-6)和式(12-10)可得到以 x 为未知数的方程为

$$Ne'_s = -f_{cd}bx\left(\frac{x}{2} - a'_s\right) + \sigma_s A_s(h_0 - a'_s) \tag{12-19}$$

$$\sigma_s = \varepsilon_{cu}E_s\left(\frac{\beta h_0}{x} - 1\right)$$

得到关于 x 的一元三次方程为

$$Ax^3 + Bx^2 + Cx + D = 0 \tag{12-20}$$

$$A = -0.5f_{cd}b \tag{12-21a}$$

$$B = f_{cd}ba'_s \tag{12-21b}$$

$$C = \varepsilon_{cu}E_sA_s(a'_s - h_0) - Ne'_s \tag{12-21c}$$

$$D = \beta\varepsilon_{cu}E_sA_s(h_0 - a'_s)h_0 \tag{12-21d}$$

而 $e'_s = \eta e_0 - h/2 + a'_s$。

由式(12-20)求得 x 值后,即可得到相应的相对受压区高度 $\xi = x/h_0$。

当 $h/h_0 > \xi > \xi_b$ 时,截面为部分受压、部分受拉。将 x 代入式(12-10)求得钢筋 A_s 中的应力 σ_s 值;再将钢筋面积 A_s、钢筋应力计算值 σ_s 以及 x 值代入式(12-4)中,即可得所需钢筋面积 A'_s 值且应满足 $A'_s \geqslant \rho'_{\min}bh$。

当 $\xi > h/h_0$ 时,截面为全截面受压。受压混凝土应力图形渐趋丰满,但实际受压区最多也只能为截面高度 h。所以,在这种情况下,取 $x = h$,则钢筋 A'_s 为

$$A'_s = \frac{Ne_s - f_{sd}bh(h_0 - h/2)}{f'_{sd}(h_0 - a'_s)} \geqslant \rho'_{\min}bh$$

②第二种情况:A'_s 已知,A_s 未知。

这时,欲求解的未知数(x 和 A_s)个数与独立基本公式数目相同,故可以直接求解。

由式(12-5)求截面受压区高度 x,并得到截面相对受压区高度 $\xi = x/h_0$。

当 $h/h_0 > \xi > \xi_b$ 时,截面部分受压、部分受拉。以计算得到的 ξ 值代入式(12-10),求得钢筋 A_s 的应力 σ_s。由式(12-4)计算得到所需钢筋数量 A_s。

当 $\xi \geqslant h/h_0$ 时,全截面受压。将 $\xi = h/h_0$ 代入式(12-10),求得钢筋 A_s 的应力 σ_s,再由式(12-4)可求得钢筋面积 A_{s1}。

全截面受压时,为防止设计的小偏心受压构件可能出现图12-4c)所示的破坏,纵向受力钢筋数量 A_s 应当满足式(12-13)的要求,变换式(12-13)可得

$$A_{s2} \geqslant \frac{Ne' - f_{cd}bh\left(h'_0 - \frac{h}{2}\right)}{f'_{sd}(h'_0 - a_s)} \tag{12-22}$$

式中:$N = \gamma_0 N_d$。

由式(12-22)求得截面所需一侧钢筋数量 A_{s2}。而设计所采用的钢筋面积 A_s 应取上述计算值 A_{s1} 和 A_{s2} 中的较大值,以防止出现远离偏心压力作用点的一侧混凝土边缘先破坏的情况。

2.截面复核

《设计规范》(JTG 3362—2018)规定,矩形、T形和I形截面偏心受压构件除应计算弯矩作用平面抗压承载力外,还应按轴心受压构件验算垂直于弯矩作用平面的抗压承载力,此时,虽不考虑弯矩的作用,但应考虑稳定系数 φ 的影响。

已知条件:偏心受压构件截面尺寸 $b \times h$、构件的计算长度 l_0、纵向钢筋、混凝土强度等级、钢筋面积 A_s 和 A'_s 以及在截面上的布置,并已知轴向力设计值 N_d 和相应的弯矩设计值 M_d。复核偏心压构件的存在是否满足设计要求。

1)弯矩作用平面内截面承载力复核

(1)大、小偏心受压的判别。

在偏心受压构件截面设计时,通过 ηe_0 与 $0.3h_0$ 之间的关系来初步确定截面按大、小偏心受压情况进行设计,因这是一种近似和初步的判定方法,并不能确认为大偏心受压还是小偏心受压。判定偏心受压构件是大偏心受压还是小偏心受压的充要条件是 ξ 与 ξ_b 之间的关系。

在截面承载力复核时,可先假设为大偏心受压。这时,钢筋 A_s 中的应力 $\sigma_s = f_{sd}$,代入式(12-7)即

$$f_{cd}bx\left(e_s - h_0 + \frac{x}{2}\right) = f_{sd}A_s e_s - f'_{sd}A'_s e'_s \tag{12-23}$$

求得受压区高度 x,再由 x 求得 $\xi = \dfrac{x}{h_0}$。

当 $\xi \leqslant \xi_b$ 时,为大偏心受压;当 $\xi > \xi_b$ 时,为小偏心受压。

(2)大偏心受压($\xi \leqslant \xi_b$)。

当 $2a'_s \leqslant x \leqslant \xi_b h_0$ 时,由式(12-23)计算的 x 为大偏心受压构件截面受压区高度,然后按式(12-4)进行截面承载力复核。

当 $x < 2a'_s$ 时,由式(12-12)求截面承载力 $N_u = M_u / e'_s$。

(3)小偏心受压($\xi > \xi_b$)。

这时,截面受压区高度 x 不能由式(12-23)来确定,因为在小偏心受压情况下,离偏心压力较远一侧钢筋 A_s 中的应力往往达不到屈服强度。

这时,要联合使用式(12-7)和式(12-10)来确定小偏心受压构件截面受压区高度 x,即

$$f_{cd}bx\left(e_s - h_0 + \frac{x}{2}\right) = \sigma_s A_s e_s - f'_{sd}A'_s e'_s$$

$$\sigma_s = \varepsilon_{cu}E_s\left(\frac{\beta h_0}{x} - 1\right)$$

可得到 x 的一元三次方程为

$$Ax^3 + Bx^2 + Cx + D = 0 \tag{12-24}$$

式(12-24)中各系数计算表达式为

$$A = 0.5f_{cd}b \tag{12-25a}$$

$$B = f_{cd}b(e_s - h_0) \tag{12-25b}$$

$$C = \varepsilon_{cu}E_sA_s e_s + f'_{sd}A'_s e'_s \tag{12-25c}$$

$$D = -\beta\varepsilon_{cu}E_sA_se_sh_0 \qquad (12\text{-}25d)$$

式中，e'_s 仍按 $e'_s = \eta e_0 - h/2 + a'_s$ 计算。

由式（12-24）可求得 x 和相应的 ξ 值。

当 $h/h_0 > \xi > \xi_b$ 时，截面部分受压、部分受拉。将计算的 ξ 值代入式（12-10）可求得钢筋 A_s 的应力值 σ_s。然后，按照基本式（12-4），求截面承载力 N_u 并且复核截面承载力。

当 $\xi > h/h_0$ 时，截面全部受压。在这种情况下，偏心距较小。首先考虑近纵向压力作用点侧的截面边缘混凝土破坏，取 $\xi = h/h_0$ 代入式（12-10）求得钢筋 A_s 中的应力 σ_s，然后由式（12-4）求得截面承载力 N_{u1}。

因全截面受压，还需考虑距纵向压力作用点远侧截面边缘破坏的可能性，再由式（12-13）求得截面承载力 N_{u2}。

构件承载能力 N_u 应取 N_{u1} 和 N_{u2} 中较小值。

2）垂直于弯矩作用平面的截面承载力复核

偏心受压构件，除在弯矩作用平面内可能发生破坏外，还可能在垂直于弯矩作用平面内发生破坏。

《设计规范》（JTG 3362—2018）规定，对于偏心受压构件，除应计算弯矩作用平面内的承载力外，还应按轴心受压构件复核垂直于弯矩作用平面的承载力。此时不考虑弯矩作用，可参照轴心受压构件相关内容进行复核，此处不再赘述。

12.3.3 矩形截面偏心受压构件对称配筋的设计计算

在实际工程中，偏心受压构件在不同荷载作用下，可能会产生相反方向的弯矩，当其数值相差不大时，或者即使相反方向弯矩相差较大，但按对称配筋设计求得的纵向受力钢筋总量比按非对称设计所得纵向受力钢筋的总量增加不多时，为使构造简单及便于施工，宜采用对称配筋。

对称配筋是指截面的两侧用相同钢筋等级和数量的配筋，即 $A_s = A'_s, f_{sd} = f'_{sd}, a_s = a'_s$。

1. 截面设计

已知条件：截面尺寸 $b \times h$（通常是根据经验或以往类似的设计资料确定）、轴向力设计值 N_d、弯矩设计值 M_d、结构重要性系数 γ_0、钢筋和混凝土强度等级、构件计算长度 l_0。计算钢筋截面面积 $A_s(=A'_s)$，选择钢筋直径、数量并进行配筋。

计算步骤：

（1）大、小偏心受压构件的判别。

首先假定截面是大偏心受压构件，由于是对称配筋，$A_s = A'_s, f_{sd} = f'_{sd}$，令轴向力计算值 $N = \gamma_0 N_d$，则由式（12-4）可得

$$N = f_{cd}bx$$

将 $x = \xi h_0$ 代入上式，整理后可得

$$\xi = \frac{N}{f_{cd}bh_0} \qquad (12\text{-}26)$$

当 $\xi \le \xi_b$ 时，按大偏心受压构件设计；当 $\xi > \xi_b$ 时，按小偏心受压构件设计。

（2）大偏心受压构件（$\xi \leqslant \xi_b$）的计算。

当 $2a'_s \leqslant x \leqslant \xi_b h_0$ 时，由式（12-5）可得

$$A_s = A'_s = \frac{Ne_s - f_{cd}bh_0^2\xi(1-0.5\xi)}{f'_{sd}(h_0 - a'_s)} \tag{12-27}$$

$$e_s = \eta e_0 + \frac{h}{2} - a_s$$

当 $x < 2a'_s$ 时，按照式（12-18）可求得钢筋面积。

（3）小偏心受压构件（$\xi > \xi_b$）的计算。

对称配筋的小偏心受压构件，由于 $A_s = A'_s$，即使在全截面受压情况下，也不会出现远离偏心压力作用点一侧混凝土先破坏的情况。

首先应计算截面受压区高度 x。《设计规范》（JTG 3362—2018）建议矩形截面对称配筋的小偏心受压构件截面相对受压区高度 ξ 按下式计算：

$$\xi = \frac{N - f_{cd}bh_0\xi_b}{\dfrac{Ne_s - 0.43f_{cd}bh_0^2}{(\beta - \xi_b)(h_0 - a'_s)} + f_{cd}bh_0} + \xi_b \tag{12-28}$$

式中：β——截面受压区矩形应力图高度与实际受压区高度的比值，按表4-2取用。

求得 ξ 的值后，由式（12-27）可求得所需的钢筋面积。

2. 截面复核

截面复核是指对偏心受压构件垂直于弯矩作用方向和弯矩作用方向都进行计算，计算方法与截面非对称配筋方法相同。

工字形和 T 形截面偏心受压构件的设计计算请参考相关资料及《设计规范》（JTG 3362—2018）。

例 12-1 已知某钢筋混凝土偏心受压柱，截面尺寸为 $b \times h = 400\text{mm} \times 600\text{mm}$，柱的计算长度为 6.8m，承受轴向力设计值 $N_d = 860\text{kN}$，弯矩设计值 $M_d = 316\text{kN} \cdot \text{m}$，采用 C30 混凝土，HRB400 钢筋，结构安全等级为二级。试计算在对称配筋时其纵向钢筋的截面面积。

解：

已知条件：$f_{cd} = 13.8\text{MPa}$，$f_{sd} = f'_{sd} = 330\text{MPa}$，$\gamma_0 = 1.0$，$\xi_b = 0.53$，$e_0 = \dfrac{M_d}{N_d} = 367\text{mm}$。

构件在弯矩作用方向的长细比 $\dfrac{l_0}{h} = \dfrac{6.8 \times 10^3}{600} = 11.3 > 5$，应计入偏心距增大系数的影响。

设 $a_s = a'_s = 40\text{mm}$，则 $h_0 = h - a_s = 600 - 40 = 560(\text{mm})$。

1.计算偏心距增大系数

由式(12-3)可得

$$\xi_1 = 0.2 + 2.7 \frac{e_0}{h_0} = 0.2 + 2.7 \times \frac{367}{560} = 1.97 > 1.0, 取 \xi_1 = 1.0$$

$$\xi_2 = 1.15 - 0.01 \frac{l_0}{h_0} = 1.15 - 0.01 \times \frac{6.8 \times 10^3}{600} = 1.04 > 1.0, 取 \xi_2 = 1.0$$

由式(12-2)可得

$$\eta = 1 + \frac{1}{1300 \frac{e_0}{h}} \left(\frac{l_0}{h} \right)^2 \xi_1 \xi_2$$

$$= 1 + \frac{1}{1300 \times 367/600} \left(\frac{6.8 \times 10^3}{600} \right)^2 \times 1.0 \times 1.0$$

$$= 1.162$$

2.初判大、小偏心

$e_0 = 367 \text{mm} > 0.3 h_0 = 0.3 \times 560 = 168 (\text{mm})$，可按大偏心受压构件计算，取 $\sigma_s = f_{sd}$。

由式(12-8)可得

$$e_s = \eta e_0 + \frac{h}{2} - a_s = 1.162 \times 367 + \frac{600}{2} - 40 = 686.45 (\text{mm})$$

3.计算纵向钢筋的截面面积

由于 $f_{sd} = f'_{sd} = 330 \text{MPa}$，对称配筋的情况下有

$$\gamma_0 N_d = f_{cd} b x$$

$$x = \frac{\gamma_0 N_d}{f_{cd} b} = \frac{1.0 \times 860 \times 10^3}{13.8 \times 400} = 155.8 (\text{mm}) \leqslant \xi_b h_0 = 0.53 \times 560 = 296.8 (\text{mm})$$

$$x = 155.8 \text{mm} > 2a'_s = 2 \times 40 = 80 (\text{mm})$$

故可按照大偏心受压构件设计。

由式(12-5)可得

$$A'_s = \frac{\gamma_0 N_d e_s - f_{cd} b x \left(h_0 - \frac{x}{2} \right)}{f'_{sd} (h_0 - a'_s)}$$

$$= \frac{1.0 \times 860 \times 10^3 \times 686.45 - 13.8 \times 400 \times 155.8 \left(560 - \frac{155.8}{2} \right)}{330 \times (560 - 40)} = 1024 (\text{mm}^2)$$

即 $A_s = A'_s = 1024 \text{mm}^2$。

对称配筋总量为 $A_s + A'_s = 2 \times 1024 = 2048 (\text{mm}^2)$。

例12-2 已知某钢筋混凝土矩形截面受压柱,截面尺寸 $b \times h = 400\text{mm} \times 600\text{mm}$,柱的计算长度 $l_0 = 4.5\text{m}$。上端铰接、下端固接,承受轴向力设计值 $N_d = 3000\text{kN}$,弯矩设计值 $M_d = 260\text{kN·m}$,采用C30混凝土,HRB400钢筋,结构安全等级为二级。计算在对称配筋时其纵向钢筋的截面面积。

解:

已知条件: $f_{cd} = 13.8\text{MPa}, f_{sd} = f'_{sd} = 330\text{MPa}, \xi_b = 0.53, \gamma_0 = 1.0, \beta = 0.8$。

构件在弯矩作用方向的长细比 $l_0/h = 4.5 \times 10^3 / 600 = 7.5 > 5$,需考虑偏心距增大系数影响。

设 $a_s = a'_s = 40\text{mm}$,则

$$h_0 = h - a_s = 600 - 40 = 560(\text{mm})$$

$$e_0 = \frac{M_d}{N_d} = \frac{260}{3000} = 0.087(\text{m}) = 87\text{mm}$$

1. 计算偏心距增大系数 η

由式(12-3)可得

$$\xi_1 = 0.2 + 2.7\frac{e_0}{h_0} = 0.2 + 2.7 \times \frac{87}{560} = 0.619 < 1.0$$

$$\xi_2 = 1.15 - 0.01\frac{l_0}{h_0} = 1.15 - 0.01 \times \frac{4.5 \times 10^3}{600} = 1.075 > 1.0, \text{取} \xi_2 = 1.0$$

由式(12-2)可得

$$\eta = 1 + \frac{1}{1300\left(\frac{e_0}{h_0}\right)} \times \left(\frac{l_0}{h}\right)^2 \zeta_1\zeta_2 = 1 + \frac{1}{1300 \times \frac{87}{560}} \times \left(\frac{4500}{600}\right)^2 \times 0.619 \times 1.0 = 1.185$$

2. 初判大、小偏心

$$e_0 = 87\text{mm} < 0.3h_0 = 0.3 \times 560 = 168(\text{mm})(\text{可按小偏心受压构件计算})$$

$$e_s = \eta e_0 + \frac{h}{2} - a_s = 1.185 \times 87 + \frac{600}{2} - 40 = 363.1(\text{mm})$$

3. 计算纵向钢筋截面面积

按《设计规范》(JTG 3362—2018)规定,取 $N = \gamma_0 N_d = 1.0 \times 3000 = 3000(\text{kN})$,由式(12-28)可得

$$\xi = \frac{N - f_{cd}bh_0\xi_b}{\frac{Ne_s - 0.43f_{cd}bh_0^2}{(\beta - \xi_b)(h_0 - a'_s)} + f_{cd}bh_0} + \xi_b$$

$$= \frac{3000 \times 10^3 - 13.8 \times 400 \times 560 \times 0.53}{\frac{3000 \times 10^3 \times 363.1 - 0.43 \times 13.8 \times 400 \times 560^2}{(0.8 - 0.53)(560 - 40)} + 13.8 \times 400 \times 560} + 0.53 = 0.775$$

由式(12-27)可得

$$A_s = A'_s = \frac{Ne_s - f_{cd}bh_0^2\xi(1-0.5\xi)}{f'_{sd}(h_0 - a'_s)}$$

$$= \frac{3000 \times 10^3 \times 363.1 - 13.8 \times 400 \times 560^2 \times 0.775 \times (1-0.5\times0.775)}{330 \times (560-40)} = 1559(\text{mm}^2)$$

例12-3 已知某钢筋混凝土矩形截面受压柱，截面尺寸 $b \times h = 300\text{mm} \times 600\text{mm}$，柱计算长度 $l_0 = 9.0\text{m}$，$a_s = a'_s = 40\text{mm}$，截面按对称配筋，$A_s = A'_s = 851\text{mm}^2$；偏心距 $e_0 = 385\text{mm}$，柱承受轴向力作用，采用 C30 混凝土，HRB400 钢筋，结构安全等级为二级。计算截面所承受的最大轴向力设计值。

解：

已知条件：$f_{cd} = 13.8\text{MPa}$，$f_{sd} = f'_{sd} = 330\text{MPa}$，$\xi_b = 0.53$，$\gamma_0 = 1.0$。

1.计算构件偏心距增大系数

构件在弯矩作用方向的长细比 $\dfrac{l_0}{h} = \dfrac{9 \times 10^3}{600} = 15 > 5$，应考虑纵向弯曲对偏心距增大系数的影响。

$$h_0 = h - a_s = 600 - 40 = 560(\text{mm})$$

由式(12-3)得

$$\xi_1 = 0.2 + 2.7 \times \frac{385}{560} = 2.06 > 1.0，取 \xi_1 = 1.0$$

$$\xi_2 = 1.15 - 0.01\frac{l_0}{h_0} = 1.15 - 0.01 \times \frac{9 \times 10^3}{600} = 1.0，取 \xi_2 = 1.0$$

由式(12-2)得

$$\eta = 1 + \frac{1}{1300\dfrac{e_0}{h_0}}\left(\frac{l_0}{h}\right)^2 \xi_1\xi_2 = 1 + \frac{1}{1300 \times \dfrac{385}{560}} \times \left(\frac{9 \times 10^3}{600}\right)^2 \times 1.0 \times 1.0 = 1.252$$

$$\eta e_0 = 1.252 \times 385 = 482(\text{mm})$$

2.判断大、小偏心

$\eta e_0 = 482\text{mm} > 0.3h_0 = 168\text{mm}$，故按大偏心受压构件计算。

由式(12-8)可得

$$e_s = \eta e_0 + \frac{h}{2} - a_s = 482 + \frac{600}{2} - 40 = 742(\text{mm})$$

由式(12-9)可得

$$e'_s = \eta e_0 - \frac{h}{2} + a'_s = 482 - \frac{600}{2} + 40 = 222(\text{mm})$$

由式(12-7)可得

$$x = (h_0 - e_s) + \sqrt{(h_0 - e_s)^2 + \frac{2(f_{sd}A_s e_s - f'_{sd}A'_s e'_s)}{f_{cd}b}}$$

$$= (560 - 742) + \sqrt{(560 - 742)^2 + \frac{2 \times (330 \times 851 \times 742 - 330 \times 851 \times 222)}{13.8 \times 300}}$$

$$= 140(\text{mm}) < \xi_b h_0 = 0.53 \times 560 = 296.8(\text{mm})$$

$$x > 2a'_s = 2 \times 40 = 80(\text{mm})$$

3. 计算截面所承受的最大轴向力设计值

由式(12-4)可得

$$\gamma_0 N_d \leqslant N_u = f_{cd}bx + f'_{sd}A'_s - f_{sd}A_s$$

$$= 13.8 \times 300 \times 140 = 579.6(\text{kN})$$

$$N_d \leqslant \frac{N_u}{\gamma_0} = \frac{579.6}{1.0} = 579.6(\text{kN})$$

例12-4 已知某钢筋混凝土矩形截面受压柱，截面尺寸 $b \times h = 300\text{mm} \times 600\text{mm}$，柱的计算高度 $l_0 = 6.0\text{m}$，$a_s = a'_s = 45\text{mm}$，截面按对称配筋，$A_s = A'_s = 1964\ \text{mm}^2$；承受轴向力设计值 $N_d = 240\text{kN}$；采用 C30 混凝土，HRB400 钢筋，结构安全等级为一级。计算截面在 h 方向所承受的最大弯矩设计值。

解：

已知条件：$f_{cd} = 13.8\text{MPa}$，$f_{sd} = f'_{sd} = 330\text{MPa}$，$\xi_b = 0.53$，$\gamma_0 = 1.1$。

1. 垂直弯矩截面的稳定验算

$l_0/b = \dfrac{6 \times 10^3}{300} = 20$，查表7-1知，稳定系数 $\varphi = 0.75$。

$$h_0 = h - a_s = 600 - 45 = 555(\text{mm})$$

由式(9-1)可得

$$N_u = 0.9\varphi[f_{cd}bh + f_{sd}(A_s + A'_s)]$$

$$= 0.9 \times 0.75 \times [13.8 \times 300 \times 600 + 330 \times (2 \times 1964)]$$

$$= 2551.6(\text{kN}) > \gamma_0 N_d = 1.1 \times 240 = 264(\text{kN})$$

满足要求。

2. 计算 h 方向承受的弯矩设计值

假定构件为大偏心受压，即 $\sigma_s = f_{sd}$，则有

$$x = \frac{\gamma_0 N_d}{f_{cd}b} = \frac{1.1 \times 240 \times 10^3}{13.8 \times 300} = 63.8(\text{mm}) < \xi_b h_0 = 0.53 \times 555 = 294.2(\text{mm})$$

确定为大偏心受压构件。

但因 $x = 63.8\text{mm} < 2a'_s = 2 \times 45 = 90\,(\text{mm})$，近似取 $x = 2a'_s$ 计算，则

$$e'_s = \frac{f_{sd}A_s(h_0 - a'_s)}{\gamma_0 N_d} = \frac{330 \times 1964 \times (555 - 45)}{1.1 \times 240 \times 10^3} = 1252.1\,(\text{mm})$$

$$\eta e_0 = e'_s + \frac{h}{2} - a'_s = 1252.1 + \frac{600}{2} - 45 = 1507.1\,(\text{mm})$$

构件在弯矩作用方向的长细比 $\frac{l_0}{h} = \frac{6 \times 10^3}{600} = 10 > 5$，应考虑纵向挠曲对偏心距增大系数的影响。

由式（12-3）可得

$$\zeta_1 = 0.2 + 2.7 \times \frac{1507.1}{555} = 7.53 > 1.0，取\ \zeta_1 = 1.0$$

$$\xi_2 = 1.15 - 0.01\frac{l_0}{h_0} = 1.15 - 0.01 \times \frac{6 \times 10^3}{555} = 1.042 > 1.0，取\ \xi_2 = 1.0$$

由式（12-2）可得

$$\eta = 1 + \frac{1}{1300\frac{e_0}{h_0}}\left(\frac{6000}{600}\right)^2 \times 1.0 \times 1.0 = 1 + \frac{1}{1300 \times \frac{1507.1}{555}} \times 10^2 = 1.028$$

$\eta e_0 = 1507.1\text{mm}$，则有 $e_0 = 1466.1\text{mm}$。

再计算可得

$$\eta = 1 + \frac{1}{1300\frac{e_0}{h_0}}\left(\frac{l_0}{h}\right)^2\zeta_1\zeta_2 = 1 + \frac{1}{1300 \times \frac{1466.1}{555}} \times \left(\frac{6000}{600}\right)^2 \times 1.0 \times 1.0 = 1.029$$

因两个 η 相差仅为 0.001，故可取 $\eta = 1.028$，此时 $e_0 = 1466.1\text{mm}$，则截面在 h 方向能承受的弯矩设计值为

$$M_{du} = N_{du}e_0 = \gamma_0 N_d e_0 = 1.1 \times 240 \times 1.466 = 387\,(\text{kN}\cdot\text{m})$$

12.4 圆形截面偏心受压构件设计计算

在各类结构中，圆形截面偏心受压构件应用同样十分广泛，如桥梁结构中桥墩立柱、桩基础、临时支撑柱等。对于配有普通箍筋的钢筋混凝土圆形截面偏心受压构件但钻（挖）孔桩除外，其纵向受力钢筋沿截面圆周均匀布置，总根数不应少于 6 根，钢筋公称直径不应小于 12mm；箍筋采用连续的螺旋式布置的普通钢筋，对配有普通箍筋的钢筋混凝土圆形截面偏心受压构件设计的构造要求可参考圆形轴心受压构件。

对于圆形截面的钻（挖）孔灌注混凝土桩，其截面尺寸较大（桩直径 $D = 800 \sim 2500\text{mm}$），

其纵向受力钢筋也是沿截面圆周均匀布置,但总根数不应少于 8 根,钢筋公称直径不应小于 14mm,相邻纵向受力钢筋之间净距不宜小于 50mm,纵向受力钢筋的混凝土保护层厚度不小于 60 ~80mm;箍筋采用连续的螺旋式布置的普通箍筋,箍筋的间距一般为 200 ~400mm。

12.4.1 基本假定

试验研究表明,钢筋混凝土圆形截面偏心受压构件的破坏,最终表现为受压区混凝土压碎。作用的轴向力对截面形心的偏心距不同,也会出现类似矩形截面偏心受压构件那样的受拉破坏和受压破坏两种破坏形态。但是,对于纵向受力钢筋沿圆周均匀布置的圆形截面来说,构件破坏时各根钢筋的应变是不等的,应力也不完全相同。随着轴向压力偏心距的增加,构件的破坏由受压碎坏向受拉破坏的过渡基本上是连续的。

国内外对于环形和圆形截面偏心受压构件的试验表明,当均匀配筋的截面到达破坏时,其截面应变分布比集中配筋截面更为符合直线关系,相应的混凝土极限压应变实测值 0.0027 ~ 0.0046,平均值是 0.0035,《设计规范》(JTG 3362—2018)根据试验研究结果,对混凝土强度等级 C50 及以下的圆形截面偏心受压构件取混凝土极限压应变为 0.0033。

沿周边均匀配筋的圆形截面偏心受压构件,其正截面承载力计算的基本假定如下:

(1)截面变形符合平截面假定。

(2)当构件达到破坏时,受压边缘处混凝土的极限压应变取为 $\varepsilon_{cu} = 0.0033$。

(3)受压区混凝土应力分布采用等效矩形应力图,正应力集度为 f_{cd}。

(4)忽略受拉区混凝土的抗拉强度作用,拉力由钢筋承受。

(5)将钢筋视为理想的弹塑性体,应力-应变关系表达式为 $\sigma_{si} = \varepsilon_{si}E_s$。

对于周边均匀配筋的圆形偏心受压构件,当纵向受力钢筋不少于 6 根时,可以将纵向受力钢筋化为总面积为 $\sum_{i=1}^{n} A_{si}$(A_{si} 为单根钢筋面积,n 为钢筋根数),半径为 r_s 的等效钢环,这样的处理,可为采用连续函数的数学方法推导钢筋的抗力提供很大便利。

12.4.2 正截面承载力计算的基本公式

根据前述基本假定,圆形截面偏心受压构件正截面承载力可采用图 12-10 计算图式。根据平衡条件可得到以下方程。

(1)由截面上所有水平力平衡条件得

$$N_u = D_c + D_s \tag{12-29}$$

(2)由截面上所有力对截面形心轴 y-y 的合力矩平衡条件得

$$M_u = M_c + M_s \tag{12-30}$$

式中:D_c、D_s——受压区混凝土压应力的合力和所有钢筋的应力合力;

M_c、M_s——受压区混凝土应力的合力对 y 轴的力矩和所有钢筋应力合力对 y 轴的力矩。

1.截面受压混凝土压应力的合力 D_c 与力矩 M_c

由图 12-10 可见,圆形截面偏心受压构件正截面的受压区为弓形,若以 r 表示圆截面的半径,$2\pi\alpha$ 表示受压区对应的圆心角(rad),则截面受压区混凝土面积 A_c 可以表示为

$$A_c = \alpha\left(1 - \frac{\sin 2\pi\alpha}{2\pi\alpha}\right)A \tag{12-31}$$

式中：A——截面总面积，$A = \pi r^2$。

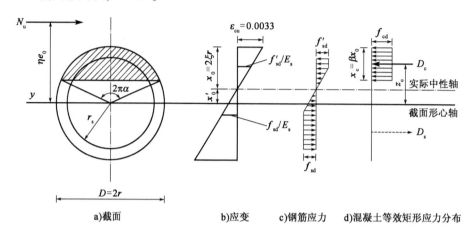

a)截面   b)应变   c)钢筋应力   d)混凝土等效矩形应力分布

图 12-10   圆形截面偏心受压构件计算图式

按照截面受压区等效矩形应力简化，假设受压区混凝土应力相等，均为混凝土抗压强度 f_c，则受压区混凝土的合压力 D_c 以及合压力对截面中心产生的力矩 M_c 可以表示为

$$D_c = \alpha f_{cd} A\left(1 - \frac{\sin 2\pi\alpha}{2\pi\alpha}\right) \tag{12-32}$$

$$M_c = \frac{2}{3} f_{cd} Ar \frac{\sin^3 \pi\alpha}{\pi} \tag{12-33}$$

2. 截面钢筋(等效钢环)应力的合力 D_s 与力矩 M_s

一般情况下，截面中有部分钢环的应力达到屈服强度，也有部分钢环的应力达不到屈服强度，即靠近受压或受拉边缘的钢筋可能达到屈服强度，而接近中性轴的钢筋一般达不到屈服强度[图 12-10c]。为简化计算，近似地将受拉区和受压区钢环的应力等效为钢筋强度 f_s 和 f'_s 的均匀分布，等效后受压区钢环所对应的圆心角近似也取为 α，受拉区钢环所对应的圆心角 α_t 近似表示为

$$\alpha_t = 1.25 - 2\alpha \geq 0 \tag{12-34}$$

若以 A_s 表示截面钢筋的总面积，则等效后受压区钢环和受拉区钢环的面积分别为 αA_s 和 $\alpha_t A_s$。假设 $f_s = f'_s$，截面中钢筋的合压力 D_s 以及合压力对截面中心产生力矩 M_s 可以表示为

$$D_s = (\alpha - \alpha_t) f_{sd} A_s \tag{12-35}$$

$$M_s = f_{sd} A_s r_s \frac{\sin \pi\alpha + \sin \pi\alpha_t}{\pi} \tag{12-36}$$

式中：r_s——钢环的半径。

将式(12-33)、式(12-34)、式(12-36)和式(12-37)分别代入式(12-30)、式(12-31)中，可以得到圆形截面偏心受压构件正截面承载力计算表达式。

$$N_u = \alpha f_{cd} A\left(1 - \frac{\sin 2\pi\alpha}{2\pi\alpha}\right) + (\alpha - \alpha_t) f_{sd} A_s \tag{12-37}$$

$$N_\mathrm{u} e_i = \frac{2}{3} f_\mathrm{cd} A r \frac{\sin^3 \pi\alpha}{\pi} + f_\mathrm{sd} A_\mathrm{s} r_\mathrm{s} \frac{\sin\pi\alpha + \sin\pi\alpha_\mathrm{t}}{\pi} \tag{12-38}$$

$$\alpha_\mathrm{t} = 1.25 - 2\alpha \geqslant 0$$

$$e_i = \eta e_0$$

式中:A——圆形截面面积;

$\quad A_\mathrm{s}$——全部纵向普通钢筋截面面积;

$\quad r$——圆形截面的半径;

$\quad r_\mathrm{s}$——纵向普通钢筋重心所在圆周的半径(等效钢环半径);

$\quad e_0$——轴向力对截面重心的偏心距;

$\quad \alpha$——对应于圆形截面受压区混凝土截面面积的圆心角(rad)与 2π 的比值;

$\quad \alpha_\mathrm{t}$——纵向受拉普通钢筋截面面积与全部纵向普通钢筋截面面积的比值,当 α 大于
0.625 时,α_t 取为 0;

$\quad \eta$——偏心受压构件轴向力偏心距增大系数,按式(12-2)、式(12-3)计算。

当采用手算法进行圆形截面偏心受压构件正截面承载力计算时,一般需对 α 值进行假设
并对式(12-38)和式(12-39)采用迭代法来进行计算。

在工程计算中,为了避免圆形截面偏心受压构件正截面承载力迭代法计算的麻烦,使用查
表计算方法。表格计算法基于式(12-38)和式(12-39)进行数学处理,即由式(12-39)除以
式(12-38)可以得到

$$\eta \frac{e_0}{r} = \frac{\frac{2}{3} \frac{\sin^3 \pi\alpha}{\pi} + \rho \frac{f_\mathrm{sd}}{f_\mathrm{cd}} \frac{r_\mathrm{s}}{r} \frac{\sin\pi\alpha + \sin\pi\alpha_\mathrm{t}}{\pi}}{\alpha \left(1 - \frac{\sin 2\pi\alpha}{2\pi\alpha}\right) + (\alpha - \alpha_\mathrm{t}) \rho \frac{f_\mathrm{sd}}{f_\mathrm{cd}}} \tag{12-39}$$

取

$$n_\mathrm{u} = \alpha \left(1 - \frac{\sin 2\pi\alpha}{2\pi\alpha}\right) + (\alpha - \alpha_\mathrm{t}) \rho \frac{f_\mathrm{sd}}{f_\mathrm{cd}}$$

得

$$\eta \frac{e_0}{r} = \frac{\frac{2}{3} \frac{\sin^3 \pi\alpha}{\pi} + \rho \frac{f_\mathrm{sd}}{f_\mathrm{cd}} \frac{r_\mathrm{s}}{r} \frac{\sin\pi\alpha + \sin\pi\alpha_\mathrm{t}}{\pi}}{n_\mathrm{u}} \tag{12-40}$$

式中:ρ——截面纵向钢筋配筋率,$\rho = \sum\limits_{i=1}^{n} A_{\mathrm{s}i} / \pi r^2$;

$\quad \sum\limits_{i=1}^{n} A_{\mathrm{s}i}$——圆形截面纵向钢筋截面面积之和;

$\quad A_{\mathrm{s}i}$——单根纵向钢筋截面面积;

$\quad n$——圆形截面上全部纵向钢筋根数;

$\quad r$——混凝土圆形截面的半径。

由式(12-38)可以得到圆形截面偏心受压构件正截面承载力计算表达式为

$$N_\mathrm{u} = n_\mathrm{u} f_\mathrm{cd} A \tag{12-41}$$

在式(12-41)中,可以把工程上常用的钢筋所在钢环半径 r_s 与构件圆形截面半径 r 之比

r_s/r 值取为代表值，这样，只要给定 $\eta e_0/r$ 和 $\rho f_{sd}/f_{cd}$ 的值，由式（12-41）可求得相应的 α 和 n_u 值，并由式（12-42）计算得到圆形截面偏心受压构件正截面承载力 N_u。

对于混凝土强度等级为 C30～C50、纵向受力钢筋配筋率 ρ 为 0.5%～4%，沿周边均匀配置纵向受力钢筋（钢筋根数大于 6 根以上）的圆形截面钢筋混凝土偏心受压构件，《设计规范》（JTG 3362—2018）中采用式（12-41）以及相应的数值计算，并给出了由计算表格直接确定或经内插得到计算参数的正截面抗压承载力计算方法。通过查表计算的圆形截面钢筋混凝土偏心受压构件正截面抗压承载力应符合以下要求

$$\gamma_0 N_d = N_u = n_u f_{cd} A \tag{12-42}$$

式中：γ_0——结构重要性系数；

　　N_d——构件轴向压力设计值；

　　n_u——构件相对抗压承载力，按《设计规范》（JTG 3362—2018）计算表格确定；

　　A——构件截面面积；

　　f_{cd}——混凝土抗压强度设计值。

12.4.3　计算方法

圆形截面偏心受压构件的正截面承载力计算方法分为截面设计和截面复核。计算表格的参数有 $\eta e_0/r$、$\rho f_{sd}/f_{cd}$ 和 n_u，根据已知条件和计算要求，可以计算得到相应的参数计算值，再查表得到未知的参数计算值，进一步计算可以完成截面设计和截面复核。

1.截面设计

已知截面尺寸、计算长度，钢筋和混凝土强度等级，轴向力计算值 N_d，弯矩计算值 M_d，结构重要性系数 γ_0。试求纵向钢筋面积 A_s。

（1）计算截面偏心距 e_0。判断是否要考虑纵向弯曲对偏心距的影响，需要考虑时，假定纵向钢筋沿圆周连续布置的半径 r_s，再按式（12-2）计算偏心距增大系数 η，进而得到参数 $\eta e_0/r$ 计算值。

由式（12-43）计算可得

$$n_u = \frac{N}{f_{cd} A}$$

式中：A——圆形截面面积；

　　f_{cd}——混凝土抗压设计强度。

（2）由参数计算值 $\eta e_0/r$ 和 n_u 查附表 17 得到相应的表格参数 $\rho f_{sd}/f_{cd}$ 的值。当不能直接查到时，可以采用内插法得到与已知参数计算值 $\eta e_0/r$ 和 n_u 一致的参数表格值。

（3）由查表得到的参数计算值 $\rho f_{sd}/f_{cd}$ 计算所需的纵向受力钢筋的配筋率 ρ，并计算得到所需的纵向受力钢筋截面面积 $A_s = \sum_{i=1}^{n} A_{si}$。

（4）选择钢筋并进行截面布置。

2.截面复核

已知截面尺寸、计算长度，钢筋和混凝土强度等级，轴向力计算值 N_d，弯矩计算值 M_d，结

构重要性系数,纵向钢筋面积 A_s 及布置。复核截面抗压承载力。

（1）计算截面偏心距 e_0。判断是否要考虑纵向弯曲对偏心距的影响,当需要考虑时,由纵向受力钢筋沿圆周连续布置的半径 r_s,再按式（12-2）计算偏心距增大系数 η,计算得到参数 $\eta e_0/r$ 的计算值。

由已知圆形截面直径和实际纵向钢筋面积、混凝土和钢筋强度设计值计算得到参数 $\rho f_{sd}/f_{cd}$ 的计算值。

（2）由参数计算值 $\rho f_{sd}/f_{cd}$ 和 $\eta e_0/r$ 查《设计规范》（JTG 3362—2018）计算表格得到相应的表格参数 n_u 的值。当不能直接查到时,可以采用内插法得到 n_u。

（3）由查表得到的 n_u 值代入式（12-43）计算,得到圆形截面钢筋混凝土偏心受压构件正截面抗压承载力 N_u,并满足式（12-43）的要求。

> **本章小结**:偏心受压构件根据偏心距大小(受压区高度系数)可分为大偏心受压构件和小偏心受压构件,二者的破坏特征均属于材料破坏。矩形截面偏心受压构件分为对称配筋和非对称配筋两种情况,其设计计算需引入基本假定、建立平衡方程后进行设计计算。圆形截面偏心受压构件通常将纵向受力钢筋等效为钢环进行设计计算。

思考题

1. 钢筋混凝土偏心受压构件截面形式与纵向受力钢筋布置有什么特点?
2. 简述钢筋混凝土偏心受压构件的破坏形态和破坏类型特征。
3. 偏心距增大系数 η 与哪些因素有关?
4. 小偏心受压构件的截面应力状态有哪些?
5. 大偏心受压构件和小偏心受压构件的区别是什么?
6. 大、小偏心受压的界限条件是什么?
7. 在钢筋混凝土矩形截面(非对称配筋)偏心受压构件的截面设计和截面复核中,如何判断构件是大偏心受压还是小偏心受压?
8. 偏心受压构件正截面承载力计算需采用哪些基本假定?
9. 已知某钢筋混凝土矩形截面柱,截面尺寸为 $b=400mm$、$h=600mm$,柱的计算长度 $l_0=4.2m$,承受轴向力设计值 $N_d=1600kN$,弯矩设计值 $M_d=430kN\cdot m$,采用 C30 混凝土,HRB400 钢筋,结构安全等级为二级,Ⅰ类环境,设计使用年限为 50 年。计算对称配筋时纵向钢筋的截面面积。
10. 某钢筋混凝土偏心受压柱,截面尺寸为 $b=300mm$、$h=400mm$,柱的计算长度 $l_0=4.0m$,采用 C35 混凝土,HRB400 钢筋;承受轴向力设计值 $N_d=200kN$,弯矩设计值 $M_d=130kN\cdot m$,结构安全等级为二级,Ⅰ类环境,设计使用年限为 50 年。计算对称配筋时纵向钢筋的截面面积。
11. 已知某钢筋混凝土矩形截面偏心受压柱,截面尺寸为 $b=400mm$、$h=600mm$,柱的计算

长度 $l_0 = 6.2\text{m}$，采用 C30 混凝土，HRB400 钢筋；承受轴向力设计值 $N_d = 275\text{kN}$，计算弯矩设计值 $M_d = 130\text{kN}\cdot\text{m}$，结构安全等级为二级，I 类环境，设计使用年限为 50 年。计算对称配筋时纵向钢筋的截面面积。

12. 已知某钢筋混凝土矩形截面受压柱，截面尺寸 $b = 300\text{mm}$、$h = 550\text{mm}$，柱计算长度 $l_0 = 8.5\text{m}$，$a_s = a'_s = 40\text{mm}$，截面按对称配筋，$A_s = A'_s = 851\text{mm}^2$。已知偏心距 $e_0 = 400\text{mm}$，柱承受轴向力作用，采用 C30 混凝土，HRB400 钢筋，结构安全等级为二级，I 类环境，设计使用年限为 50 年。计算截面所承受的最大轴向力设计值。

13. 已知某钢筋混凝土矩形截面受压柱，截面尺寸 $b = 300\text{mm}$、$h = 600\text{mm}$，柱的计算高度 $l_0 = 6.5\text{m}$，$a_s = a'_s = 40\text{mm}$，截面按对称配筋，$A_s = A'_s = 1895\text{mm}^2$；承受轴向力组合设计值 $N_d = 250\text{kN}$；采用 C30 混凝土，HRB400 钢筋，结构安全等级为二级，I 类环境，设计使用年限为 50 年。计算截面在 h 方向所承受的最大弯矩设计值。

14. 已知某钢筋混凝土受压柱，直径为 1.2m，计算长度为 $l_0 = 9.0\text{m}$；承受的轴向力设计值 $N_d = 3590\text{kN}$，偏心距 $e_0 = 165\text{mm}$；采用 C30 混凝土，HRB400 钢筋，结构安全等级为一级，II 类环境，设计使用年限为 50 年。计算纵向钢筋的截面面积。

15. 已知某钢筋混凝土圆形截面受压柱，直径为 1.5m，计算长度 $l_0 = 13.5\text{m}$；承受的轴向力组合设计值 $N_d = 13200\text{kN}$，弯矩设计值 $M_d = 1700\text{kN}\cdot\text{m}$；采用 C35 混凝土，沿周边配置了 20 Φ 22 的 HRB400 钢筋 $a_s = 65\text{mm}$，结构安全等级为二级，I 类环境，设计使用年限为 50 年。复核截面承载力是否满足要求。

第 13 章
CHAPTER 13

混凝土结构耐久性设计

所谓结构的耐久性性能,是指在设计确定的环境作用和维护、使用条件下,结构及其构件在设计使用年限内保持其安全性和适用性的能力。

自钢筋混凝土应用于土木工程结构以来,大量的钢筋混凝土结构由于各种各样的原因而提前失效,达不到规定的使用年限。这其中有的是由于结构设计承载力不足造成的,有的是由于使用荷载的不利变化引起的,也有相当一部分是由于结构的耐久性不足而导致的。例如,钢筋混凝土梁的裂缝过宽会导致混凝土中钢筋快速锈蚀,严重的会造成混凝土剥落;钢筋混凝土梁下挠变形过大等;这些问题虽不会立即对结构产生安全性问题,但会逐渐降低结构的使用性能。因此,保证混凝土结构能在自然和人为的环境下满足耐久性的要求,除进行承载力设计计算、变形和裂缝验算外,还应对其进行环境作用影响的结构耐久性设计。

本章主要介绍公路工程中的混凝土桥梁结构的耐久性设计。

13.1 影响混凝土结构耐久性的主要因素

影响混凝土结构耐久性的因素十分复杂,研究表明主要取决于以下四个方面:

(1)混凝土材料的自身特性。

(2)混凝土结构的设计与施工质量。

(3)混凝土结构所处的环境条件。

(4)混凝土结构的使用条件和防护措施。

混凝土由水泥或其他胶结材料、粗集料、细集料加水拌制而成,由于混凝土搅拌、振捣工艺引起混凝土拌和物的离析、泌水以及水泥胶体凝固为水泥石过程中的胶凝收缩,使其内部组织结构成为带有缺陷的复杂三相复合体。固相为砂、石、凝固的水泥石以及未被水化的水泥粉团;液相为未被水化的游离水和尚未凝固的水泥胶体;气相为水泥石收缩和水分挥发后引起的孔隙、裂缝、气泡、泌水造成的表层毛细孔，钢筋和集料"窝水"而形成的疏松层。这种微观构造致使混凝土材料的内部组织有很多缺陷，如孔隙、裂缝、毛细孔、疏松等，混凝土组织的这些结构缺陷，使外界有害介质得以入侵，造成混凝土结构耐久性问题。

混凝土结构所处的环境条件和防护措施是影响混凝土结构耐久性的外因。环境因素引起的混凝土结构损伤或破坏主要有以下几个方面。

1.混凝土的碳化

一般情况下，混凝土含氢氧化钙、呈碱性，在钢筋表面形成保护膜，保护钢筋免遭酸性介质的侵蚀，起"钝化"保护作用。由于大气中二氧化碳和水的渗入，并与氢氧化钙作用而生成中性的碳酸钙，使得混凝土的碱性降低，钝化膜破坏，在水分和其他有害介质侵入的情况下，钢筋发生锈蚀。

2.氯离子的侵蚀

氯离子对混凝土的侵蚀属于化学侵蚀，氯离子是混凝土中极强的去钝化剂，氯离子进入混凝土到达钢筋表面，并吸附于局部钝化膜处时，可使该处的 pH 值迅速降低，破坏钢筋表面的钝化膜，引起钢筋腐蚀。氯离子主要源于海水、海洋环境或滨海环境的大气和北方寒冷地区使用的除冰盐。氯离子侵蚀引起的钢筋腐蚀是威胁混凝土结构耐久性的最主要和最普遍的病害，会造成巨大的损失，应引起设计、施工及养护管理部门的重视。

3.碱-集料反应

碱-集料反应一般指水泥中的碱和集料中的活性硅发生反应，生成碱-硅酸盐凝胶，并吸水产生膨胀压力，造成混凝土开裂。碱-集料反应引起的混凝土结构破坏程度比其他耐久性破坏发展更快，一旦发生很难加以控制，一般不到两年就会使结构出现明显开裂。应对碱-集料反应的措施重在预防，如选用含碱量低的水泥，不使用碱活性大的集料，选用不含碱或含碱低的化学外加剂，控制混凝土的总含碱量不大于 $3kg/m^3$ 等。

4.冻融循环破坏

渗入混凝土结构中的水在低温下结冰膨胀，从内部破坏混凝土的微观结构，经多次冻融循环破坏后，损伤累积将使混凝土剥落酥裂，强度降低；当盐溶液与冻融产生协同作用时，其破坏程度更甚。混凝土冻融破坏发展速度快，一经发现混凝土冻融剥落，必须密切注意剥蚀的发展情况，及时采取修补或补强措施。提高混凝土抗冻耐久性的主要措施是采用掺入引气剂的混凝土，因为引气剂在混凝土结构中形成的互不连通微细气孔在混凝土受冻初期能使毛细孔中的静水压力减少，在混凝土受冻结过程中，这些孔隙可以阻止或抑制水泥浆中微小冰体的形成。

5.钢筋腐蚀

钢筋腐蚀是影响钢筋混凝土结构耐久性和使用寿命的重要因素。处于干燥环境下，混凝土碳化速度缓慢，具有良好保护层的钢筋混凝土结构一般不会发生钢筋腐蚀。但在潮湿的或有侵蚀介(如氯离子)的环境中,混凝土将加速碳化,覆盖钢筋表面的钝化膜逐渐被破坏,加之由于水分和氧气的侵入,将引起钢筋腐蚀。钢筋腐蚀伴有体积膨胀,使混凝土出现沿钢筋的纵向裂缝,造成钢筋与混凝土之间的黏结力破坏,钢筋截面面积减少,使结构构件的承载力降低、变形和裂缝增大等一系列不良后果,并随着时间的推移,腐蚀会逐渐恶化,最终导致结构的全破坏。

在影响混凝土结构耐久性的诸多因素中,钢筋腐蚀危害最大。钢筋腐蚀与混凝土碳化有关,在一般情况下,混凝土保护层碳化是钢筋腐蚀的前提,水分和氧气的存在是引起钢筋腐蚀的必要条件。因此,提高混凝土结构耐久性的根本途径是增强混凝土密实度,控制混凝土开裂,阻止水分的侵入;加大混凝土保护层的厚度,防止由于混凝土保护层碳化引起钢筋钝化膜的破坏。

6.硫酸盐结晶膨胀

盐类对混凝土的膨胀破坏机理可分为物理破坏和化学破坏两个方面:一方面,硫酸盐与水泥水化产物 $Ca(OH)_2$ 和水化铝酸钙发生化学反应生成石膏和钙矾石,体积膨胀而使混凝土开裂剥落;另一方面,在干湿交替作用下,侵入混凝土孔隙中的硫酸盐溶液随着浓度增加达到过饱和而结晶,对孔壁产生极大的结晶压力,使得混凝土保护层被破坏。因此,处于干燥、多风、日夜温差大环境下的混凝土结构,其距离地表或水面约1m区内的毛细吸附区,或者一面接触高浓度硫酸盐的环境水(环境土)而另一面临空的薄壁混凝土结构,多遭受盐结晶破坏。盐结晶破坏程度与环境水和土中硫酸盐浓度、环境温度及混凝土表面干湿交替程度有关。

7.化学腐蚀

混凝土的化学腐蚀是指由水体和土体中硫酸盐和酸类物质、硫化氢气体、酸雨等含有 SO_4^{2-}、Mg^{2+}、CO_2、pH 值等化学物质长期侵蚀引起的损伤。

8.摩擦、切削、冲击等磨蚀

混凝土遭受风或水中夹杂物的摩擦、切削、冲击等作用导致的混凝土磨蚀。

13.2 混凝土结构耐久性设计基本要求

混凝土结构的耐久性应根据结构的设计使用年限、结构所处的环境类别和环境作用等级进行设计。

《混凝土结构耐久性设计标准》(GB/T 50476—2019)及《公路工程混凝土结构耐久性设计规范》(JTG/T 3310—2019)规定,混凝土结构耐久性设计应包括下列主要内容:

(1)确定结构的设计使用年限、环境类别及其作用等级。

(2)采用有利于减轻环境作用的结构形式和布置。

（3）规定结构材料的性能与指标。

（4）确定钢筋的混凝土保护层厚度。

（5）提出混凝土构件裂缝控制与防排水等构造要求。

（6）针对严重环境作用采取合理的防腐蚀附加措施或多重防护措施。

（7）采用保证耐久性的混凝土成型工艺，提出保护层厚度的施工质量验收要求。

（8）提出结构使用阶段的检测、维护与修复要求，包括检测与维护必需的构造与设施。

（9）根据使用阶段的检测要求，必要时对结构或构件进行耐久性再设计。

当公路工程混凝土结构不同构件受环境作用存在较大差异时，公路混凝土结构应根据构件所处的局部环境条件，应分区、分部位进行耐久性设计。例如，由于大桥或长桥的不同桥段所处位置和局部环境特点的不同，其环境类别与作用等级可能存在明显差异，应分区进行耐久性设计。例如，当桥梁沿高度方向所受环境作用变化较大时，对位于水中的桥墩，可分为水下区、水位变动区（浪溅区）和大气区分别进行耐久性设计。

1.结构和构件的设计使用年限

公路桥涵主体结构和可更换部件的设计使用年限按《公路工程技术标准》（JTG B01—2014）和《通用规范》（JTG D60—2015）规定的表 2-3 选用。对于一些特别重要的公路工程混凝土结构或在建设单位（业主）有特殊要求时，其设计使用年限可以大于 100 年。例如，港珠澳大桥的设计使用年限为 120 年。

对于公路桥涵结构构件，应依据其更换难易程度确定设计使用年限，《公路工程混凝土结构耐久性设计规范》（JTG/T 3310—2019）将公路混凝土结构划分为主体结构和可更换构件，可更换构件又可划分为难更换和易更换构件两类。不可更换构件的设计使用年限应按表 2-3 规定选用。难更换构件的设计使用年限不应小于 20 年，如梁桥的体外预应力、斜拉桥的斜拉索、大吨位盆式支座等；易更换构件不应小于 15 年，如桥面铺装、伸缩缝装置、小吨位板式支座等。

2.结构和构件的环境类别及作用等级

结构所处区域和环境特点是判断和确定结构所属环境类别的基本依据。对于有分区、分部位进行耐久性设计要求的公路混凝土结构，如跨江或跨海长桥，其引桥、航道区或桥墩的水上和水下区域所处的局部环境特点并不相同，因而其虽同属一类环境类别，但各构件所属的环境作用等级不尽相同。因此，在确定了环境类别之后，再根据有关规定和进一步的环境调研结果，判断构件所处的环境作用等级。

当结构和构件受到多种环境共同作用时，应分别满足每种环境类别单独作用下的耐久性要求。

公路桥涵混凝土结构及构件所处环境类别按表 13-1 规定的条件划分。

公路桥涵混凝土结构及构件所处环境类别划分 表 13-1

环 境 类 别	符号	劣 化 机 理
一般环境	I	混凝土碳化
冻融环境	II	反复冻融导致混凝土损伤

续上表

环 境 类 别	符号	劣 化 机 理
近海或海洋氯化物环境	Ⅲ	海洋环境下的氯盐引起钢筋锈蚀
除冰盐等其他氯化物环境	Ⅳ	除冰盐等氯盐引起钢筋锈蚀
盐结晶环境	Ⅴ	硫酸盐在混凝土孔隙中结晶膨胀,导致混凝土损伤
化学腐蚀环境	Ⅵ	硫酸盐和酸类等腐蚀介质与水泥基发生化学反应,导致混凝土损伤
磨蚀环境	Ⅶ	风沙、流水、泥沙或流冰摩擦、冲击作用造成混凝土表面损伤

环境作用等级的确定可根据表 13-2 规定进行,选取适宜因素,对最近 3 年的环境状况和数据开展进一步调研;对于有特殊要求或重大工程结构,可以开展专题研究。

环境调研的内容   表 13-2

环 境 类 别	符号	调 研 内 容
一般环境	Ⅰ	年平均相对湿度、与水接触程度
冻融环境	Ⅱ	最冷月平均气温、日温差、饱水程度、雨雪和雨淋程度
近海或海洋氯化物环境	Ⅲ	年平均气温、最热月平均气温、最冷月平均气温、距海岸线距离、构件所处海水环境位置
除冰盐等其他氯化物环境	Ⅳ	水体中氯离子浓度
盐结晶环境	Ⅴ	硫酸根离子浓度(含量)、有无干湿交替作用、日温差
化学腐蚀环境	Ⅵ	水体中、土体中的化学侵蚀物质浓度(含量)、水、酸雨的酸碱度
磨蚀环境	Ⅶ	风力等级、年累计刮风天数、河道汛期含砂量、流冰量

环境对公路混凝土结构的作用程度应采用环境作用等级表达,并应按表 13-3 的规定进行划分。

环境作用等级划分   表 13-3

环 境 类 别		环境作用影响程度					
名称	符号	A	B	C	D	E	F
		轻微	轻度	中度	严重	非常严重	极端严重
一般环境	Ⅰ	Ⅰ-A	Ⅰ-B	Ⅰ-C	—	—	—
冻融环境	Ⅱ	—	—	Ⅱ-C	Ⅱ-D	Ⅱ-E	—
近海或海洋氯化物环境	Ⅲ	—	—	Ⅲ-C	Ⅲ-D	Ⅲ-E	Ⅲ-F
除冰盐等其他氯化物环境	Ⅳ	—	—	Ⅳ-C	Ⅳ-D	Ⅳ-E	—
盐结晶环境	Ⅴ	—	—	—	Ⅴ-D	Ⅴ-E	Ⅴ-F
化学腐蚀环境	Ⅵ	—	—	Ⅵ-C	Ⅵ-D	Ⅵ-E	Ⅵ-F
磨蚀环境	Ⅶ	—	—	Ⅶ-C	Ⅶ-D	Ⅶ-E	Ⅶ-F

3.原材料、混凝土的性能和耐久性控制指标

在进行公路混凝土结构设计时,除给出混凝土力学性能指标的要求外,还应考虑混凝土结构耐久性需求,对于混凝土拌和用水泥、粗/细集料、掺合料、拌和用水、外加剂等原材料应根据耐久性设计要求进行原材料的选取、性能指标的检评,并应对混凝土的耐久性能指标提出明确要求。具体性能和耐久性控制指标可参考《公路工程混凝土结构耐久性设计规范》(JTG/T 3310—2019)和相关标准规范的有关规定。

混凝土耐久性设计指标应包括强度等级、配合比(水胶比、胶凝材料和矿物掺合料用量)、氯离子含量、碱含量和硫酸盐含量。设计使用年限为100年的桥涵结构和构件,其混凝土最低强度等级应符合表13-4的规定。设计使用年限为50年或30年的桥涵结构和构件,其混凝土最低强度等级可在表13-4的规定上降低一个等级(5MPa),但预应力混凝土应不低于C40,钢筋混凝土应不低于C25。处于近海或海洋氯化物环境下的公路工程混凝土结构,可选用海工混凝土。

桥涵结构混凝土最低强度等级(100年) 表13-4

环境名称	环境作用等级	预应力混凝土	钢筋混凝土		
			上部结构	下部结构	
			梁、板、塔	桥墩、涵洞	承台、基础
一般环境	Ⅰ-A	C40	C35	C30	C25
	Ⅰ-B	C45	C40	C35	C30
	Ⅰ-C	C45	C40	C35	C30
冻融环境	Ⅱ-C	C45	C40	C35	C30
	Ⅱ-D	C45	C40	C35	C30
	Ⅱ-E	C50	C45	C40	C35
近海或海洋氯化物环境	Ⅲ-C	C45	C40	C35	C30
	Ⅲ-D	C45	C40	C35	C30
	Ⅲ-E	C50	C45	C40	C35
	Ⅲ-F	C50	C45	C40	C35
除冰盐等其他氯化物环境	Ⅳ-C	C45	C40	C35	C30
	Ⅳ-D	C50	C40	C35	C30
	Ⅳ-E	C50	C45	C40	C35
盐结晶环境	Ⅴ-D	C45	C40	C35	C30
	Ⅴ-E	C50	C45	C40	C35
	Ⅴ-F	C50	C45	C40	C35
化学腐蚀环境	Ⅵ-C	C45	C40	C35	C30
	Ⅵ-D	C45	C40	C35	C30
	Ⅵ-E	C50	C45	C40	C35
	Ⅵ-F	C50	C45	C40	C35

续上表

环境名称	环境作用等级	预应力混凝土	钢筋混凝土		
			上部结构	下部结构	
			梁、板、塔	桥墩、涵洞	承台、基础
磨蚀环境	Ⅶ-C	C45	C40	C35	C30
	Ⅶ-D	C50	C45	C40	C35
	Ⅶ-E	C50	C45	C40	C35

4.结构形式和构造措施

桥涵混凝土结构设计应满足耐久性的构造要求,并遵循可检查、可维修的基本原则,主要内容包括如下。

1)减轻环境作用的结构形式、布置和构造细节

《公路工程混凝土结构耐久性设计规范》(JTG/T 3310—2019)规定:桥涵混凝土结构的几何形体应简明、平顺,轮廓尺寸变化处不宜采用尖锐棱角;桥梁结构的选型应注重结构的连续性和冗余度,不宜采用带铰或带挂孔的悬臂梁或T形刚构桥梁;对于总长不大于150m的中小跨径混凝土梁桥,可采用整体式或半整体式无缝桥梁;桥涵排水系统应完整、通畅、便于维修;应及时修补桥涵混凝土缺损及有害裂缝,防止雨水或其他有害物质的进一步侵蚀;暴露在桥涵混凝土构件外的钢预埋件(紧固件、连接件等),应采取有效的防腐措施。

2)钢筋混凝土保护层最小厚度要求

从混凝土碳化、脱钝和钢筋锈蚀的耐久性角度来考虑,混凝土保护层厚度以最外层钢筋(包括纵向钢筋、箍筋和分布钢筋)的外缘计算,钢筋混凝土保护层最小厚度除应满足第4章表4-1规定外,对于有耐久性要求的构件,可采用表13-5的规定;此外,还需兼顾环境作用等级的特殊要求的结构构件,详见《公路工程混凝土结构耐久性设计规范》(JTG/T 3310—2019)和相关标准规范的有关规定。

桥涵结构钢筋的混凝土保护层最小厚度(mm) 表13-5

环境类别	环境作用等级	梁、板、塔、拱圈、涵洞上部		墩台身、涵洞下部		承台、基础	
		100年	50年/30年	100年	50年/30年	100年	50年/30年
一般环境	Ⅰ-A	20	20	25	20	40	40
	Ⅰ-B	25	20	30	25	40	40
	Ⅰ-C	30	25	35	30	45	40
冻融环境	Ⅱ-C	30	25	35	30	45	40
	Ⅱ-D	35	30	40	35	50	45
	Ⅱ-E	35	30	40	35	50	45
近海或海洋氯化物环境	Ⅲ-C	35	30	45	40	65	60
	Ⅲ-D	40	35	50	45	70	65
	Ⅲ-E	40	35	50	45	70	65
	Ⅲ-F	40	35	50	45	70	65

续上表

环 境 类 别	环境作用等级	梁、板、塔、拱圈、涵洞上部		墩台身、涵洞下部		承台、基础	
		100年	50年/30年	100年	50年/30年	100年	50年/30年
除冰盐等其他氯化物环境	IV-C	30	25	35	30	45	40
	IV-D	35	30	40	35	50	45
	IV-E	35	30	40	35	50	45
盐结晶环境	V-D	30	25	40	35	45	40
	V-E	35	30	45	40	50	45
	V-F	40	35	45	40	55	50
化学腐蚀环境	VI-C	35	30	40	35	60	55
	VI-D	40	35	45	40	65	60
	VI-E	40	35	45	40	65	60
	VI-F	40	35	50	45	70	65
磨蚀环境	VII-C	35	30	45	40	65	60
	VII-D	40	35	50	45	70	65
	VII-E	40	35	50	45	70	65

当构件的混凝土保护层厚度超过50mm时,会引起对混凝土保护层开裂或剥落,特别是对于压弯构件的受拉侧,可在保护层内配置钢筋网片(或非金属网片),并对其采取有效的绝缘与定位措施,所以当构件受拉侧钢筋混凝土保护层厚度大于50mm时,可在保护层内增设抗裂措施。

3)混凝土裂缝控制要求

钢筋混凝土构件和B类预应力混凝土构件,其计算的最大裂缝宽度不应超过表7-5规定的限值。此外,还需兼顾环境作用等级的特殊要求,严格控制混凝土结构的裂缝,对于桥涵钢筋混凝土构件和B类预应力混凝土构件,其计算的最大裂缝宽度不应超过表13-6规定的限值。

混凝土桥涵构件的最大裂缝宽度限值 表13-6

环 境 名 称	环境作用等级	最大裂缝宽度限值(mm)	
		钢筋混凝土构件	B类预应力混凝土构件
一般环境	I-A	0.20	0.10
	I-B	0.20	0.10
	I-C	0.20	0.10
冻融环境	II-C	0.20	0.10
	II-D	0.15	禁止使用
	II-E	0.10	禁止使用
近海或海洋氯化物环境	III-C	0.15	0.10
	III-D	0.15	禁止使用
	III-E、III-F	0.10	禁止使用

环 境 名 称	环境作用等级	最大裂缝宽度限值(mm)	
		钢筋混凝土构件	B类预应力混凝土构件
除冰盐等其他 氯化物环境	IV-C	0.15	0.10
	IV-D	0.15	禁止使用
	IV-E	0.10	禁止使用
盐结晶环境	V-D、V-E、V-F	0.10	禁止使用
化学腐蚀环境	VI-C	0.15	0.10
	VI-D、VI-E、VI-F	0.10	禁止使用
磨蚀环境	VII-C	0.20	0.10
	VII-D、VII-E	0.15	禁止使用

桥梁中的合龙段、湿接缝和叠层浇筑混凝土的部位,受新旧混凝土界面约束的影响,容易产生裂缝。除采用合适的材料外,还可通过控制合龙温度、减少龄期差、改善新旧混凝土接触面条件等措施,提高抗裂性。

采用悬臂施工技术的大跨径预应力混凝土梁桥,普遍存在开裂和持续下挠问题。对此,可通过纵向预应力筋的优化配置,使桥梁处于合理成桥状态(弯曲状态、应力状态和挠曲状态)并具有足够的预压应力储备,以抵消混凝土收缩徐变、预应力长期损失等不确定性因素的影响。

4)构造措施

《公路工程混凝土结构耐久性设计规范》(JTG/T 3310—2019)规定:桥梁支座部位的构造,应考虑检查、维护和更换的可实施性;混凝土大截面箱梁、空心墩、空心桥塔等构件,宜设置内部检修通道;对于桥梁护栏、人行道等构件,宜沿纵向分段设置横向切缝或贯通缝;桥涵排水系统宜与周围挡墙、路基等排水系统协调,保证水流汇集并排出桥涵范围等。

关于提升桥涵结构耐久性的构造措施,请参考有关教材、工程设计案例或文献,此处不再赘述。

5)后张预应力体系的防护要求

后张预应力混凝土桥梁的体内预应力筋(如钢绞线、钢丝)应选用多重防护措施,其防护措施类型可根据表13-7进行划分。

体内预应力筋的防护措施类型 表13-7

编号	类 型	构造措施或要求
PS_1	预应力筋防腐表层	环氧涂层等
PS_2	管道内部填充	水泥基浆体等
PS_3	预埋管道或防护套管	镀锌金属波纹管、塑料波纹管等
PS_4	混凝土保护层	满足最小保护层厚度规定
PS_5	混凝土表面处理	表面涂层、憎水处理和防腐面层,满足相关规定

预应力筋的多重防护构造如图13-1所示。预应力钢筋锚头可对锚具采用表面镀锌、发蓝处理或其他防腐面层进行防腐,用砂浆、专用防腐油脂或油性蜡等对锚具封裹或封罩内锚具防护处理,用带有防腐、防渗涂层或其他耐腐蚀材料对锚头封罩,用细石混凝土材料对锚头进行封

端等处理。预应力埋入式锚头宜采用微膨胀等强细石混凝土封端，其水胶比不得大于梁体混凝土的水胶比，且不应大于 0.4；保护层厚度不应小于 50mm，且在氯化物环境中不应小于 80mm。

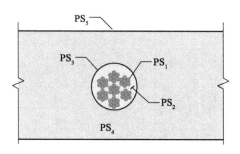

图 13-1　预应力筋的多重防护构造

6）其他

除以上措施外，在进行结构设计时，还需兼顾后期检修和维护的可到达与操作空间要求。

5.防腐蚀附加措施

《公路工程混凝土结构耐久性设计规范》（JTG/T 3310—2019）规定：对处于 D 级及以上环境作用下的构件，在改善混凝土密实度、满足规定保护层厚度和养护时间的基础上，宜采取防腐蚀附加措施，以进一步提高混凝土结构耐久性。

防腐蚀附加措施可选用涂层钢筋和耐蚀钢筋、钢筋阻锈剂、混凝土表面处理（包括表面涂层、表面憎水、防腐面层）、透水模板衬里、电化学保护等措施。具体措施可根据结构所处的环境类别和作用等级选用合理的防腐蚀附加措施。

关于提升桥涵结构耐久性的防腐蚀附加措施，请参考有关教材、工程设计案例或文献，此处不再赘述。

综上所述，混凝土结构的耐久性设计与混凝土材料、结构构造和裂缝控制措施、施工要求和必要的防腐蚀附加措施等内容有关，并且混凝土结构的耐久性在很大程度上取决于结构施工过程中的质量控制与质量保证，以及结构使用过程中的正确维修与例行检测，单独采取某一种措施可能效果不理想，需要根据混凝土结构的使用环境、使用年限，采取综合防治措施，使结构具有较好的耐久性。

> **本章小结**：混凝土结构的耐久性问题是一个复杂而缓慢的化学过程和物理过程，其影响因素主要有混凝土材料的自身特性、混凝土结构的设计与施工质量、混凝土结构所处的环境条件、混凝土结构的使用条件和防护措施。特殊结构须进行专门的耐久性设计，普通结构只需在构造措施上加以保证。

？思考题

1.为什么要进行混凝土结构的耐久性设计？

2. 影响混凝土结构的耐久性的外因主要有哪些?

3. 结构和构件的环境类别及作用等级将如何划分?

4. 混凝土结构的耐久性设计包括哪些内容?

5. 针对不同的环境类别和作用等级,桥涵结构混凝土最低强度等级有哪些具体规定?

6. 简述后张预应力体系的防护措施。

7. 对于悬臂施工技术的大跨径预应力混凝土梁桥的开裂和持续下挠问题应如何预防和解决?

附　　表

混凝土强度标准值和设计值（MPa）　　　附表1

<table>
<tr><td colspan="2" rowspan="2">强 度 种 类</td><td rowspan="2">符号</td><td colspan="12">混凝土强度等级</td></tr>
<tr><td>C25</td><td>C30</td><td>C35</td><td>C40</td><td>C45</td><td>C50</td><td>C55</td><td>C60</td><td>C65</td><td>C70</td><td>C75</td><td>C80</td></tr>
<tr><td rowspan="2">强度
标准值</td><td>轴心抗压</td><td>f_{ck}</td><td>16.7</td><td>20.1</td><td>23.4</td><td>26.8</td><td>29.6</td><td>32.4</td><td>35.5</td><td>38.5</td><td>41.5</td><td>44.5</td><td>47.4</td><td>50.2</td></tr>
<tr><td>轴心抗拉</td><td>f_{tk}</td><td>1.78</td><td>2.01</td><td>2.20</td><td>2.40</td><td>2.51</td><td>2.65</td><td>2.74</td><td>2.85</td><td>2.93</td><td>3.0</td><td>3.05</td><td>3.10</td></tr>
<tr><td rowspan="2">强度
设计值</td><td>轴心抗压</td><td>f_{cd}</td><td>11.5</td><td>13.8</td><td>16.1</td><td>18.4</td><td>20.5</td><td>22.4</td><td>24.4</td><td>26.5</td><td>28.5</td><td>30.5</td><td>32.4</td><td>34.6</td></tr>
<tr><td>轴心抗拉</td><td>f_{td}</td><td>1.23</td><td>1.39</td><td>1.52</td><td>1.65</td><td>1.74</td><td>1.83</td><td>1.89</td><td>1.96</td><td>2.02</td><td>2.07</td><td>2.10</td><td>2.14</td></tr>
</table>

注：当计算现浇钢筋混凝土轴心受压和偏心受压构件时，如截面的长边或直径小于300mm，表中混凝土强度设计值应乘以系数0.8；当构件质量（如混凝土成型、截面和轴线尺寸等）确有保证时，可不受此限。

混凝土的弹性模量（$\times 10^4$ MPa）　　　附表2

混凝土强度等级	C25	C30	C35	C40	C45	C50	C55	C60	C65	C70	C75	C80
E_c	2.80	3.00	3.15	3.25	3.35	3.45	3.55	3.60	3.65	3.70	3.75	3.80

注：1. 混凝土剪变模量 G_c 按表中数值的0.4倍采用。

2. 对高强混凝土，当采用引气剂及较高砂率的泵送混凝土且无实测数据时，表中 C50～C80 的 E_c 值应乘以折减系数 0.95。

普通钢筋强度标准值和设计值　　　附表3

钢 筋 种 类	公称直径 d(mm)	抗拉强度标准值 f_{sk}(MPa)	抗拉强度设计值 f_{sd}(MPa)	抗压强度设计值 f'_{sd}(MPa)
HPB300	6～22	300	250	250
HRB400 HRBF400 RRB400	6～50	400	330	330
HRB500	6～50	500	415	400

注：1. 当钢筋混凝土轴心受拉和小偏心受拉构件的钢筋抗拉强度设计值大于330MPa时，应按330MPa取用；在斜截面抗剪承载力、受扭承载力和冲切承载力计算中，当垂直于纵向受力钢筋的箍筋或间接钢筋等横向钢筋的抗拉强度设计值大于330MPa时，应取330MPa。

2. 当构件中配有不同种类的钢筋时，每种钢筋应采用各自的强度设计值。

普通钢筋的弹性模量（×10⁵MPa）　　　　附表4

钢 筋 种 类	弹性模量 E_s
HPB300	2.1
HRB400、HRBF400、RRB400、HRB500	2.0

预应力钢筋抗拉强度标准值　　　　附表5

钢 筋 种 类		符号	直径 d（mm）	抗拉强度标准值 f_{pk}（MPa）
钢绞线	1×7	ϕ^S	9.5、12.7、15.2、17.8	1720、1860、1960
			21.6	1860
消除应力钢丝	光面 螺旋肋	ϕ^P ϕ^H	5	1570、1770、1860
			7	1570
			9	1470、1570
预应力螺纹钢筋		ϕ^T	18、25、32、40、50	785、930、1080

注:抗拉强度标准值为1960MPa的钢绞线作为预应力钢筋作用时,应有可靠工程经验或充分试验验证。

预应力钢筋抗拉、抗压强度设计值（MPa）　　　　附表6

钢 筋 种 类	抗拉强度标准值 f_{pk}	抗拉强度设计值 f_{pd}	抗压强度设计值 f'_{pd}
钢绞线 1×7 （7 股）	1720	1170	390
	1860	1260	
	1960	1330	
消除应力钢丝	1470	1000	410
	1570	1070	
	1770	1200	
	1860	1260	
预应力螺纹钢筋	785	650	400
	930	770	
	1080	900	

预应力钢筋的弹性模量（×10⁵MPa）　　　　附表7

预应力钢筋种类	E_p
预应力螺纹钢筋	2.00
消除应力钢丝	2.05
钢绞线	1.95

普通钢筋截面面积、质量表 附表8

| 公称直径
（mm） | 在下列钢筋根数时的截面面积（mm²） | | | | | | | | | 重量
（kg/m） | 带肋钢筋 | |
	1	2	3	4	5	6	7	8	9		公称直径 （mm）	外径 （mm）
6	28.3	57	85	113	141	170	198	226	254	0.222	6	7.0
8	50.3	101	151	201	251	302	352	402	452	0.395	8	9.3
10	78.5	157	236	314	393	471	550	628	707	0.617	10	11.6
12	113.1	226	339	452	566	679	792	905	1018	0.888	12	13.9
14	153.9	308	462	616	770	924	1078	1232	1385	1.21	14	16.2
16	201.1	402	603	804	1005	1206	1407	1608	1810	1.58	16	18.4
18	254.5	509	763	1018	1272	1527	1781	2036	2290	2.00	18	20.5
20	314.2	628	942	1256	1570	1884	2200	2513	2827	2.47	20	22.7
22	380.1	760	1140	1520	1900	2281	2661	3041	3421	2.98	22	25.1
25	490.9	982	1473	1964	2454	2945	3436	3927	4418	3.85	25	28.4
28	615.8	1232	1847	2463	3079	3695	4310	4926	5542	4.83	28	31.6
32	804.2	1608	2413	3217	4021	4826	5630	6434	7238	6.31	32	35.8

在钢筋间距一定时板每米宽度内钢筋截面面积（mm） 附表9

| 钢筋间距 | 钢筋直径 | | | | | | | | | |
	6	8	10	12	14	16	18	20	22	24
70	404	718	1122	1616	2199	2873	3636	4487	5430	6463
75	377	670	1047	1508	2052	2681	3393	4188	5081	6032
80	353	628	982	1414	1924	2514	3181	3926	4751	5655
85	333	591	924	1331	1811	2366	2994	3695	4472	5322
90	314	559	873	1257	1711	2234	2828	3490	4223	5027
95	298	529	827	1190	1620	2117	2679	3306	4001	4762
100	283	503	785	1131	1539	2011	2545	3141	3801	4524
105	269	479	748	1077	1466	1915	2424	2991	3620	4309
110	257	457	714	1028	1399	1828	2314	2855	3455	4113
115	246	437	683	984	1339	1749	2213	2731	3305	3934
120	236	419	654	942	1283	1676	2121	2617	3167	3770
125	226	402	628	905	1232	1609	2036	2513	3041	3619
130	217	387	604	870	1184	1547	1958	2416	2924	3480
135	209	372	582	838	1140	1490	1885	2327	2816	3351
140	202	359	561	808	1100	1436	1818	2244	2715	3231
145	195	347	542	780	1062	1387	1755	2166	2621	3120
150	189	335	524	754	1026	1341	1697	2084	2534	3016

续上表

钢筋间距	钢筋直径									
	6	8	10	12	14	16	18	20	22	24
155	182	324	507	730	993	1297	1642	2027	2452	2919
160	177	314	491	707	962	1257	1590	1964	2376	2828
165	171	305	476	685	933	1219	1542	1904	2304	2741
170	166	296	462	665	905	1183	1497	1848	2236	2661
175	162	287	449	646	876	1149	1454	1795	2172	2585
180	157	279	436	628	855	1117	1414	1746	2112	2513
185	153	272	425	611	832	1087	1376	1694	2035	2445
190	149	265	413	595	810	1058	1339	1654	2001	2381
195	145	258	403	580	789	1031	1305	1611	1949	2320
200	141	251	393	565	769	1005	1272	1572	1901	2262

预应力钢筋公称直径、公称截面面积和公称质量　　　　　附表 10

预应力钢筋种类	公称直径(mm)	公称截面面积(mm²)	公称质量(kg·m)
1×7 钢绞线	9.5	54.8	0.432
	12.7	98.7	0.774
	15.2	139.0	1.101
	17.8	191.0	1.500
	21.6	285.0	2.237
钢丝	5	19.63	0.154
	7	38.48	0.302
	9	63.62	0.499
预应力螺纹钢筋	18	254.5	2.11
	25	490.9	4.10
	32	804.2	6.65
	40	1256.6	10.34
	50	1963.5	16.28

混凝土保护层最小厚度 c_{min}(mm)　　　　　附表 11

构件类别		梁、板、塔、拱圈		墩 台 身		承台、基础	
设计使用年限(年)		100	50、30	100	50、30	100	50、30
Ⅰ类	一般环境	20	20	25	20	40	40
Ⅱ类	冻融环境	30	25	35	30	45	40
Ⅲ类	海洋氯化物环境	35	30	45	40	65	60
Ⅳ类	除冰盐等其他氯化物环境	30	25	35	30	45	40

续上表

构件类别		梁、板、塔、拱圈		墩台身		承台、基础	
V类	盐结晶环境	30	25	40	35	45	40
VI类	化学腐蚀环境	35	30	40	35	60	55
VII类	磨蚀环境	35	30	45	40	65	60

注：1. 表中混凝土保护层最小厚度 c_{min} 数值（单位：mm）是按照混凝土结构耐久性要求的构件最低混凝土强度等级及钢筋和混凝土表面无特殊防腐措施确定的。

2. 对于工厂预制的构件，其最小混凝土保护层厚度可将表中相应数值减小5mm，但不得小于20mm。

3. 表中承台和基础的最小混凝土保护层厚度，针对的是基坑底无垫层或侧面无模板的情况；对于有垫层或有模板的情况，最小混凝土保护层厚度可将表中相应数值减小20mm，但不得小于30mm。

钢筋混凝土构件中纵向受力钢筋的最小配筋率（%） 附表12

受力类型		最小配筋率
受压构件	全部纵向钢筋	0.5
	一侧纵向钢筋	0.2
受弯构件、偏心受拉构件及轴心受拉构件的一侧受拉钢筋		0.2 和 $45f_{td}/f_{sd}$ 中较大值
受扭构件		$0.08f_{cd}/f_{sd}$（纯扭时），$0.08(2\beta_t-1)f_{cd}/f_{sd}$（剪扭时）

注：1. 受压构件全部纵向钢筋最小配筋率，当混凝土强度等级为C50及以上时不应小于0.6%。

2. 当大偏心受拉构件的受压区配置按计算需要的受压钢筋时，其最小配筋率不应小于0.2%。

3. 轴心受压构件、偏心受压构件全部纵向钢筋的配筋率和一侧纵向钢筋（包括大偏心受拉构件的受压钢筋）的配筋率应按构件的毛截面面积计算；轴心受拉构件及小偏心受拉构件一侧受拉钢筋的配筋率应按构件毛截面面积计算；受弯构件、大偏心受拉构件的一侧受拉钢筋的配筋率为 $100A_s/bh_0$，其中 A_s 为受拉钢筋截面积，b 为腹板宽度（箱形截面为各腹板宽度之和），h_0 为有效高度。

4. 当钢筋沿构件截面周边布置时，"一侧的受压钢筋"或"一侧的受拉钢筋"是指受力方向两个对边中的一边布置的纵向钢筋。

5. 对受扭构件，其纵向受力钢筋的最小配筋率为 $A_{st,min}/bh$，其中 $A_{st,min}$ 为纯扭构件全部纵向钢筋最小截面积，h 为矩形截面基本单元长边长度，b 为短边长度，f_{sd} 为纵向钢筋抗拉强度设计值。

系数 k 和 μ 值 附表13

管道成型方式	k	μ	
		钢绞线、钢丝束	软压力螺纹钢筋
预埋金属波纹管	0.0015	0.20 ~ 0.25	0.50
预埋塑料波纹管	0.0015	0.15 ~ 0.20	—
预埋铁皮管	0.0030	0.35	0.40
预埋钢管	0.0010	0.25	—
抽芯成型	0.0015	0.55	0.60

锚具变形、钢筋回缩和接缝压缩值(mm)　　　　　　　　　　　　附表 14

锚具、接缝类型		Δl
钢丝束的钢制锥形锚具		6
夹片式锚具	有顶压时	4
	无顶压时	6
带螺母锚具的螺帽缝隙		1 ~ 3
镦头锚具		1
每块后加垫板的缝隙		2
水泥砂浆接缝		1
环氧树脂砂浆接缝		1

预应力钢筋的预应力传递长度 l_{tr} 与锚固长度 l_a(mm)　　　　附表 15

预应力钢筋种类	混凝土强度等级	传递长度 l_{tr}	锚固长度 l_a
1 × 7 钢绞线 $\sigma_{pe} = 1000\,MPa$ $f_{pd} = 1260\,MPa$	C40	67d	130d
	C45	64d	125d
	C50	60d	120d
	C55	58d	115d
	C60	58d	110d
	≥C65	58d	105d
螺旋肋钢丝 $\sigma_{pe} = 1000\,MPa$ $f_{pd} = 1200\,MPa$	C40	58d	95d
	C45	56d	90d
	C50	53d	85d
	C55	51d	83d
	C60	51d	80d
	≥C65	51d	80d

注:1. 预应力钢筋的预应力传递长度 l_{tr} 按有效预应力值 σ_{pe} 查表;锚固长度 l_a 按抗拉强度设计值 f_{pd} 查表。

　　2. 预应力传递长度应根据预应力钢筋放松时混凝土立方体抗压强度 f'_{cu} 确定。当 f'_{cu} 在表列混凝土强度等级之间时, 预应力传递长度按直线内插取用。

　　3. 当采用骤然放松预应力钢筋的施工工艺时,锚固长度的起点及预应力传递长度的起点应从离构件末端 $0.25l_{tr}$ 处开始,l_{tr} 为预应力钢筋的预应力传递长度。

　　4. 当预应力钢筋的抗拉强度设计值 f_{pd} 或有效预应力值 σ_{pe} 与表值不同时,其锚固长度或预应力传递长度应根据表值按比例增减。

钢筋混凝土轴心受压构件的稳定系数 φ　　　　　　　　　　　　附表 16

l_0/b	≤8	10	12	14	16	18	20	22	24	26	28
l_0/d	≤7	8.5	10.5	12	14	15.5	17	19	21	22.5	24
l_0/i	≤28	35	42	48	55	62	69	76	83	90	97
φ	1.0	0.98	0.95	0.92	0.87	0.81	0.75	0.70	0.65	0.60	0.56

l_0/b	30	32	34	36	38	40	42	44	46	48	50
l_0/d	26	28	29.5	31	33	34.5	36.5	38	40	41.5	43
l_0/i	104	111	118	125	132	139	146	153	160	167	174
φ	0.52	0.48	0.44	0.40	0.36	0.32	0.29	0.26	0.23	0.21	0.19

注:1.表中 l_0 为构件计算长度, b 为矩形截面短边尺寸, d 为圆形截面直径, i 为截面最小回转半径。

2.构件计算长度 l_0 的确定,两端固定为 $0.5l$;一端固定,一端为不移动的铰为 $0.7l$;两端均匀不移动的铰为 l;一端固定,一端自由为 $2l$。其中, l 为构件支点间长度。

参 考 文 献

[1] 中华人民共和国住房和城乡建设部.工程结构可靠性设计统一标准:GB 50153—2008 [S].北京:中国建筑工业出版社,2009.

[2] 国家质量技术监督局,中华人民共和国建设部.公路工程结构可靠度设计统一标准:GB 50283—1999[S].北京:中国建筑工业出版社,1999.

[3] 中华人民共和国交通运输部.公路工程结构可靠性设计统一标准:JTG 2120—2020[S]. 北京:人民交通出版社股份有限公司.2020.

[4] 中华人民共和国住房和城乡建设部.建筑结构可靠性设计统一标准:GB 50068—2018 [S].北京:中国建筑工业出版社,2018.

[5] 中华人民共和国交通运输部.公路工程技术标准:JTG B01—2014[S].北京:人民交通出版社股份有限公司,2015.

[6] 中华人民共和国交通运输部.公路桥涵设计通用规范:JTG D60—2015[S].北京:人民交通出版社股份有限公司,2015.

[7] 中华人民共和国交通运输部.公路钢筋混凝土及预应力混凝土桥涵设计规范:JTG 3362—2018[S].北京:人民交通出版社股份有限公司,2018.

[8] 中华人民共和国住房和城乡建设部.混凝土结构设计规范:GB 50010—2010[S].北京:中国建筑工业出版社,2011.

[9] 中华人民共和国国家质量监督检验检疫总局,中国国家标准化管理委员会.预应力筋用锚具、夹具和连接器:GB/T 14370—2015[S].2016.

[10] 中华人民共和国交通运输部.公路桥梁预应力钢绞线用锚具、夹具和连接器:JT/T 329—2010[S].北京:人民交通出版社,2011.

[11] 中华人民共和国住房和城乡建设部,国家市场监督管理总局.混凝土物理力学性能试验方法标准:GB/T 50081—2019[S].北京:中国建筑工业出版社出版,2019.

[12] 中华人民共和国国家质量监督检验检疫总局,中国国家标准化管理委员会.钢筋混凝土用钢 第1部分:热轧光圆钢筋:GB 1499.1—2017[S].北京:中国标准出版社,2018.

[13] 中华人民共和国国家质量监督检验检疫总局,中国国家标准化管理委员会.钢筋混凝土用钢 第2部分:热轧带肋钢筋:GB 1499.2—2018[S].北京:中国标准出版社,2018.

[14] 中华人民共和国国家质量监督检验检疫总局,中国国家标准化管理委员会.钢筋混凝土用钢材试验方法:GB/T 28900—2012[S].北京:中国标准出版社,2012.

[15] 中华人民共和国国家质量监督检验检疫总局,中国国家标准化管理委员会.预应力混凝土用钢绞线:GB/T 5224—2014[S].北京:中国标准出版社,2014.

[16] 中华人民共和国国家质量监督检验检疫总局,中国国家标准化管理委员会.预应力混凝土用钢丝:GB/T 5223—2014[S].北京:中国标准出版社,2014.

[17] 中华人民共和国国家质量监督检验检疫总局,中国国家标准化管理委员会.预应力混凝土用螺纹钢筋:GB/T 20065—2016[S].北京:中国标准出版社,2017.

[18] 中华人民共和国住房和城乡建设部.钢筋机械连接技术规程:JGJ 107—2016[S].北京:中国建筑工业出版社,2016.

［19］ 中华人民共和国交通运输部.公路工程混凝土结构耐久性设计规范：JTG/T 3310—2019［S］.北京：人民交通出版社股份有限公司,2019.

［20］ 中华人民共和国住房和城乡建设部.混凝土结构耐久性设计标准：GB/T 50476—2019［S］.北京：中国标准出版社,2019.

［21］ 中华人民共和国交通运输部.公路钢筋混凝土及预应力混凝十桥涵设计规范应用指南：JTG 3362—2018［S］.北京：人民交通出版社股份有限公司,2018.

［22］ 叶见曙.结构设计原理［M］.4 版.北京：人民交通出版社股份有限公司,2018.

［23］ 张征文.结构设计原理［M］.北京：人民交通出版社,2014.

［24］ 黄平明,梅葵花,王蒂.结构设计原理［M］.北京：人民交通出版社,2012.

［25］ 孙元桃.结构设计原理［M］.5 版.北京：人民交通出版社股份有限公司,2021.

［26］ 邵旭东.桥梁工程［M］.5 版.北京：人民交通出版社股份有限公司,2019.